高等学校理工科材料类规划教材

Principle and Method of New Non-Destructive Testing Technology

无损检测新技术原理与方法

李萍 宋天民 主编

大连理工大学出版社
Dalian University of Technology Press

图书在版编目(CIP)数据

无损检测新技术原理与方法 / 李萍，宋天民主编
. -- 大连 ：大连理工大学出版社，2021.11
ISBN 978-7-5685-2928-0

Ⅰ.①无… Ⅱ.①李… ②宋… Ⅲ.①无损检验—教材 Ⅳ.①TG115.28

中国版本图书馆 CIP 数据核字(2021)第 000882 号

无损检测新技术原理与方法
WUSUN JIANCE XIN JISHU YUANLI YU FANGFA

大连理工大学出版社出版
地址:大连市软件园路 80 号　邮政编码:116023
发行:0411-84708842　邮购:0411-84703636　传真:0411-84701466
E-mail:dutp@dutp.cn　URL:http://dutp.dlut.edu.cn
大连永发彩色广告印刷有限公司印刷　大连理工大学出版社发行

幅面尺寸:185mm×260mm　印张:13.5　字数:323 千字
2021 年 11 月第 1 版　2021 年 11 月第 1 次印刷

责任编辑:李宏艳　责任校对:王　伟
封面设计:冀贵收

ISBN 978-7-5685-2928-0　定　价:39.00 元

前　言

无损检测技术是在现代科学基础上产生和发展起来的检测技术，它借助于先进的仪器和设备，在不损坏、不改变被检测对象的使用性能的前提下，对被检测对象的内部结构和表面状态等进行检查和检测，借以评价被检测对象的连续性、完整性、安全性等。无损检测技术作为一种有效的检测手段，已经被广泛应用于我国工业建设、经济建设的各个领域。

编者根据多年来"无损检测新技术"课程的教学实践体会和科研工作经验，参考了近年来无损检测新技术方面的研究成果，以大连理工大学无损检测专业方向本科生专业课"无损检测新技术"讲义为基础，经过较为全面的修改、补充，编写了《无损检测新技术原理与方法》。本书介绍的五种新技术是相对于五种常规无损检测技术而言的，五种新技术分别为声发射检测技术、红外检测技术、微波检测技术、激光全息检测技术和声振检测技术。在生产实践中，这五种新技术都随时代的发展、科技的进步得到了广泛而深入的应用。针对书中提及的各种检测技术，编者力图应用通俗易懂、言简意赅的语言，深入浅出地阐述其检测原理、检测基础、检测方法与检测系统，使读者对各种检测新技术的知识内涵、发展前景有较为全面的了解和深入的认识。本书面向高等院校无损检测专业本、专科学生，也可作为其他相关专业学生和广大无损检测工作者的参考用书。

本书在内容选择及编写上具有以下特点：

(1)突出新技术。本书着重介绍无损检测领域发展和成熟的新技术，对于传统的五大类无损检测技术(超声、射线、渗透、磁粉、涡流)只做简略介绍。

(2)立足于实用。本书围绕各种检测技术的特点，深入浅出地介绍其工作原理、工艺方法和系统。

(3)简单易懂，图文并茂，具有一定的趣味性。通过一些科学故事的引用，突出理论基础的介绍，弱化理论分析。

本书得到了大连理工大学教材建设立项资助，感谢大连理工大学教材建设委员会、教务处以及材料科学与工程学院有关领导和专家的大力支持。

本书由大连理工大学李萍、辽宁石油化工大学宋天民主编。其中，第1～4章由李萍负责编写，第5章由宋天民负责编写。全书由宋天民统稿并最后定稿。

由于这些新技术仍在不断补充和发展，加之编者的水平所限，书中是会存在疏漏不当之处，敬请专家和学者批评指正，以使教材日趋完善。

编　者

2021年8月

前言

目　录

第 1 章　声发射检测技术原理与方法 /1
1.1　声发射检测技术概述 / 1
1.1.1　声发射现象及其基本特征 / 1
1.1.2　声发射与声发射检测技术 / 1
1.1.3　声发射检测技术的特点 / 3
1.1.4　声发射检测技术的原理 / 4
1.1.5　声发射检测技术的发展历程 / 5
1.1.6　声发射检测技术的作用 / 7
1.2　声发射检测技术基础 / 7
1.2.1　声发射检测信号的产生 / 7
1.2.2　声发射检测信号的传播 / 8
1.2.3　声发射检测信号的衰减 / 9
1.2.4　声发射检测信号的特征 / 10
1.2.5　声发射检测信号的类型 / 10
1.3　声发射检测方法 / 11
1.3.1　描述声发射检测信号的基本参数 / 11
1.3.2　声发射检测过程的表征 / 13
1.3.3　提高信噪比的措施 / 17
1.3.4　声发射检测频率窗口的选择 / 18
1.3.5　声发射源定位 / 18
1.4　声发射检测系统 / 23
1.4.1　声发射检测系统的特性 / 23
1.4.2　声发射检测系统的组成 / 24
1.4.3　典型的声发射检测系统 / 28
1.5　缺陷有害度评价 / 31
1.5.1　缺陷有害度评价方法 / 31
1.5.2　缺陷有害度综合评价方法 / 32
1.5.3　声发射检测技术可靠性评价 / 33

第 2 章　红外检测技术原理与方法 / 36
2.1　红外检测技术概述 / 36
2.1.1　红外检测技术的原理 / 36
2.1.2　红外检测技术的特点 / 36
2.2　红外检测技术基础 / 38
2.2.1　红外线的发现和认识 / 38
2.2.2　红外线的产生、传播与能量衰减 / 39
2.2.3　红外线的特点 / 39
2.2.4　红外辐射的基本概念 / 40
2.2.5　红外辐射的基本定律 / 42
2.3　红外检测方法 / 45
2.3.1　红外检测方法概述 / 45
2.3.2　红外检测的激励源和激励方式 / 47
2.3.3　缺陷的定性、定位与定量 / 48
2.3.4　实施红外检测的基本要求 / 48
2.4　红外检测系统 / 50
2.4.1　红外检测系统的基本组成 / 50
2.4.2　红外探测器 / 52
2.4.3　典型的红外检测仪器 / 59
2.5　红外诊断技术 / 75
2.5.1　红外诊断技术概述 / 75
2.5.2　红外诊断技术类型 / 77
2.5.3　红外诊断方法 / 79
2.5.4　影响红外诊断的因素 / 80

第 3 章　微波检测技术原理与方法 / 84
3.1　微波检测技术概述 / 84
3.1.1　微波检测技术原理 / 84
3.1.2　微波检测技术特点 / 84
3.2　微波检测技术基础 / 85
3.2.1　微波基本性质概述 / 85
3.2.2　微波技术的发展 / 86
3.2.3　微波的产生 / 87
3.2.4　微波的物理特性 / 87
3.2.5　微波在介质中的传播 / 89
3.2.6　表征微波性质的两个电磁参数 / 93
3.3　微波检测方法 / 94
3.3.1　穿透法 / 95
3.3.2　反射法 / 96
3.3.3　散射法 / 98
3.3.4　驻波法 / 98
3.3.5　常用的微波检测方法 / 99
3.4　微波检测系统 / 102
3.4.1　微波测试计 / 102
3.4.2　微波信号源(微波发生器) / 104
3.4.3　微波传输线 / 104
3.4.4　微波探头(微波传感器) / 105
3.4.5　典型的微波测试装置 / 107
第 4 章　激光全息检测技术原理与方法 / 117
4.1　激光全息检测技术概述 / 117
4.1.1　全息照相 / 117
4.1.2　全息干涉计量技术 / 119
4.1.3　激光全息无损检测 / 119
4.1.4　激光全息无损检测的应用 / 122
4.2　激光全息检测技术基础 / 122
4.2.1　激光的形成 / 122
4.2.2　激光发生器 / 130
4.2.3　激光全息照相 / 140
4.2.4　激光使用的安全防护 / 149
4.3　激光全息干涉计量技术 / 151
4.3.1　激光全息干涉计量技术的类型 / 151
4.3.2　激光全息照相干涉计量技术的加载 / 154
4.4　激光全息检测系统 / 158
4.4.1　激光器(激光光源) / 158
4.4.2　减振工作平台 / 158
4.4.3　激光全息照相光学元件 / 159
4.4.4　漫射照明设备 / 162
4.4.5　记录与再现像读出系统 / 162
4.4.6　典型的激光全息照相系统 / 166
第 5 章　声振检测技术原理与方法 / 170
5.1　声振检测概述 / 170
5.1.1　声振检测技术的由来 / 170
5.1.2　声振检测技术的分类 / 171
5.2　声振检测技术基础 / 174
5.2.1　机电类比概述 / 174
5.2.2　典型的机电类比 / 176
5.2.3　力阻抗 / 178
5.2.4　衡量胶接质量的基本参数 / 179
5.3　声振检测方法 / 180
5.3.1　声阻法检测 / 180
5.3.2　声谐振法检测 / 186
5.3.3　涡流声检测 / 193
5.3.4　定距发送/接收检测 / 195
5.3.5　综合声学检测技术 / 197
5.4　声振检测系统 / 198
5.4.1　声阻法检测系统 / 198
5.4.2　谐振法检测系统 / 201
5.4.3　涡流声检测系统 / 205
参考文献 / 207

第1章

声发射检测技术原理与方法

1.1 声发射检测技术概述

1.1.1 声发射现象及其基本特征

声发射现象在日常生活中随处可见。树枝折断、玻璃器皿相互碰撞时会发出清脆的声音，依据声音的大小、持续时间的长短，人们可以判别这些受力物体是否折断或破碎程度等。不仅如此，材料在受到电、磁和热作用时也会产生类似的声发射现象。例如，根据变压器通电时发出的噼啪声可以判断变压器是否被击穿，依据焊接发出的声音可以判断焊点是否飞溅。此外，金属材料内部结构由一种状态转变为另一种状态时，伴随能量的释放也会发出声音，科学工作者已经初步掌握了如何依据材料的发声判断诸如裂纹扩展、纤维断裂及其他类型的材料损伤等。

前述声发射现象事例无论以何种形式发生，都具有如下基本特征：

(1)受力作用，是力的作用结果，这些力或为外力(如电磁力)或为内应力。

(2)发生变形，在不同形式应力作用下，物体发生变形，形变量或大或小。

(3)形变过程中，变形能以声波的形式释放出来，被仪器接收或人耳听到。

综上所述，声发射现象的产生归因于物体在受到外力或内应力作用时，由于内部结构的不均匀以及各种缺陷的存在造成应力集中，从而使局部的应力分布不稳定。当这种不稳定应力分布状态所积蓄的应变能达到一定程度时，就会发生应力的重新分布，达到新的稳定状态，这实际上是应变能释放的过程，在该过程中会产生声发射现象。

1.1.2 声发射与声发射检测技术

1. 声发射

外部条件变化引起材料或结构某一局部或某些部分变得不稳定，或内部缺陷状态发生变化，使得部分应变能以应力波的形式释放出来的现象，被称为声发射(acoustic emission，AE)。最先被注意到的声发射现象是人耳听觉范围内的声波，但各种材料的声发射波频率范围很宽，包括人耳听不到的次声和超声频率，因此声发射也称为应力波发射。

2. 声发射检测技术

大多数材料在变形和断裂时都会有声发射发生，但许多材料的声发射检测信号强度很弱，人耳不能直接听到，需要借助灵敏的电子仪器才能检测出来。以电子仪器代替人耳，探测、记录和利用声发射检测信号对声发射源进行定位、定性和定量分析与推断的一系列技术，统称为声发射检测技术。鉴于声发射检测技术是通过传感器接收缺陷在各种激励下产生的声波信号来对缺陷源进行定位和判定的，所以，它是一种动态检测技术，适用于容器或结构的在线检测或耐压试验过程中的监测。

3. 声发射源

材料在应力作用下发生塑性变形、裂纹萌生与扩展、夹杂物的断裂和脱开等，这些是结构失效的重要机制。这种直接与变形和断裂机制有关的源，被称为声发射源。由于声发射现象会在材料破坏之前出现，声发射源往往是材料灾难性破坏的发源地。因此，利用声发射检测技术可以获得声发射源的发展动态，根据声发射检测信号的特征以及发射强度可以推知声发射源的状态和形成历史，并对其发展趋势进行预报。

流体泄漏、摩擦、撞击、燃烧等与变形和断裂无关的另一类弹性波源被称为其他或二次声发射源。

4. 凯塞效应

对试样加载，当载荷大于屈服强度时，有声发射现象发生；卸去载荷，进行第二次加载，仅当第二次加载的载荷大于第一次载荷最大值时，才开始产生声发射检测信号的现象被称为声发射的不可逆效应，它是由材料变形和裂纹扩展的不可逆性决定的，如图 1-1 所示。声发射不可逆效应是由德国的凯塞(Kaiser)首先发现的，故又被命名为凯塞效应。在多数金属材料中都可观察到明显的凯塞效应。

需要强调的是，凯塞效应的发生与构件的受载历史、缺陷大小及材料特性等因素有关，其中，受载历史对材料声发射特性的影响较为显著。在构件所受载荷不超过其以前被施加的最大载荷之前，构件中不会产生可检测到的声发射检测信号，即声发射具有不可逆性。因此，要进行声发射检测，就必须保证后一次加载大于前一次加载，这就要求知道构件的受载历史，或在构件第一次受力时进行检测。此外，如果第二次加载的方向与第一次加载的不同，凯塞效应将不存在。若重复加载前，材料中产生新的裂纹或其他的声发射机制，则凯塞效应也会消失。而且，某些材料在放置一段时间后因内部结构发生变化，也会使声发射恢复，如木材。

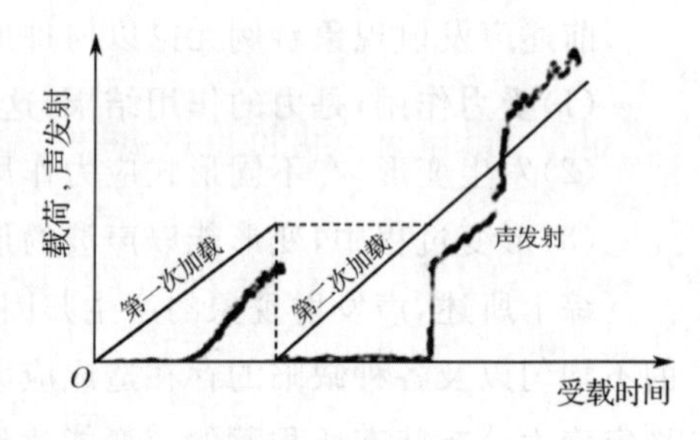

图 1-1　凯塞效应

凯塞效应在材料的声发射检测过程中有着重要用途，可用于：

(1)在役构件新生裂纹定期过载的声发射检测。

(2)构件原先所受最大应力的推定。

(3)疲劳裂纹起始与扩展的检测。

(4)消除噪声干扰或摩擦噪声鉴别等方面。

5. 费利西蒂效应(反凯塞效应)和费利西蒂比

典型构件在重复加载时的声发射如图 1-2 所示。在一定条件下,所加载荷未达到原先所加最大载荷时,也可能发生明显的声发射,这种现象被称为费利西蒂(Felicity)效应或反凯塞效应。

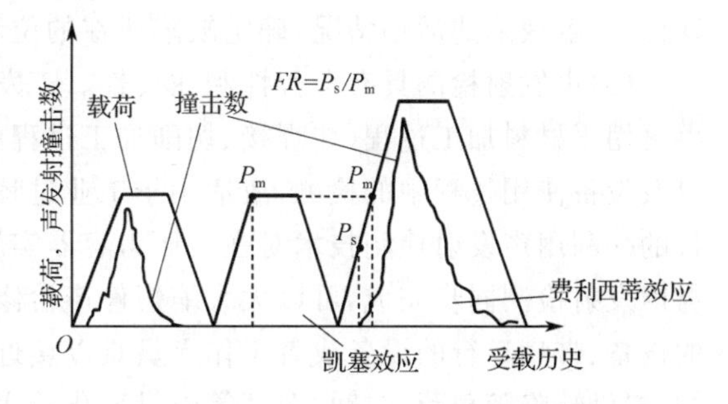

图 1-2　典型构件在重复加载时的声发射

重复加载时产生声发射的起始载荷(P_s)与原先所加最大载荷(P_m)之比(P_s/P_m)被称为费利西蒂比(FR)。$FR>1$ 表示凯塞效应成立,$FR<1$ 则表示凯塞效应不成立。

作为一种定量参数,费利西蒂比较好地反映了材料中原先所受损伤或结构缺陷的严重程度,已成为评定缺陷严重性的重要判据。

在一些复合材料构件中,把费利西蒂比小于 0.95 作为声发射源超标的重要判据。一般小缺陷在低载荷时表现为凯塞效应,而大缺陷在高载荷时则表现为费利西蒂效应。

1.1.3　声发射检测技术的特点

声发射检测技术与其他非破坏检测相比,具有如下两个基本特征:适用于监测动态缺陷,而不是静态缺陷;缺陷信息直接来自缺陷本身,而不是靠外部输入扫查缺陷。这使得该技术具有如下区别于其他无损检测技术的特点:

1. 优点

(1)声发射检测是一种动态无损检测技术,可检测发展中的活性缺陷。仅在外部条件作用使材料内部结构发生变化的前提下才能检测到缺陷。因此,声发射检测可以获得关于缺陷的动态信息,但无法探测到承载条件下的稳定缺陷。

(2)进行声发射检测时,材料或结构中的缺陷主动参与了检测过程。因此,声发射检测信号的能量来自声源本身,而不是像超声或射线检测那样由检测仪器提供。根据声发射检测信号特征和诱发声发射波的外部条件,既可以了解缺陷的目前状态,也可以了解缺陷的形成过程和发展趋势,这是其他无损检测技术难以做到的。

(3)声发射检测过程几乎不受材料与环境限制。除极少数材料外,无论金属还是非金属材料,在一定的条件下都有声发射现象发生,这使得声发射检测技术具有广泛的适用性。此外,由于对检测对象的要求不高,因而适用于其他方法难于或不能接近的极端环境的检测,如高低温、核辐射、易燃、易爆与极毒等环境。

(4)检测灵敏度很高。结构或部件中的缺陷在萌生之初就会产生声发射现象。因此,只要及时对声发射检测信号进行检测,就可以判断缺陷的严重程度,即使是很微小的缺陷也能检测出来。

(5)检测效率高,具有整体性和全局性。声发射检测不需要移动传感器,只要布置好足够数量的传感器即可对检测对象进行扫查,操作简单,省工,省时,故检测效率高。不仅如此,声发射检测时不需要对大型检测对象进行分段、分区,通过一次加载或试验过程即可对检测对象提供整体或大面积的快速检测，对结构中缺陷的活动情况进行整体监测和评价，了解缺陷的活动情况，确定缺陷所在的位置和状态。

(6)声发射检测具有全程性和在役性。声发射检测技术既可用于原材料的性能检测，也可用于材料加工过程（如焊接、切削加工过程的刀具破损和工件表面质量的在线监测）以及设备使用过程中的检测，故适用于工业过程在线监控并达到早期损伤或失效预报的目的。利用声发射检测技术对在役压力容器实施定期检验，在不开罐的条件下，耐压试验与声发射检测同步完成，可以大大缩短停产检修时间。对于特别重要的构件、不便于停产的设备、带病运行的设备或者工作人员难以接近的场合和设备等，可以实现在线监测或监控，提供缺陷随载荷、时间、温度等外量变化的实时或连续信息。

(7)对检测对象的几何形状不敏感，适用于检测其他方法受到限制的、形状复杂的结构。

(8)可预防灾难性失效，并限定系统的最高工作载荷。通过对设备的加载试验，可以预防由未知不连续缺陷引起的系统灾难性失效，并限定系统的最高工作载荷。

(9)判断缺陷的严重程度。一个同样大小、同样性质的缺陷，当它所处的位置和所受的应力状态不同时，其对结构的危害程度不同，其声发射特征也有所差别。因此，明确了来自缺陷的声发射检测信号，可以长期连续地监视对结构安全更为有害的活动性缺陷，提供缺陷在应力作用下的动态信息，评价缺陷对结构的实际有害程度，这是其他无损检测技术难以办到的。

2. 缺点

(1)一般只能给出声发射源的部位、活性、强度及严重性级别，不能明确给出缺陷的性质和大小。通常需要采用常规无损检测技术对“超标”声源进行局部复验。

(2)定位精度不高，对裂纹类缺陷只能给出有限的信息。

(3)一般需要在检测对象的加载过程中进行同步检测。

(4)不能通过循环加载重复获得声发射检测信号，需要借助其他检测技术获知材料中静态缺陷的性质。

(5)能够实时监测并有效反映材料服役过程中的变化，但检测过程复杂，易受到机电噪声的干扰。

(6)不能直接检测来自声发射源的原始信号，通常对传感器接收到的声发射检测信号进行分析和处理，以获取声发射源的有关信息。

(7)声发射检测信号的解析比较困难，且基于声发射检测信号的损伤机制的解释不明确。

(8)鉴于声发射具有不可逆的特点，在进行声发射检测时要求了解检测对象的受载历史。

(9)环境噪声对声发射检测的干扰往往较大。

(10)检测设备比较昂贵，在一定程度上限制了该技术的推广与应用。

1.1.4 声发射检测技术的原理

声发射检测技术是一种由内部或外部条件作用而使物体发声，通过对声发射检测信号的处理和分析来评价缺陷的发生和发展规律，确定缺陷的位置，推断物体的状态或内部结构变化，评价材料或检测对象损伤的动态无损检测技术。

声发射检测过程如图 1-3 所示。在应力作用下，材料内部缺陷由"相对静止状态"进入"运动状态"，或者材料由一种状态变化到另一种状态，这种状态变化使材料中能量重新分布，一部分能量以弹性波的形式释放出来。声发射源发出的弹性波在材料中传播到达检测对象表面，引起表面的机械振动，使其产生微小的表面位移，通过耦合界面，安装在检测对象表面的声发射传感器将表面的瞬态位移转换成电信号输入声发射主机，经过放大、滤噪、参数特征提取等信号处理后，记录并显示其波形和特性参数。最后，经数据分析与解释，评定出声发射源特性，推断声发射源状态或缺陷严重度。

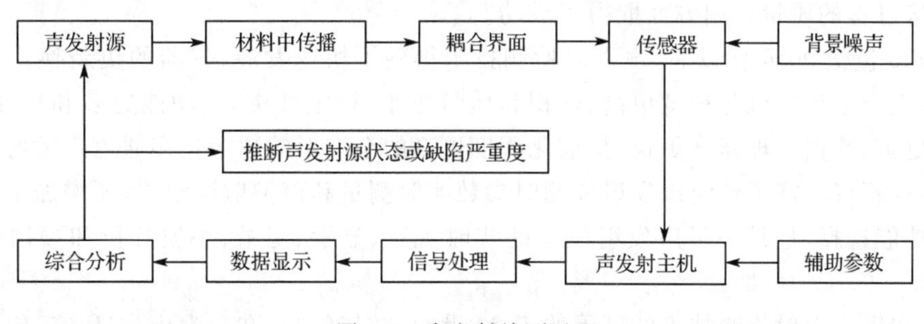

图 1-3　声发射检测过程

1.1.5　声发射检测技术的发展历程

声发射检测技术最早应用于地震学研究，作为一门有科学研究价值和工程应用前景的技术，现代声发射检测技术的诞生以 20 世纪 50 年代初德国的凯塞所做的研究工作为标志。

(1)20 世纪 50 年代初，凯塞观察到铜、锌、铝、铅、锡、黄铜、铸铁和钢等金属及合金在形变过程中的声发射现象，发现了材料形变声发射的不可逆效应，即凯塞效应，并提出了"连续型"和"突发型"声发射检测信号的概念。凯塞的这些发现具有十分重大的意义，奠定了现代声发射检测技术的基础。

(2)20 世纪 50 年代末和 60 年代，美国和日本的声发射检测技术研究进入高潮，科学工作者成立了声发射检测工作组或声发射协会，在实验室开展了多种材料声发射源物理机制的研究。美国斯科菲尔德(Schofield)和塔特罗(Tatro)等发现：①声发射现象源自材料内部，但表面状态对其有一定的影响；②与金属塑性变形相关联的声发射主要由大量位错运动引起；③声发射主要表现在体积效应而不是表面效应。基于对声发射现象物理机制的研究，塔特罗首次提出声发射可以作为研究工程材料行为疑难问题的工具，并预言声发射在无损检测方面具有独特的潜在优势。

(3)与此同时，格林(Green)等人开始了声发射检测技术在无损检测领域的应用。邓根(Dunegan)等首次将声发射检测技术应用于压力容器检测。他们把仪器测试频率范围提高到 100～1 000 kHz，观测频率的这一"简单移动"极大地克服了环境噪声的干扰，它所带来的是声发射理论和应用研究的革命性进展，为声发射从实验室走向生产现场创造了条件。

(4)1964 年美国通用动力公司把声发射检测技术应用于北极星导弹壳体的水压试验,这是声发射检测技术用于评价大型构件结构完整性并建立声发射监视系统的第一个例子,标志着声发射检测技术开始进入生产现场应用,并将作为动态无损检测的新手段被应用于各类压力容器、航天和航空工业中重要构件、原子反应堆的检测等。

(5)20 世纪 70 年代和 80 年代,邓根等人开展了现代声发射仪器的研发,为声发射检测技术从实验室走向生产现场并应用于大型构件结构完整性的监测创造了条件。随着现代声发射检测仪器的出现,人们不仅在声发射源机制、声发射检测信号传播以及信号分析方面开展了广泛和系统的研究,在生产现场也进行了深入的应用,尤其在化工容器、核容器和焊接过程的质量控制方面取得了成功。

(6)20 世纪 90 年代以后,声发射检测技术得到了快速发展,仪器的更新换代明显加快,开发生产了计算机化程度更高、体积和质量更小、稳定性更好、功能更多和更强大、适用领域更宽、数据处理速度更快、集成化程度更高的全波形的数字化多通道声发射检测分析系统,这不仅丰富了传统声发射检测时参数实时测量和声发射源定位,还增加了多种声源定位功能选择,且具备了声发射波形的实时观察、显示、记录、小波分析和频谱分析等功能。

(7)我国声发射检测技术的开展始于 20 世纪 70 年代初,迄今为止,在研究、应用的深度和广度上均有较大的发展。20 世纪 70 年代初,正是我国断裂力学发展的高峰,人们希望利用声发射检测技术预报并测量裂纹的开裂点,一些科研院所和大学开展了金属和复合材料的声发射特性研究以及声发射仪器的研制。20 世纪 80 年代,人们开始尝试采用声发射检测技术进行压力容器和金属结构检验等工程应用。受制于声发射检测仪器性能和声发射检测信号处理方法,以及人们对声发射源性质和声发射波传播特性等认识的局限,在实验结果的重复性和可靠性等方面遇到不少问题,使得声发射检测技术的研究和应用陷入低谷。之后,通过引进当时世界上最先进的声发射检测仪器,对大量的球形储罐和卧罐压力容器进行声发射检测,取得了一定的成功。随着越来越多的科研院所和检验机构相继开展声发射检测技术的研究与应用,引进更多先进的声发射仪器,在更广泛的领域开展声发射检测技术的应用,我国声发射检测技术的发展逐步走出低谷,迈向新的发展阶段。20 世纪 90 年代至今,声发射检测技术在我国的研究和应用进入快速发展、逐步成熟与推广的阶段,覆盖了航空航天、石油化工、核电等几乎所有的工业领域。

不仅如此,在借鉴国外先进声发射仪器的基础上,我国声发射仪器的研制水平也有了长足的发展,自主开发了足以与国外先进仪器相媲美的全波形全数字化多通道声发射检测系统。在声发射检测信号的处理和分析方面,除采用经典的声发射检测信号参数和定位分析之外,还开展了模态分析、经典谱分析、现代谱分析、小波分析和人工神经网络模式识别等先进的技术。在声发射检测标准的制定方面,颁布了适用于金属压力容器、钛合金压力容器、复合材料构件和在役金属容器等检测的国家标准、国家军用标准和行业标准段。

在学术交流方面,我国于 1978 年随着全国无损检测学会的建立成立了声发射专业委员会,于 1979 年在黄山召开了第一届全国声发射学术会议,以后固定每两年召开一次学术会议；2018年在北京召开了全国声学大会，2019年在广州由世界声发射协会主办、国家特种设备检测研究院协办召开了“2019年声发射检测专业大会委员会议”，2021年在河北保定召开了第十七届全国声发射学术研讨会。不仅如此，我国还积极参加国际有影响的声发射学术会议，并于2011年在北京举办了世界声发射学术会议。毋庸置疑，我国声发射检测技术的研究成就已得到国际的认可。

声发射检测技术在我国特种设备检验行业已经得到广泛的应用，大多数地市级及以上检验机构都购置了声发射仪器。对于大型或重要的压力容器、管道等，声发射检测技术有望成为一种常规的无损检测手段。

为了使声发射检测技术能够更好地发挥动态无损检测的特点，扩大其应用范围，声发射检测技术还应从以下几个方面开展更深入的工作：

(1)研究声发射形成机理及其与接收信号的相关性，以判断损伤的性质，评价其有害度。

(2)明确各种材料的声发射特性，声发射检测信号与声发射源的内在联系，以丰富人们对不同材料声发射特性的认识。

(3)研发新型声发射检测仪器和声发射源定位技术，以实现缺陷的准确定位和仪器的多功能、多参数、多通道、小型化、数据计算机高速处理和实时显示。

(4)解决声发射检测系统标定和检测方法规范化问题。

1.1.6　声发射检测技术的作用

从无损检测的角度出发，声发射检测的作用体现在：

(1)确定声发射发生的时间或载荷。承载条件下受检构件中声发射发生的时间或载荷通常与构件的安全承载能力有关。换言之，当构件在一定载荷水平下开始出现与危险性缺陷有关联的声发射源信号时，说明该构件的最大安全载荷应低于该试验载荷，否则需要对缺陷进行修复，以便达到构件所需要的载荷水平。

(2)确定声发射源的性质。通过分析声发射源的性质，可以有效地排除非缺陷性声源对评定的干扰，仅对危险性的活性缺陷源进行分析与评定。

(3)确定声发射源的位置。通过确定声发射源的部位，可以有针对性地对声源所在的局部区域重点勘查或复验，从而大大提高检测速度。

(4)确定声发射源的严重程度。声发射源的严重性评定是决定是否对声源复验和修复的依据。评定方法和过程详见有关检测与评定标准。

1.2　声发射检测技术基础

1.2.1　声发射检测信号的产生

用一个简单的质量块——弹簧系统来模拟材料中声发射的产生。声发射过程中有应力波产生，把应力波负载的能量比拟为弹性应变储能器中某一位置能量的局部释放，如图1-4所示。

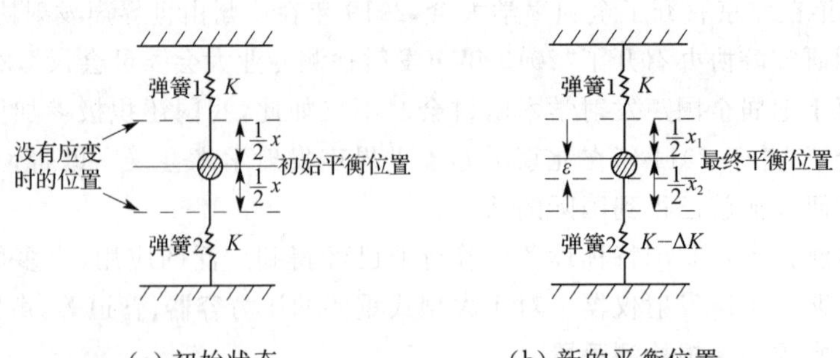

(a) 初始状态　　　　(b) 新的平衡位置

图 1-4　声发射事件发生模型

两个拉长的弹簧中间有一个质量块，如果每个弹簧的初始刚度是 K，拉长量为 $\frac{x}{2}$，那么弹簧所受到的初始拉力 F 可表示为 $F=\frac{Kx}{2}$。现在，令弹簧 2 突然减弱，它的刚度降低到 $(K-\Delta K)$，那么，弹簧所受的拉力降低了 ΔF。

初始状态的应变储能为

$$U=2\int_0^{\frac{x}{2}} Kx\,\mathrm{d}x=\frac{Kx^2}{4} \tag{1-1}$$

变形后的应变储能为

$$U-\Delta U=\int_0^{\frac{x_1}{2}} Kx\,\mathrm{d}x+\int_0^{\frac{x_2}{2}}(K-\Delta K)x\,\mathrm{d}x=\frac{(K-\Delta K)Kx^2}{2(2K-\Delta K)} \tag{1-2}$$

因为应变储能等于拉长弹簧所做的功，所以系统释放的应变能为

$$\Delta U=\frac{1}{4}Kx^2-\frac{(K-\Delta K)Kx^2}{2(2K-\Delta K)}=\frac{K\cdot\Delta K\cdot x^2}{4(2K-\Delta K)}=\frac{1}{2}x\cdot\Delta F \tag{1-3}$$

$$\Delta F=\frac{(K-\Delta K)x}{2(2K-\Delta K)} \tag{1-4}$$

基于上述分析可知：质量块 - 弹簧系统所释放的能量与瞬间降低的载荷 ΔF 成正比，与出现事件的应变量 x 成正比。

由此得出结论：声发射现象的产生是材料中局部地区快速卸载使弹性能得到释放的结果。局部地区指的是物体各部分的运动速度不同，才会出现波动。如果固体中所有的点同时受同一机械作用，那么物体在时间、空间上同时发生运动变化，即发生整体运动，则运动物体内部不会发生波的传播。快速卸载是能量释放速率 $\frac{\mathrm{d}v}{\mathrm{d}t}$ 足够大。如果卸载慢，即 $\frac{\mathrm{d}v}{\mathrm{d}t}$ 太小，卸载释放的能量大都转变为热能用于克服周围介质的阻力，质量块到达新平衡位置时的速度已趋近于零，不能够维持有效的振荡，不足以在介质中激发应力波。卸载速率决定了声发射检测信号的频谱范围，卸载速率越快，信号频谱中包含的频率分量越高。能量释放的速度取决于声发射源的结构。

1.2.2　声发射检测信号的传播

声发射检测信号在到达传感器前，要在匀质材料中传播。当传感器与声发射源的距

离相对于声发射源的直径大得多时,声发射源可以被看作点源,其向四周传播的声波被看作球面波,并遵循弹性波的传播规律。

应变能以弹性波形式释放而产生的声发射波与超声波有相似的传播规律,所以,从传播形式上看,声发射波在固体介质中会以纵波、横波、表面波和板波等形式向前传播。此外,声发射波在传播过程中,由于界面(缺陷、晶粒)反射还会发生多种模式的波形转换。

假设在半无限大固体介质中有一点源,其产生的声发射波以球面波形式向四周传播,其中一部分波以纵、横波模式直接到达传感器,另一部分到达固体表面后发生模式转换以表面波形式传播到达传感器。各种模式波的传播速度不尽相同,所以各种波是相继到达传感器的,传感器接收到的是几种模式叠加而且相互干涉的复杂波,如图 1-5 所示。

实际声发射检测时,检测对象很少被看成半无限大介质,通常是像高压容器壁那样有限厚度的钢板,声发射波在此类钢板中以导波(guided wave)的形式向前传播,如图 1-6 所示。

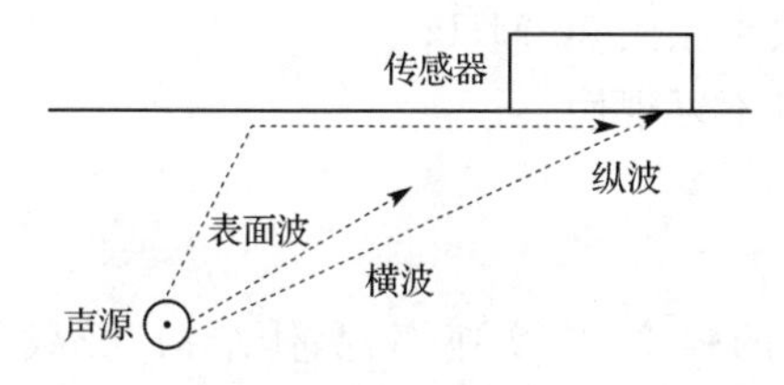

图 1-5　半无限大固体中声发射的传播　　图 1-6　声发射波在有限厚钢板中的传播

声发射波在两个界面间发生多次反射,每次反射都伴随着模式转换,这使得从声源发出的单一频率波,以导波形式传播后,传感器接收到的声波具有复杂的特性,要处理像导波那样的声发射波是十分困难。导波的视在传播速度大体上与横波的传播速度相当,在进行声发射定位时,常采用该传播速度。导波传播的特点之一是:频率不同的波,因传播速度不同引起频散现象,所以声源发出的、简单的、非常尖锐的脉冲波形,在有限介质中传播一定距离后,由于时差和位差的影响,就会发生严重的失真。表现在:波形变钝,脉冲变宽,并分离成几个脉冲,先后到达表面的某一点,如图 1-7 所示。

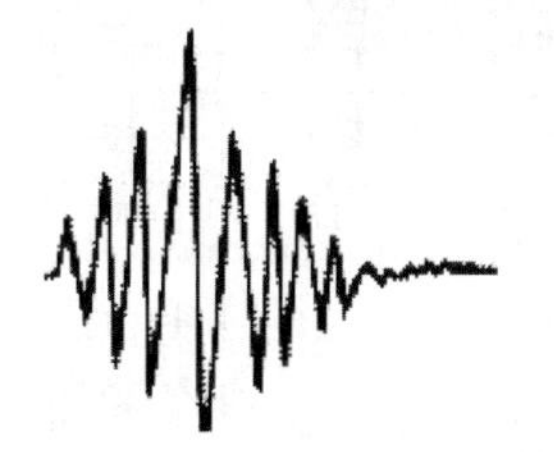

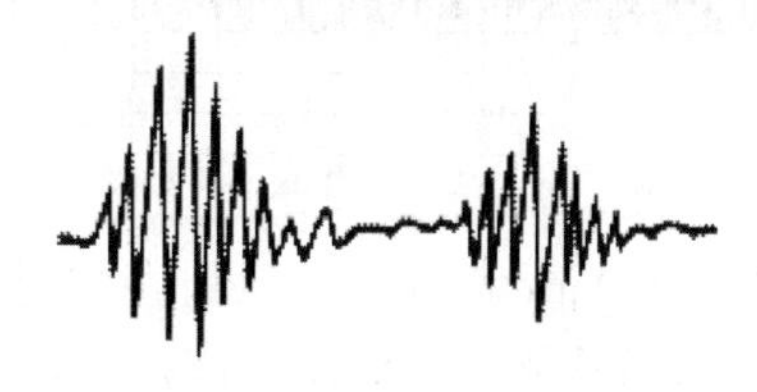

(a)声源发出的原始波形　　(b)在有限介质中传播后的分离波形

图 1-7　导波传播引起的波形分离现象

1.2.3　声发射检测信号的衰减

声发射波在固体介质中传播时,除波前扩展产生扩散损失外,内摩擦及组织界面的散射也能使其在规定方向上的传播声能衰减。造成声波在固体中,尤其是在金属中衰减的形式很多，如散射衰减、黏性衰减、位错衰减以及由铁磁性材料中的磁畴壁运动引起的衰减。其中，散射衰减主要来自多晶体金属中的晶粒对波的散射；黏性衰减是由内摩擦引起的一种能量衰减，与张弛和滞后两种现象相关；位错衰减的产生归因于原子之间结合机制的变化或杂质钉扎位错并阻止位错振动，随材料、位错密度及位错长度的不同而不同；由强磁性材料中的磁畴壁运动引起的衰减归因于外力作用使磁畴壁振动。此外，还有残余应力和声场紊乱引起的衰减，电子相互作用以及其他各种内摩擦引起的衰减等。

1.2.4 声发射检测信号的特征

在工程实际中，有许多机制都可能产生声发射检测信号，不同机制产生的声发射检测信号形态各异，强度不等，频率分布范围也不同。研究表明，声发射检测信号具有以下基本特征：

(1)声发射检测信号是上升时间很短且具有高重复速率的振荡脉冲信号。

(2)声发射检测信号的频率范围很宽，从次声频到 30 MHz。

(3)声发射检测信号一般是不可逆的，具有不复现性。

(4)声发射检测信号具有随机性。

(5)声发射检测信号具有一定的模糊性。

声发射检测信号的上述特征主要由材料的强度、应变速率、晶体结构、受载条件等决定。

1.2.5 声发射检测信号的类型

声发射检测信号是物体受到应力作用后，因其状态改变而释放出来的一种瞬时弹性波。如图 1-8 所示为传感器接收到应力波后输出的两种典型的声发射检测信号。

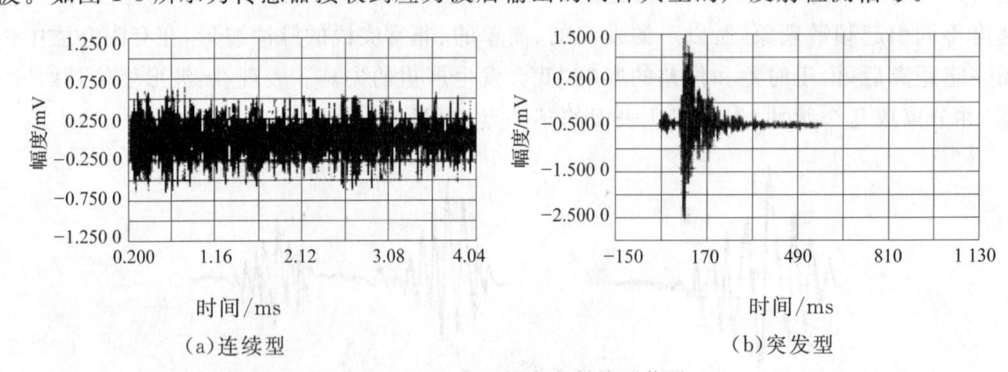

图 1-8 两类典型的声发射检测信号

1. 连续型声发射检测信号

当声发射源在单位时间内发射应力波的次数很多时，在示波器上显示的传感器输出是一种连续波形，这种类型的信号被称为连续型声发射检测信号。这类信号具有幅度较低、起伏较小、发射频度高、能量低的特点。如材料的屈服过程、液压机械和旋转机械的噪声、充压系统的泄漏等均可能产生持续时间较长的连续型声发射检测信号。

2. 突发型声发射检测信号

当高能量的声发射源开动时，可以产生幅度较高的单个应力波脉冲，即突发型声发射检测信号。这类信号表现为发生次数少、脉冲峰值大、衰减快、发生部位限制在某个地区、脉冲形状不尽相同等特点。如脆性材料断裂或带裂纹金属材料的不连续扩展通常产生持续时间很短、强度很高的突发型声发射检测信号；金属、复合材料、地质材料等裂纹的产生和扩展，材料受到冲击作用等也会产生突发型声发射检测信号。

把声发射检测信号分为连续型和突发型并不是绝对的。当突发型信号的频度较大时，看起来类似于连续型信号；当低能量与高能量的声发射源同时开动时，可能出现连续型和突发型两类基本信号的复合，在实际声发射实验时常常会观察到这种情况。如纤维增强树脂复合材料，树脂基体的变形与断裂往往是低能量的声发射源，高强度的纤维断裂则是高能量的声发射源。

1.3　声发射检测方法

1.3.1　描述声发射检测信号的基本参数

声发射反映了材料内部发生的局部瞬态应变，声发射检测信号是声发射源的信息载体，其中隐含了大量有关声发射源特性的重要信息。借助于声发射检测信号推断缺陷形成的时间、部位、变化趋势、性质及其严重程度等方面的信息是声发射检测的目的之一。

实际检测时，通过传感器接收到的声发射检测信号是声发射源产生的原始信号经过畸变、衰减等演变到达接收传感器的复杂信号，需要对这些复杂信号进行适当的分析与处理，通过对信号参数的有效提取，可获得更多反映声发射源特性的有用信息。因此，声发射信号便成为从声发射检测过程中获取有用信息的唯一源泉。目前，尚无统一的物理量、方法对声发射检测信号进行处理和表征，只能依据现有的仪器，用不同方法、从不同角度获得描述，并表征声发射检测信号的测量参数。根据参数本身的内涵和对声发射过程描述方式、角度的不同，声发射参数可以分为特征参数和基本参数两类。其中，特征参数反映了一个过程或状态同另一个过程或状态的区别，通常是从声发射信号基本参数序列中提取有关过程或状态的信息；基本参数则是通过测试仪器直接得到的时域或频域参数。这里，我们着重介绍描述声发射检测信号的基本参数。

描述声发射检测信号的基本参数主要有：声发射事件与事件计数、振铃与振铃计数、上升时间、事件持续时间、声发射检测信号振幅、声发射检测信号能量、有效值电压等。对于连续型声发射检测信号，上述基本参数不能完全表征其特征，只有振铃计数和能量适用，还应增加信号的平均信号电平和有效值电压参数。下面简单介绍上述基本参数的物理意义及其对声发射过程的描述作用。

1. 声发射事件与事件计数

声发射检测时，为了提高检测灵敏度，通常使用谐振式压电传感器接收声发射检测信号。传感器接收到应力波激发后产生振荡，输出一个完整的阻尼振荡波形，如图 1-9 所示。

将一次声发射形成的一个完整的振荡输出视为一个声发射事件;在事件持续时间内,对一个事件记一次数的方法称为事件计数。若事件持续时间内到达了另一个越过门槛的事件,则将其当作前一个事件的反射信号处理,不计入计数内。事件计数这种参数测试方法着重声发射事件出现的数目和频度,而不注重事件的幅度。

2. 振铃与振铃计数

声发射检测信号激发传感器后,传感器每振荡一次输出的一个脉冲被称为振铃。将振铃脉冲的峰值连接起来形成包络线(图 1-9 中的虚线),为了排除噪声和其他干扰信号,设置一个门槛电压 V_t(阈值)。原始声发射检测信号超过阈值后形成的每一个脉冲被称为振铃计数,振铃计数是逐一计算原始声发射检测信号波形超过预置门槛电压的脉冲次数,如图 1-10 所示。振铃计数在一定程度上反映了声发射检测信号的幅度,但不一定是直接的比例关系。

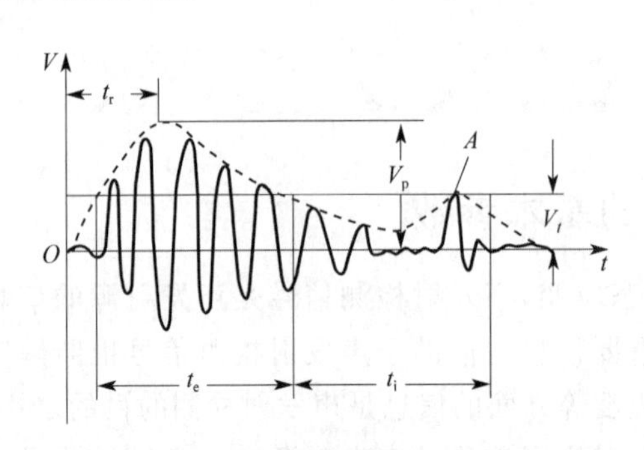

图 1-9　声发射检测信号

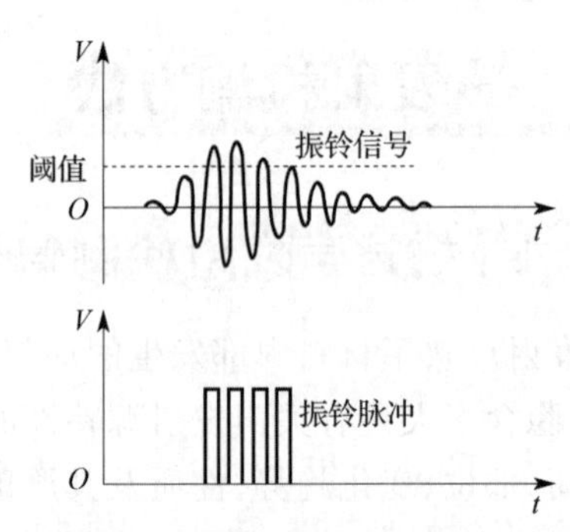

图 1-10　声发射信号的振铃计数

把连续型信号看作持续时间无限长的事件,振荡脉冲每越过门槛电压一次就记一次数,所以,振铃计数也可用于描述连续型信号。此外,通过调整门槛电压,使背景噪声低于门槛电压,振铃计数还能自动改善对噪声的抑制,这对长期试验的声发射检测特别重要。

3. 上升时间

声发射检测信号包络线到达第一个阈值与最大峰值对应的时间间隔称为上升时间(t_r),通常用振荡曲线输出波形达到最大幅值 V_p 所需要的时间(振荡曲线与门槛值的第一个交点到最大幅值所经历的时间)表示。上升时间表征了声发射信号增长速度的快慢,反映了声发射事件的突发程度,一般在几十到几百微秒。在 A 处出现的小峰被看作传感器接收了反射波或其他模态的波。

4. 事件持续时间

单个声发射事件经历的时间跨度,即声发射检测信号从第一次超过阈值至最后一次降至阈值的时间。通常用振荡曲线与门槛值的第一个交点到最后一个交点所经历的时间,以 t_e 来表示。在信号处理时,为了防止同一个信号的反射信号被当作另一个事件处理,设置事件间隔时间 t_i,把 $t_i + t_e$ 称为事件持续时间。事件持续时间表示声发射信号的历经时间,反映了声发射事件规模的大小。单个声发射事件的持续时间很短,通常在 0.01～100 μs。

5. 声发射检测信号振幅

一个完整的声发射振荡波形中的最大幅值称为声发射检测信号振幅(V_p),反映了该声发射事件所释放能量的大小。实际上可用合适的高频电压表直接测量传感器受激后输出信号的峰值或有效值来表征声发射检测信号，特别对连续型信号，这两个幅度参数使用起来更较为方便。

声发射振幅、事件持续时间和上升时间从不同角度描述了一个声发射事件，测得这三个参数，就可以知道该声发射事件的大致规模。

6. 声发射检测信号能量

声发射检测信号能量(E)反映声发射源以弹性波的形式释放的能量。在图 1-9 中，声发射检测信号包络线与横坐标轴所包围区域的面积即表示声发射检测信号的能量。

一个瞬态信号的能量定义为

$$E = \int_0^{\infty} V^2(t)\,\mathrm{d}t/R \tag{1-5}$$

式中 $V(t)$—— 随时间变化的电压；

R—— 电压测量电路的输入阻抗。

若采用数字方法进行计算，则其离散化形式为

$$E = \Delta t \sum_{i=0}^{N-1} V_i^2/R \tag{1-6}$$

式中 V_i—— 采样点电压；

Δt—— 采样的间隔时间；

N—— 采样点数。

7. 有效值电压

有效值电压(V_{rms})是表征声发射检测信号的主要参数之一，与声发射检测信号能量相关。由于时间常数大，用普通的交流电压表很难正确地测量声发射检测信号的有效值电压，但可以用幅度分布来计算有效值电压。若以峰值电压为自变量的微分型谱函数 $N(V_{\mathrm{p}})$ 表示，则有效值电压可表示为

$$V_{\mathrm{rms}} = \sqrt{\frac{\int_0^{\infty} V_{\mathrm{p}}^2 N(V_{\mathrm{p}})\,\mathrm{d}V_{\mathrm{p}}}{\int_0^{\infty} N(V_{\mathrm{p}})\,\mathrm{d}V_{\mathrm{p}}}} \tag{1-7}$$

本参数适用于频度大的突发型声发射检测信号。

1.3.2 声发射检测过程的表征

声发射检测过程中，用于描述声发射检测信号的基本参数有很多种。不同参数所表达的含义不同，在一个具体检测过程中的响应灵敏度可能有所不同，对检测对象会有不同的“识别”价值。因此，在实际应用中，不仅要选择合适的基本参数，还要根据需要选取和构造合理的表征参数。表征参数的选取和构造既要反映声发射过程的基本属性，又要根据分析目的选择最具区分性的特征。

目前广泛采用的声发射检测信号处理方法仍以经典的单参数特征分析法和频域分析法为主。前者利用声发射检测信号的基本参数表征声发射检测过程，后者是随着信号分析与处理技术的不断发展而产生的、更高级的声发射检测信号分析方法，如频谱分析法、小

波分析法、模式识别技术等。尽管这些现代的声发射检测信号分析与处理方法可以提供更多、更真实的声发射检测信号特征信息，但由于其分析过程复杂，效果易于受到一些因素的影响和限制，所以在工程上也只是作为传统方法的辅助手段，必要的时候才选用。

1. 单参数特征分析法

常用的单参数特征分析法有振铃分析法、事件分析法、能量分析法和振幅分析法等。为了反映一定条件下声发射检测信号在单位时间内的变化情况，也可以采用变化率单参数分析法描述声发射检测信号的瞬间特征，这是一种状态参数，与材料内部的变形速率以及裂纹的扩展速率有直接关系，与之相关的表征参数有事件计数率、振铃计数率、能量释放率。此外，还可以采用累计单参数分析法表征声发射检测过程中某一基本特征量的累加值，侧重声发射检测信号总强度，这是一种过程参数，与之相关的表征参数有事件、振铃、能量总计数。上述单参数特征分析法是处理突发型声发射检测信号的经典方法。

(1) 振铃分析法

振铃分析法是最简单的一种声发射检测过程表征方法，尤其适用于疲劳裂纹扩展规律的研究，以建立声发射活动与裂纹扩展之间的关系。

用振铃分析法获得的声发射数据中，除振铃计数值 N 外，还可以采用振铃计数率、累积振铃计数、振铃总计数、事件振铃计数或振铃 / 事件和加权振铃计数法间接地反映发生声发射的频繁程度。振铃计数率指的是单位时间的振铃计数，累积振铃计数是振铃计数的累积，振铃总计数表示某一特定时间全部振铃计数的总计，事件振铃计数或振铃 / 事件则是以事件为单位进行振铃计数，有时对振幅加权后再进行振铃计数，称为加权振铃计数法。

用振铃分析法获得的计数值与门槛值的大小有关，因此在试验中或在处理实验数据时，必须注意到门槛值这个条件。计数法比较简单，但易受构件几何形状、门槛值、仪器放大器设置及滤波设置等因素的影响。从振铃分析法本身，在给定的门槛值条件下，随着声发射事件的发展，由该事件中得到的振铃计数值 N 也增大。因此可以说这种方法对较大的事件有某些加权作用，虽然不是直接的度量，但是可以间接地反映声发射事件的大小。

(2) 事件分析法

事件分析法着重于事件的个数，不注重声发射检测信号振幅的大小。该方法在解释声发射检测信号方面有很大的局限性，很少单独使用，常与振铃分析法联用，以反映不同阶段声发射规模的相对大小程度。处理数据时可以用事件计数、事件计数率和事件总计数来表示。事件计数率定义单位时间内的事件数目，事件总计数则累计从试验开始到某一阶段的事件总数。

(3) 能量分析法

能量分析法是直接对传感器中的振幅(或有效值) 和信号的持续时间进行度量的一种方法，可以直接反映声发射事件的能量特性。表征声发射检测过程的能量分析法有能量释放率、总能量、能量 / 事件。其中，能量释放率表示检测单位时间的能量，总能量表示检测某段时间内的能量，能量 / 事件指的是某个单个事件所包含的总能量。在对裂纹开裂过程进行声发射检测的研究中发现，能量分析法比振铃分析法更适合反映裂纹的开裂特征。

声发射检测信号的能量与声发射波形的包络面积成正比，通常以有效值电压(V_{rms})

或有效电压(V_{ms})来测量声发射检测信号的能量。声发射检测信号能量与材料的一些重要物理参数(如发射事件的机械能、应变率或形变机制等)可以直接联系起来,而不需要建立声发射检测信号的模型。由于V_{rms}和V_{ms}对系统增益和传感器耦合情况的微小变化不太敏感,且与门槛值电压无关,因此,能量分析法克服了振铃或事件分析法测量声发射检测信号的一些缺点,除了适合于突发型声发射检测信号的分析外,也更适合于对连续型声发射检测信号的分析,对小幅度连续型声发射检测信号的测量同样有效。能量分析法是目前声发射检测信号定量测量的主要方法之一。

(4) 振幅分析法

振幅分析法以振幅作为测量参数,是一种基于统计概念的分析方法,可以从能量的角度来观察不同材料声发射特性的变化或同种材料在不同阶段声发射特性的差异,这对研究材料变化机理非常有价值。例如,某种钢材在裂纹扩展成脆断之前,由于裂纹前缘局部弹性开裂,会造成高振幅声发射检测信号的比例增大,弹性开裂产生的声发射振幅比在低应力水平下塑性区扩大所产生的声发射振幅大,利用声发射监测振幅的这种变化就可以判断破坏是否即将临近。

声发射检测信号幅度与声发射源的强度有直接关系,对声发射检测信号幅度的测量受传感器的响应频率、传感器的阻尼特性、检测对象的阻尼特性和门槛电压水平等因素的影响。与事件计数、振铃计数等声发射检测信号的基本参量相关联的幅度分布函数则与材料的形变机制有关。因此,信号峰值幅度和幅度分布可以提供更多的声发射源信息。

需要指出的是,应用单参数特征分析法表征声发射过程时还要考虑如下因素:

(1)对检测信号的类型进行分析。对连续型声发射检测信号,能量参数最有意义;对突发型声发射检测信号,振铃参数则最为常用。

(2)能量参数对高幅值的信号显得更有特色,但会受到频率范围与动态范围的限制。

(3)在某些情况下,时间常数较小的快速峰值检测仪可给出声发射活动的良好指示,其输出还可用来进行幅值分析。

2. 谱分析法

声发射检测信号的分析与处理通常以所记录信号的波形为基础,获取声发射检测信号的更多信息,揭示声发射波形的物理本质,研究声发射波形与声发射源机制的关系。基于波形的信号处理方法可分为时域分析和频域(谱)分析。前面介绍的振铃、振幅等基本参数是通过对声发射检测信号的时域分析得到的。由于声发射检测信号的频率也包含着声发射检测过程的重要信息,理应作为测量参数,这便产生了声发射检测信号的谱分析法。该分析法是在频域范围内对声发射信号进行分析,通过测量各种频率成分的谱特征等来描述声发射检测信号,以求从声发射检测信号中获取更多的有用信息。

谱分析法以相对简单且实用被广泛应用于声发射检测信号的研究,并作为重要的辅助分析手段。如在小波分析之前,可以应用谱分析法作为预处理手段。鉴于不同声源发出的信号都含有反映其本质特征的信息,现代声发射系统基本都是全波形数字模式,其软件中都有谱分析功能,通过谱分析可以得到更多的声发射检测信号特征信息,以达到识别声发射源本征信息的目的。因此,谱分析法能够在频域中找到在时域中不能体现的信号特征信息,揭示声发射源信号的特征及其动态特性。谱分析法可分为经典谱分析法和现代谱分析法两大类。

(1)经典谱分析法

经典谱分析法又称为线性谱分析法,以傅立叶变换为基础,通过数学变换来描述声发射检测信号的频域特征。经典谱分析法主要包括相关图法和周期图法以及它们的改进方法,最基本和最重要的方法就是快速傅立叶变换。快速傅立叶变换算法将时域的数字信号迅速地变换为其所对应的频谱,从谱中可以得到信号的各种谱特征。经典谱分析法估计速度快,应用简单方便,但分辨率不高,且谱估计误差较大。

(2)现代谱分析法

现代谱分析法以非傅立叶变换为基础,大致可分为参数模型法和非参数模型法两大类。通过采用合适的参数模型来拟合信号或用数学上的正交处理方法分离信号,使得现代谱分析法提高了谱的分辨率和谱估计的统计稳定性。较为常用的现代谱分析法主要有模态声发射、小波分析、模式识别、人工神经网络等。

3. 声发射检测过程的其他表征方法

除上面提到的单参数特征分析法、谱分析法外,下述方法也被用于声发射检测过程的表征中。

(1)数据列表法

将各通道接收到的声发射检测信号到达时间、外输入参数(如压力等)及其他基本参数(如上升时间、幅度、能量、计数、持续时间等)以列表的形式显示。数据列表法可以直接观察各通道收到的每个信号的参数范围,可以初步判断信号的强度、类型及声源位置等信息。在声发射检测前对仪器通道灵敏度测定及定位校准时,通常需要观察数据列表。在检测过程中或事后数据处理时,对重要的检测数据也可能需要观察数据列表,以便进一步判断信号的性质。

(2)经历图分析法

通过对声发射检测信号参数随时间或外变量的变化情况进行分析,从而得到声发射源的活动情况和发展趋势,最常用和最直观的方法是图形分析。采用经历图分析法可以对声发射源的活动性和恒载声发射进行评价,对裂纹的起裂点进行测量,对费利西蒂比和凯塞效应进行评价。

(3)分布分析法

声发射过程具有随机性,分布分析法就是将声发射检测信号的某些基本参数随某一信号参数(横轴)的数值分布进行统计分析,来获取声发射过程中的统计特征参数。与之相关的表征参数包括幅度分布、频率分布、振铃计数分布、持续时间分布、上升时间分布等,其中幅度分布应用最为广泛。该方法可用于发现声发射源的特征,从而达到鉴别声发射源类型的目的,也可用于评价声发射源的强度。

(4)关联分析法

对任意两个声发射检测信号的波形特征参数之间的关联图进行分析,关联图中的每个显示点对应于一个声发射撞击信号或声发射事件,这是最常用的声发射检测信号分析方法之一,可以分析不同声发射源的特征,从而到达鉴别声发射源的目的。例如,电子干扰信号通常具有很高的幅度,但能量却较少,幅度-能量关联图可将其区分出来。泄漏信号的持续时间较长，通过能量-持续时间或幅度-持续时间的关联图分析可以较容易地辨别声发射检测信号是来自泄漏声源还是来自裂纹扩展等声源。

1.3.3　提高信噪比的措施

声发射检测通常是在环境噪声较为复杂的条件下进行的，因此，噪声干扰成为声发射检测中最严重的障碍，如何抑制噪声干扰成为声发射检测的关键所在。

声发射检测过程中噪声既有来自流体或电器产生的电噪声，还有来自生产环境的机械噪声，甚至试样内部也可能存在噪声。按照噪声干扰的性质，声发射检测过程中的噪声大体可以分为电噪声（电磁波干扰）和机械噪声（机械波干扰）两大类。前者主要由声发射仪器的外接电缆所致（如前置放大器的输入/输出电缆），可以采用对噪声源进行电屏蔽或采用差动传感器系统抑制共模噪声信号。后者由传感器的压电元件所接收，由于大部分机械噪声的频率较低（通常低于 60 kHz），故可以采用滤波器设置检验频率窗口进行频率鉴别或在信号接收系统中设置门槛电压进行幅度鉴别。若噪声频率和声发射检测信号的频率重叠，且幅度又较大，则需要采用机械方法、空间滤波技术、载荷控制门、数据统计方法等方法排除噪声干扰。

1. 机械方法

机械方法是排除机械噪声的基本方法。在实验室条件下进行声发射检测时，首先应选择噪声尽可能低的加载装置，设计和选择摩擦噪声低或对噪声有抑制作用的夹具。具体方法有声隔离法、声发射法、声吸收法和凯塞效应法。

2. 空间滤波技术

除前述的频率鉴别和幅度鉴别外，空间滤波技术也是一种主要方法。这种方法是根据接收信号与噪声源的空间位置达到排除噪声的目的，故又称空间鉴别，可通过主副鉴别、符合鉴别和前沿鉴别等方式实现。

3. 载荷控制门

在周期性加载疲劳试验中，除夹头的摩擦噪声外，还有裂纹闭合噪声，即在周期性加载处于低载荷的半周期内裂纹闭合，裂纹面摩擦产生噪声，而疲劳裂纹的扩展往往在高载荷的半周期。因此，为了排除裂纹闭合噪声，检测出裂纹扩展的声发射检测信号，可使用载荷控制门。把周期性加载信号转换为电信号，用这个周期性电信号的相位控制声发射仪器参数计数器的工作，从而达到疲劳裂纹开裂期间测量，闭合期间不测量的目的。

4. 数据统计方法

采用数据统计方法，可以在高背景噪声下有效地排除噪声，分离出声发射检测信号。这种方法采用几个传感器阵列定位声源，根据阵列的最大时差定出这几个传感器接收信号的全部时差组合，从而定出各种时差组合可能确定的位置，上述过程可采用计算机软件统计处理。从大量的噪声源位置中分离出真正的声源位置，因此该方法也被称为符合检测定位法。

1.3.4 声发射检测频率窗口的选择

声发射现象产生的微观过程各不相同，声发射检测信号的特征千差万别。

通常单个声发射信号的持续时间很短，为 0.01～100 μs。信号持续时间愈短，其频带愈宽，因此，声发射检测信号中包含各不相同的频率分量。声发射波覆盖的频率范围很宽，从次声频、声频直到超声频。此外，声发射检测信号的幅度通常在很大的范围内变化，对应传感器的输出从数毫伏到数百伏。然而，声发射检测信号穿过构件时，高频分量衰减严重，其幅度随着传播距离的增大而迅速减小，低频成分又与机械噪声叠加在一起不易分离，多数为只能用高灵敏传感器才能探测到的微弱振动。因此，声发射检测通常选择在某一频率范围内进行，该范围称作声发射检测“频率窗口”，频率窗口的选择取决于被检材料的声发射频率分量和背景噪声。

如图 1-11 所示为不同材料和研究领域常用的声发射检测的频率范围。

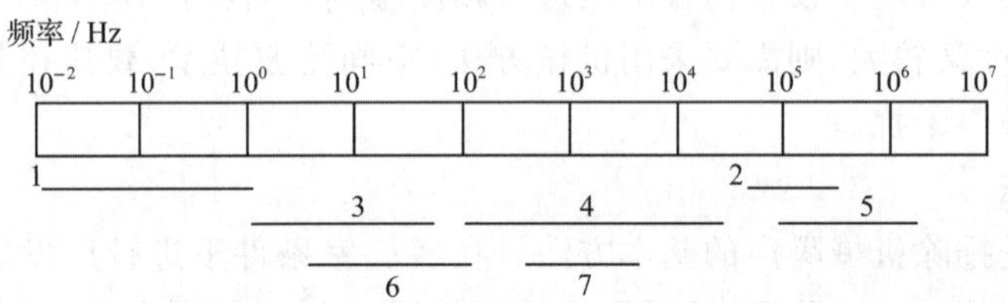

1—远震研究；2—地震勘探；3—最近地质材料声发射实验；4—金属材料声发射研究；5—微震研究；6—地震材料早期研究；7—地质材料有限声发射研究

图 1-11 声发射检测的频率范围

1.3.5 声发射源定位

声发射检测过程中会出现各种声发射源，例如裂纹的萌生和扩展、屈服和塑性变形、夹渣物的断裂和脱开等都会产生声发射，从而形成声发射源。声发射检测目的之一是确定声发射源的位置，找出设备中危害性大的活性缺陷，如裂纹、未焊透和未熔合等面型缺陷。声发射检测过程中还可能出现其他的干扰声发射检测和评价效果的声发射源。因此，声发射源定位是声发射检测与评定的一个很重要的指标，只有相对较准确地确定声发射源的位置，才能有针对性地进行复验，对严重缺陷进行修复，也才能体现声发射检测技术的优势。

相对于声发射源到传感器的距离，声发射源被看作点源，以球面波的形式向四面八方发射能量。因此，声发射传感器的检测是无取向性的；而且，由于瞬态应力波在传播过程中能量逐渐衰减，这就要求传感器的间距应在声发射源的可检测范围之内。声发射源定位分为时差定位、区域定位两类。它们的原理相同，都是基于声发射源到达不同位置传感器的时间差。当传播速度已知时，即可求得声发射源与不同位置声发射传感器的距离差。因信号类型的差异，源定位方法有所不同。常用的声发射源定位方法如图 1-12 所示。

- 声发射源定位方法
  - 基于突发型声发射检测信号的源定位
    - 时差定位
      - 直线定位(一维定位)
      - 平面定位(二维定位)
      - 空间定位(三维定位)
      - 锥面定位
      - 柱面定位
      - 球面定位
    - 区域定位
      - 常规区域定位
      - “查表”法
  - 基于连续型声发射检测信号的源定位
    - 幅度测量式区域定位
    - 幅度衰减测量式定位
    - 互相关式时差定位
    - 干涉式定位

图 1-12　常用的声发射源定位方法

1. 基于突发型声发射检测信号的源定位

(1)时差定位

时差定位将数个声发射传感器按照一定的几何关系安装在检测对象表面某一范围内,组成传感器阵列。采用相关分析方法求解声源发射的声波传播到阵列中各传感器间的相对时差,结合已知的传感器位置坐标和波速,将这些相对时差代入满足该阵列几何关系的方程组求解,得到声源的位置坐标,进而测定出缺陷的所在位置。

在实践中,为了推导出声源位置的计算方程并简化计算,传感器通常按照特定的规则几何图形布置。鉴于时差定位中声源位置的几何运算通常采用双曲线(或双曲面)方程求解的方式,所以又称双曲线(或双曲面)定位。根据检测对象的形状和监测的区域范围,声发射检测时差定位可分为直线定位法、平面定位法和空间定位法。

①直线定位(一维定位)

在一维空间确定声发射源的位置坐标,是最简单的声发射源定位方法,一般用于对细长构件如较长管道等的检测,也可用于确定焊缝上的缺陷或直管道泄漏源的轴向定位等。

进行直线定位时需要在一维空间将两个或两个以上的传感器呈一条直线或曲线分布,声发射源位置必须在相邻两个传感器的连接直线或圆弧线上。声发射源一维定位原理如图 1-13 所示。

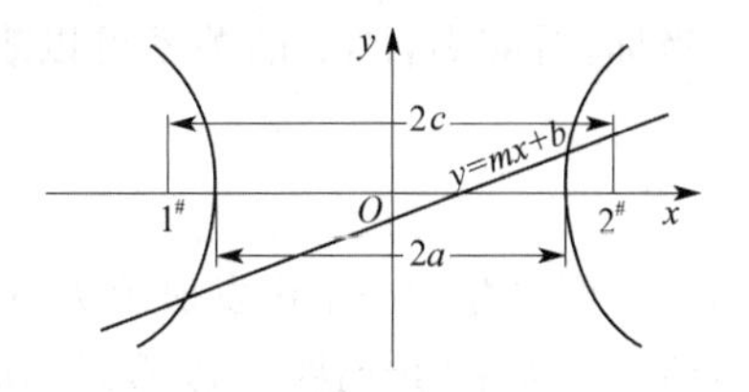

图 1-13　一维定位原理

将 1#、2# 传感器置于检测对象的表面,假设两个传感器的间距为 $2c$,以两个传感器的连线作为 x 轴,以连线的中点作为坐标原点,则两个传感器的坐标可以设置为 $(-c,0)$,$(c,0)$。假设样品中存在声发射检测信号,该信号到达两个传感器的时差为 Δt,材料中的声速度为 v,则声发射源距离两个传感器的距离差可以表示为 $v\Delta t=2a$,满足该方程的点应位于以两个传感器为焦点的两条双曲线上,双曲线的顶点距离为 $2a$,所建立的双曲线方程为

$$\frac{x^2}{a^2}-\frac{y^2}{c^2-a^2}=1 \tag{1-8}$$

a. 假设声发射源位于两个传感器连线之间,此时声发射源的坐标应该满足 $y=0$,$-c\leqslant x\leqslant c$。求解方程,得 $x=\pm a$。当声发射检测信号先到达 1# 传感器,再到达 2# 传感器

时，$x=-a$；反之，$x=+a$。在这种情况下，只要测得信号到达的次序和一组时差，即可以确定声发射源在直线上的位置。

b. 如果声发射源在平板上某个位置(焊缝)，可以假设它位于 $y=mx+b$ 直线上，此时，公式中的 m 和 b 都是常数，且不为 0，解联立方程组，可以获得 $x=\dfrac{-B\pm\sqrt{B^2-4AC}}{2}$。其中 $A=c^2-a^2(1+m^2)$，$B=-2a^2bm$，$C=-a^2(b^2+c^2-a^2)$。若信号优先到达 1# 传感器，再到达 2# 传感器，则 $x=\dfrac{-B-\sqrt{B^2-4AC}}{2}$；反之，$x=\dfrac{-B+\sqrt{B^2-4AC}}{2}$。据此可以求出声发射源在一条直线上的横坐标，即确定声发射源的位置。

②平面定位(二维定位)

平面定位是在二维空间确定声发射源的位置坐标，与前述的直线定位没有本质的差别，是容器声发射检测最常用的源定位方法，细分为锥面定位、柱面定位、球面定位等。

平面定位需要三个及以上的传感器完成声源的定位，用于传感器所包括范围内检测对象的监测。进行平面定位时，为了推导出声源位置的计算方程并简化计算，通常将若干传感器分成几组，按照特定的几何图形有规则地布置在检测对象的表面，这种规则排列被称为阵列。根据传感器数量和布置方式的不同，平面定位可进一步细分为三角形定位、归一化正方阵定位和平面正方形定位等。其中，三角形定位是声源平面定位中常选用的传感器阵列布置，可使传感器的间距接近，使用同等数量传感器的情况下可以保证声源定位的精度。为了在检测对象上更容易确定传感器的安装位置，现场检测中一般优先选择等腰三角形阵列，也可以根据具体的检测对象的结构与形状选择任意三角形阵列。

柱式容器和锥形容器等可以展开成平面，因此传感器的阵列形式为平面三角形。

a. 等边三角形阵列的声源定位

将四个声发射传感器布置成一个三角形，并使声发射源处于该三角形之内。为使计算方便，常将其中的三个传感器布置成等边三角形或等腰直角三角形，如图 1-14 所示。其中，0# 传感器置于三角形的中心，以此点作为坐标原点，其余三个传感器则位于三角形的三个顶点。声波在构件中的传播速度为 V，三个边长为 $2S$，则可以获知三个传感器的坐标，对应 A，B，C 的关系可以表示为

$$B=\frac{\sqrt{3}S}{3},A=2B=\frac{2\sqrt{3}S}{3} \tag{1-9}$$

假设存在一个声发射源 P，其坐标是 (x,y)，声源到 0# 传感器的距离是 $r=\sqrt{x^2+y^2}=Vt_0$（t_0 为信号到达 0# 传感器的时间，可测）。相对于 0# 传感器而言，同一声发射检测信号到达其他三个传感器的时间差依次为 Δt_{01}，Δt_{02}，Δt_{03}，则相对于 0# 传感器的距离差分别为 $\delta_1=V\Delta t_{01}$，$\delta_2=V\Delta t_{02}$，$\delta_3=V\Delta t_{03}$。据此可以得到圆形方程组，解方程可以得到声源的位置。

在这种方法中，只要测得波速、三角形的边长(传感器的间距)，三组时差即可。

b. 方形定位

如图 1-15 所示，将四个传感器置于直角坐标系中，其中，1#，2# 传感器置于在 x 轴，间距为 $2c$，对应坐标分别为 $(-c,0)$，$(c,0)$；3#，4# 传感器置于 y 轴上，相互间距为 $2f$，对

应坐标为(0,f),(0,$-f$)。两对传感器相互独立,可以测得声发射源到达两对传感器的时间差 Δt_{12},Δt_{34}。假设声发射源到达1#,2#传感器的距离差为 $2a$,则 $V\Delta t_{12}=2a$;同理,声发射源到达3#,4#传感器的距离差为 $2e$,则 $V\Delta t_{34}=2e$,可以得到两条双曲线方程,分别为

$$\frac{x^2}{a^2}-\frac{y^2}{c^2-a^2}=1,\frac{y^2}{e^2}-\frac{x^2}{f^2-e^2}=1 \tag{1-10}$$

由于声发射源应该位于两条双曲线的交点上,建立联立方程组,求解方程组可得

$$x=\pm\sqrt{\frac{\dfrac{c^2-a^2+e^2}{c^2-a^2}}{\dfrac{c^2-a^2}{a^2}-\dfrac{e^2}{f^2-e^2}}},y=\pm\sqrt{\frac{(c^2-a^2)x^2}{a^2-1}} \tag{1-11}$$

x,y 的符号取决于信号到达传感器的次序。对第一对传感器而言,如果信号先到达2#传感器,再到达1#传感器,那么 x 取正值;对第二对传感器而言,如果信号先到达3#传感器,再到达4#传感器,那么 y 取正值,此时声发射源位于第一象限。

如果将四个传感器置于直角坐标系中的(1,1),(−1,1),(−1,−1),(1,−1),就得到归一化正方阵定位。该方法具有数学表达式简单、对称,易于进行数据处理的特点。

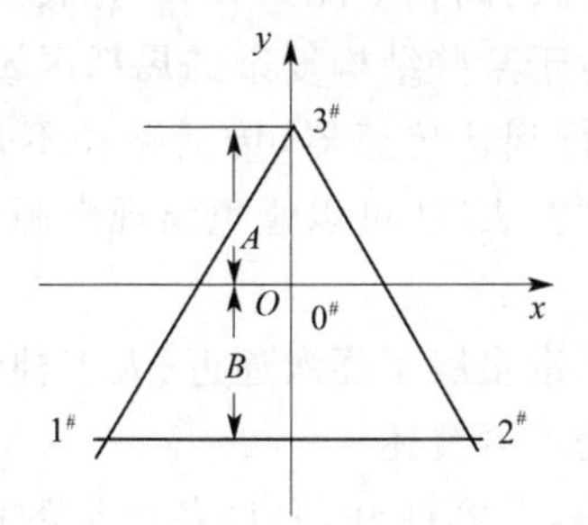

图1-14 等边三角形定位

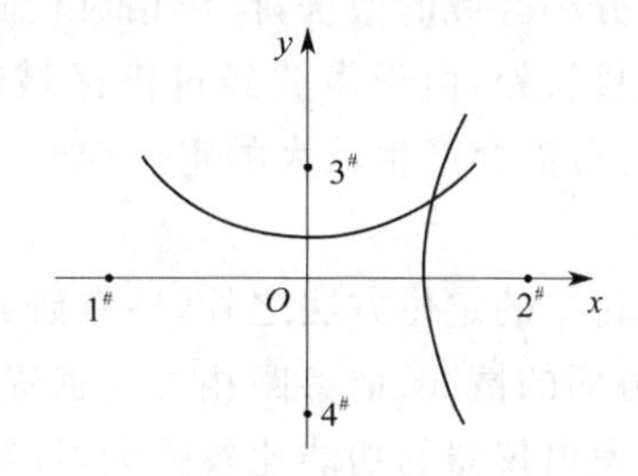

图1-15 方形定位

c.球面任意三角形阵列的声源定位

球形容器无法展开成平面,因此不能按平面三角形阵列进行声源的定位。早期的声发射检测系统还没有球面定位功能,只能按平面三角形阵列进行声源的粗略定位。现代的声发射检测系统均具有球面定位的功能,球面定位通常按曲面三角形阵列计算声源的位置。限于篇幅,此处不再赘述,请参阅相关文献资料。

③空间定位(三维定位)

空间定位中的传感器安装在立体结构的几个外表面上,监测的区域位于传感器的包络中。空间定位在特种设备中应用很少,主要用于检测变压器、大坝等体积型构件中的声源。

(2)区域定位

①常规区域定位

常规区域定位是最常用的区域定位。该方法对传感器的安装位置没有特殊要求,即不必按照一定的阵列形式布置,传感器的间距可以较大,但要求在被检区域任意位置处的声源信号至少被其中一个传感器接收到。在区域定位中,声源的位置被确定在首先接收到该声源信号的传感器位置。因此,声源定位结果与某一传感器附近区域内声源的实际

位置没有一一对应关系，声源的定位精度取决于相邻传感器的间距。该方法灵活且检测范围大，但由于声源的定位显示形式是一个区域，所以定位结果具有不确定性，而且定位误差通常也较大。

②“查表”法

“查表”法是介于区域定位和时差定位之间的声源定位方法，声源的位置为一个小区域，所以本质上还应属于区域定位。有些早期仪器曾采用“查表”法。“查表”法是将传感器所覆盖的区域分割成许多正三角形，每个正三角形分割成多个扇形，每个扇形区域内按已知的时差数据的双曲线分割成许多个小区域，并将这些数据存储在计算机中，对于某一未知声发射源，只要将测得信号到达各传感器的时差与计算机内存储的数据相比较，就可以查出声发射源处在哪个小区域内。此法的定位精度与点定位相当。需要说明的是，点定位和区域定位并没有实质上的差别，而且，实际的声发射检测仪中往往已固化有计算程序，操作者只要按指定的步骤进行简单的按键操作即可，所以操作起来比较简便快捷，对操作者的要求也不是很高。

“查表”法的定位精度取决于小区域划分的大小，一般高于常规区域定位。“查表”法在检测前的准备工作量大，应用不方便，而且传感器的间距不能太大。“查表”法中也有以网格形式划分小区域的做法，操作相对较简单。对于某些结构复杂的局部区域，如容器的入孔或较大接管处，由于声波经过该区域时需绕行到达传感器，传播路径不是最近的路径，时差定位可能会产生较大的定位误差，而采用“查表”法可以避免出现声源定位的明显失真情况。

除以上讨论的定位方法之外，还有研究人员探索发展了逐次逼近、人工神经网络等方法，有关这方面的情况，请参阅相关文献资料，此处不再赘述。

现代声发射仪器的功能比较强大，计算速度快，兼容性好，允许各通道的声发射检测信号同时在不同的定位模式中进行声源的计算。例如，对于进行平面定位的一组通道，若其中的一些通道沿一条焊缝分布，则可以同时将这些通道设置为线定位模式，以提高重点区域的缺陷检出率。此外，若传感器的间距较大，为了防止漏检或得到更多的声源信息，在进行时差定位的同时，还可以将这些通道设定为区域定位模式。

2. 基于连续型声发射检测信号的源定位

连续型声发射源的定位方法有幅度测量式区域定位、幅度衰减测量式定位、互相关式时差定位和干涉式定位。这些方法各有优点和不足，在实际应用中选用哪种方法应根据具体的检测对象和定位精度需求而定。

(1)幅度测量式区域定位

各通道接收的连续型声发射检测信号大小通常以平均信号电平(ASL)值或有效值电压(RMS)值表示。在假定检测对象为各向同性的前提下，则可认为距离泄漏源最近的通道收到的信号 ASL 值或 RMS 值应该最大，即泄漏源位于具有最大 ASL 值或 RMS 值的通道附近。若同时比较其他检测通道信号强度的大小次序，则可以进一步缩小泄漏源所在的区域。显然，连续型声源的区域定位与突发型声源的区域定位的不同之处在于，前者采用的是最大信号通道法，而后者采用的是首先达到通道法；二者相同的是，都是确定声源发生在哪个区域内，不能给出较精确的位置。

(2)幅度衰减测量式定位

虽然连续型声发射检测信号不能像突发型声发射检测信号那样直接测得信号到达各传感器的时差,但由于声发射检测信号的衰减与传播距离的大小有关,所以可通过事先测量检测对象的信号幅度衰减曲线,再根据相关传感器间输出信号幅度的差值与衰减曲线的关联,近似得到声源到达相关传感器的距离差,通过类似于突发型声源时差定位法的几何计算可以确定泄漏源的位置。幅度衰减测量法中参与计算声源位置的相关传感器需要做某种判断,即通过识别最高和次高的声发射输出信号,就可以判断出距泄漏源最近的2个相关传感器。对于泄漏源的线性定位,如管道的泄漏监测,相关传感器的数量为2个;对于二维平面内的泄漏源,则需要第三个传感器参与定位。声源位置的计算方法与突发型声源时差定位法相同。幅度衰减法与传感器间的相对信号幅度密切相关,与传感器输出的绝对幅度无关。该方法要求各通道的灵敏度要相同,而且无电子或机械噪声的干扰。

(3)互相关式时差定位

该方法通过波形分析和频谱分析,利用数学互相关的方法来确定泄漏源信号到达某传感器阵列中各传感器的时差,进而确定泄漏源的位置。这种技术在工况简单的构件上有较好的效果,但对于复杂的构件、多点泄漏源的情况,声波传播过程的衰减和波形畸变严重,使得这种方法的定位精度受到很大干扰。互相关时差定位法已被成功应用于管道的泄漏检测。该方法已被成功应用于管道泄漏检测,只不过对于突发型声源的定位,采用传统的时差法更为简单。

(4)干涉式定位

连续型声源的幅度衰减测量定位法和互相关式时差定位法都是先探测到泄漏,再进行泄漏定位。干涉式定位法是通过源定位处理的结果来指出泄漏的存在。假定传感器阵列探测到的泄漏信号是相干的,而无泄漏时探测到的噪声信号的相干性很低。

干涉式定位法的步骤为:①在监测区域内定义一个位置;②计算信号从定义位置到阵列内所有传感器的传播路径长度,通过已知的波速计算波到达阵列内所有传感器的传播时间和各传感器间的时间延迟;③按预定的时间捕捉每个传感器的输出,按照第②步计算的延迟时间推迟各通道的采样时间;④确定所有传感器间的相干性,高相干性则表示在假定的部位出现泄漏;⑤若相干性较低,则另假定一个位置,从第②步重复进行。干涉式定位法的处理过程基于对源位置的预定义,以及对声发射检测信号是否与泄漏一致的再验证。

1.4　声发射检测系统

1.4.1　声发射检测系统的特性

声发射检测信号的形成机制十分复杂,有时声发射检测信号足够强,人耳可以听到;有时声发射检测信号很弱,需要借用声发射检测仪器才能接收到,这就要求用于声发射检测的仪器应满足以下三个方面的要求:

(1)具有对快速上升和高重复速率脉冲信号响应的能力。

(2)能够在较宽的频率范围内选择检测的频率窗口。

(3)具有对机械噪声、液体噪声、电噪声和摩擦噪声等较高的抑制能力和鉴别能力。

1.4.2 声发射检测系统的组成

声发射检测仪器由辅助设施和主要设施两部分组成。辅助设施包括模拟声发射源、耦合剂和波导等,主要设施用于完成声发射信号的能量转换、采集、分析和处理等功能。其中,声发射信号的能量转换与采集由传感器完成,声发射信号的分析与处理则由前置放大器、滤波器、主放大器和系统主机等功能部件实施。传感器和前置放大器一般独立设置,也可将二者集成为一体,制成前置放大器内置的声发射传感器,可极大地提高系统的抗干扰能力。系统主机分为整体集成专用型和基于虚拟仪器概念的板卡式(声发射信号采集板/卡+软件)两种结构类型,前者的主要功能由硬件来实现,后者的很多功能则由软件来完成。

1.声发射传感器

声发射传感器是用于接收声发射检测信号,并将其转换成电信号的机电转换元件,是影响声发射仪器性能的关键组成部分之一。传感器将接收到的声发射信息以电信号的形式输出,输出值通常为 10～1 000 μV。实践表明,大部分声发射传感器的输出值处在上述范围的较低一端,因此要求声发射传感器必须能够对微弱的电信号有响应,并具有较低的内部噪声水平。当然,在处理幅值很大的信号时,也不发生畸变。

(1)传感器的工作原理

某些晶体受力产生变形时,其表面出现电荷;在电场的作用下,晶片又会发生弹性变形,这种现象称为压电效应,分为正压电效应和逆压电效应。常用的声发射传感器是基于压电元件的正压电效应,将声发射波引起的检测对象表面振动转换成电压信号,供于信号处理器。

压电材料多为非金属介电晶体,包括锆钛酸铅、钛酸铅、钛酸钡等多晶体和铌酸锂、碘酸锂、硫酸锂等单晶体。其中锆钛酸铅接收灵敏度高,是声发射传感器常用压电材料;铌酸锂晶体居里点高达 1 200 ℃,常用作高温传感器。

(2)传感器的特性

传感器的特性包括谐振频率、频响宽度、灵敏度,取决于晶体的形状、尺寸及其弹性和压电常数等本征参数,还与其中的阻尼块、压电晶体在传感器中的安装方式,传感器的耦合、安装及试件的声学特性等因素相关。

(3)传感器的基本结构

声发射传感器一般由压电元件 1、壳体 2、保护膜 8、阻尼块 6、连接导线 4 和高频插座 5、上盖 3、底座 7 组成。其典型的简化结构如图 1-16 所示。

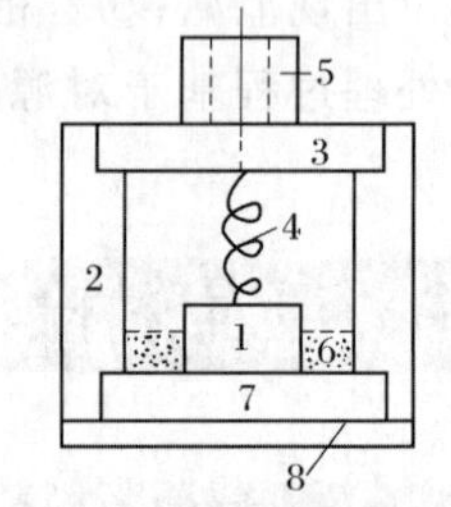

图 1-16　声发射传感器典型的简化结构

(4)传感器的类型

传感器的分类方法有很多,应根据检测目的和使用环境选用不同结构和性能的传感器。

按照工作原理，声发射传感器有接触式传感器和非接触式传感器两类。其中，接触式传感器包括磁致伸缩传感器、加速度计、拾音器和压电型传感器，非接触式传感器主要有电容式传感器。按照接收波形可分为纵波传感器和横波传感器；按照工作方式分为单端式传感器和差动式传感器；按照工作频率分为谐振式窄带传感器和宽频带传感器。

实际声发射检测常用的压电型传感器有谐振式（单端和差动式）、宽频带式、锥型式、高温式、微型、前放内置式、潜水式、定向式、空气耦合式和可转动式等类型，用得最多的还是谐振式纵波单端或差动传感器。实验室内常用谐振频率为100～300 kHz的单端传感器，现场则应用400～1 000 kHz的差动式传感器。

（5）传感器的安装固定

传感器的固定多用机械压缩来实现，所加之力应尽可能大一些。常用固定夹具包括松紧带、胶带、弹簧夹、磁性固定棒、紧固螺钉等。一些快干式黏结剂，包括快干胶、环氧树脂，既可固定传感器，又起着声耦合作用，适于长期监视的应用，但因安装简便也可用于短期监视。这类耦合剂可使传感器同时接收表面的垂直和横向振动成分，故其耦合效率高于流体耦合剂，但是，在高应变、高温环境下其脱黏问题应予以注意。高温或低温检测时，多采用由金属或陶瓷制成的波导杆转接器。它通过焊接或加压方式固定于试件表面，使试件表面高温或低温端的声发射波传输到常温端的传感器。这一结构引起一定的传输衰减和波形畸变，其接触面为主要的衰减因素。

（6）传感器的耦合

除了非接触式传感器（如电容式传感器），在进行声发射检测时，为了减小传感器与试件表面声发射检测信号的能量衰减，二者之间良好的声耦合是传感器安装和使用的基本要求。试件的表面须平整和清洁，松散的涂层和氧化皮应清除，粗糙表面应打磨，表面油污或多余物要清洗。半径大于150 mm的曲面可看成平面，对小半径曲面则应采取适当措施，如采用转接耦合块或小直径传感器。对于接触界面，则需要在传感器与安装表面涂抹一定厚度的耦合剂，以保证良好的声传输。耦合剂不宜涂得过多或过少，耦合层应尽可能薄，表面要充分浸湿。耦合剂的特性和耦合方法对检测结果有明显影响。对于纵波压电传感器，通常采用黄油、机油、凡士林油作为耦合剂，如采用硅脂做耦合剂，则检测效果更好。对于切变波传感器不能用油做耦合剂，常采用磁性耦合，即在传感器的底座装一磁铁，将传感器牢固地吸附在试件上。若试件是非磁性材料，则宜用胶接耦合。对高温检测，也可采用高真空脂、水玻璃及陶瓷等。值得一提的是，耦合剂的使用须考虑其与试件材料的相容性，即不得腐蚀或损伤试件材料表面。

（7）传感器的标定

声发射传感器制作好后要进行标定，标定的基本参数是谐振频率和灵敏度，标定结果通常以振幅-频率特性曲线表示。

传感器的灵敏度是相对于自由场声压而言的，以接收传感器输出端的开路电压（伏特为单位）与声场中因放传感器于该位置时的自由场声压（以帕为单位）之比来表示，故自由场电压灵敏度的单位是伏/帕。习惯上常以分贝表示传感器的灵敏度，这是相对于10伏/帕作为0分贝得到的。有时也用位移或速度代替声压来描述声场。

按照激励源与传播介质的选用，声发射传感器的标定可有许多种，常用的有激光脉冲法、玻璃毛细管破裂法、电火花法以及断裂铅笔芯标定法。

2. 声发射检测信号分析与处理系统

声发射检测信号分析与处理系统包括前置放大器、主放大器、滤波器、阈值整形器和信号探测与处理单元等，各部分的功能与特性如下：

(1)前置放大器

声发射传感器因具有较高的容抗和阻抗，其输出信号很微弱，输出电压有时仅为十几微伏。欲将这样微弱的信号经过长电缆远距离传送给主放大器进行测量，则必定会降低信噪比。因此，必须在传感器附近设置前置放大器，通过对传感器输出信号进行阻抗变换和放大(放大 40～60 dB)后，再经高频同轴电缆长距离传输给信号处理单元，这样可极大地抑制噪声干扰，提高检测的信噪比。同时，当传感器的输出信号过大时，则要求前置放大器具有抗电冲击和强阻塞恢复的能力，并具有比较大的输出动态范围。因此，前置放大器应满足如下基本要求：

①在高阻抗传感器与低阻抗传输电缆之间提供限定阻抗匹配，降低传感器的输出阻抗以防信号衰减。

②通过提供不同增益，放大微弱的输入信号，以提高抗干扰性能，改善与电缆噪声有关的信噪比。

③噪声电平是前置放大器最重要的技术指标之一，取决于晶体管的性能、放大器频宽、输入阻抗和环境因素，一般应小于 10 μV；对于一些特殊用途的前置放大器，噪声电平要求控制在小于 2 μV 的范围内。

④提供低通、高通和带通频率滤波器。

⑤放大器的动态范围应尽可能大，以适用于宽的信号幅度范围，一般为 60～85 dB。

声发射检测用前置放大器一般采用频带宽度在 50～2 000 kHz 宽频带放大电路，其在通频带内的增益为 20～60 dB，增益变动量不超过 3 dB。使用这种前置放大器时，为抑制噪声常需在前置放大器后设置工作频率通常为 100～300 kHz 的低通、高通或带通滤波器，以使信号在进入主放大器前滤去大部分的机械噪声和电噪声。这种电路结构的前置放大器适应性强，应用较普遍。当然，也有采用调谐或电荷放大电路结构的前置放大器。

(2)主放大器

为了进一步放大声发射检测信号，以便于后接仪器进行信号处理，声发射信号从前置放大器出来后即被送入主放大器。主放大器是一个宽频带放大器，与前置放大器一样，具有 50～2 000 kHz 的频带宽度。另外，还要具有一定的负载能力和足够宽的动态范围，能够提供 40～60 dB 的增益，调节增益的幅度一般为 10 dB。经前置放大和主放大以后，信号总的增益为 80～100 dB。

(3)滤波器

在进行声发射检测时，为了抑制噪声干扰、降低整个系统的噪声电平，并限定检测系统工作频率范围，需要在整个电路系统的适当位置(例如主放大器之前)插入滤波器，用以选择合适的“检测频率窗口”。滤波器一般采用插件式或编程式，包括高通、低通和带通滤波器。滤波器工作频率的选择要根据环境噪声及材料本身声发射检测信号的频率特性来确定，通常在100～500 kHz范围内选择，并应注意与传感器的谐振频率相匹配。若采用带通滤波器，在确定工作频率后，需要确定频率窗口的宽度，即相对带宽$\frac{\Delta f}{f}$。若$\frac{\Delta f}{f}$太宽易引入外界噪声，失去滤波作用；若太窄，检测到的声发射检测信号太少，降低了检测的灵敏度。因此，一般采用$\frac{\Delta f}{f}$为±0.1～0.2。滤波器可为有源也可为无源，且一般都要求阻带衰减大于24 dB/倍频程。此外，在选择滤波频带时，还要在噪声和传播衰减之间应适当折中考虑。例如，机械噪声的频率成分多集中在100 kHz以下，传播衰减则约从300 kHz起变得很大，从而限制着可监视范围。因此，在多数应用中，优先采用100～350 kHz的带通滤波器，但对高衰减材料的检测，则应采用100 kHz以下的低频滤波器。在宽频带检测中，则多采用100～1 200 kHz的带通滤波器。

(4)阈值整形器

为了剔除低幅度背景噪声并确定系统灵敏度，经主放大器放大的声发射检测信号被传送至阈值整形器。阈值整形器是一种幅度鉴别装置，通过设置高于背景噪声水平的槛值电压以剔除低幅度的噪声。高于槛值电压的信号被鉴别为声发射检测信号，被转变成一定幅度的脉冲信号，用于形成声发射检测信号的基本参数，如振铃、事件、幅度、能量和频谱，供后面的计数装置计数所用。

在一般的声发射检测仪器中，槛值电压的设定有固定槛值和浮动槛值两种方式。根据背景噪声选择门槛电压，一经选定，在检测过程中就不再改变，此为固定门槛电压。浮动门槛即门槛电压随背景噪声水平的波动而上下浮动，主要用于连续型信号背景下突发型信号的探测。浮动门槛能够使仪器最大限度地检测真正有用的声发射检测信号，基本上不受噪声起伏的影响。

(5)信号探测与处理单元

该单元用于对声发射检测信号基本参数的提取以及声发射过程的表征，由振铃/事件计数器、能量处理器、振幅分析器以及频率分析器等组成，其中：

①振铃计数器用于对门槛值检测器送来的振铃信号进行计数，获得声发射信号的振铃计数。

②事件计数器则将一个完整的振荡信号变成一个事件计数脉冲，并进行计数。

③能量处理器是将放大后的信号经平方电路检波，再进行数值积分，得到反映声发射能量的数据。

④振幅分析器由振幅探测仪和振幅分析仪组成。前者用来测量声发射检测信号的振幅，应具有较宽的动态范围；后者则可以将声发射检测信号按照幅度大小分成若干个振幅带，然后进行统计计数，并根据需要给出事件的分级幅度分布或事件累计幅度分布的数据。

⑤频率分析器基于频谱分析法建立声发射检测信号频率与幅度之间的关系，这是整个信号处理系统中的最后一个环节。由于检测要求以及声发射本身的特性，进行频率分析时必须采用宽频带传感器(如电容式传感器)，并配有带宽达300 kHz的高速磁带记录

仪或带宽高达 3 MHz 的录像仪，然后将记录到的声发射检测信号供频率分析器进行分析。同时，也可采用模/数转换器将声发射检测信号送到计算机进行分析处理。

3. 模拟声发射源

在没有外力作用下，结构处于静态，不会发生声发射。为了在静态下检测和校准仪器，验证声发射定位的准确性，进行现场声发射源的模拟定位，对介质的传播特性、声发射检测系统特性和检测灵敏度等进行标定等，需要人工制造一种非常类似于真正声发射检测信号的模拟声发射检测信号。产生模拟声发射检测信号的装置称为模拟声发射源。

关于模拟声发射源目前尚未达成广泛的共识，不同文献先后提出的模拟声发射源可分为噪声源、连续波源和脉冲波源三大类。其中，属于噪声源的有氮气喷射、应力腐蚀和金镉合金相变等；连续波源可以由压电传感器、电磁超声传感器和磁致伸缩传感器等产生；脉冲源可以由电火花、玻璃毛细管破裂、铅笔芯断裂、落球和激光脉冲等产生。目前，铅芯折断源应用最为普遍，并已进入部分声发射检测标准（如 ASTM E976-84）中，作为标准的模拟声发射源。

4. 其他

（1）波导

当被检部位不易接近或测试环境较恶劣（温度过高、腐蚀等）时，可在传感器与被检测部位之间加接波导，用以将工件被检部位的声发射检测信号传出。用作波导的声传播介质可以是钢、铝或其他材料制成的丝、棒、板和块体等。

（2）电缆与电缆类型

传感器、前置放大器及主机之间通过电缆线连接，电缆类型分为同轴电缆、双芯胶合线和光纤电缆。同轴电缆是常用的基本类型，可满足电磁屏蔽和阻抗匹配的基本要求，前置放大器的电源线和信号输出线，一般共用同一个同轴电缆。使用时需注意电缆中的噪声、阻抗匹配以及电缆长度的影响。

1.4.3 典型的声发射检测系统

根据能同时采集声发射检测信号的通道多少，声发射检测仪器分为单通道、双通道和多通道型三类。如前所述，单通道型声发射检测仪由传感器、前置放大器、滤波器、主放大器、门槛电路（阈值整形器）、模拟声发射源、耦合剂和波导、信号探测与处理单元等部分组成，根据需要可增加峰值幅度、有效值电压、能量等功能插件，以及打印、显示输出等接口部件。除具有单通道声发射检测仪器的模拟量检测和处理系统外，多通道型声发射检测仪器通常还包括数字量测定系统（时差测量装置等）以及计算机数据处理系统和外围显示系统，可以对声发射源实施定位、评定其有害程度。此外，还设有压力、温度等参量测量系统用于实现声发射源有害程度的综合评价。

1. 单通道声发射仪器

单通道声发射仪器是最简单的声发射仪器，只有一个信号通道，多用模拟电路测量计数或能量类基本参数，具有多功能、多参数测量的能力，实际上是声发射参数综合测试仪，可用于实验室情况下的声发射检测。

利用单通道声发射仪器可实现声发射检测信号的接收、处理和显示。单通道声发射检测信号的检测过程如图1-17所示。试样受到外力作用产生的声发射检测信号被传感器接收，转变成为电信号；前置放大器对传感器输出得非常微弱的信号（有时只有十几微伏）进行放大，以实现阻抗匹配；滤波器用来选择合适的频率窗口，以消除各种噪声的影响；主放大器将对滤波后的声发射检测信号进一步放大，送入信号形成单元，形成振铃计数信号和事件计数信号，供计数器计数。由时基单元提供测量时基，计数器受时基单元的控制，可用于测量计数率。计数器的测量结果也可以数字显示并转变为直流电压，供给X-Y记录仪绘图。完整的单通道声发射仪还可以测量幅度和进行幅度分布分析。

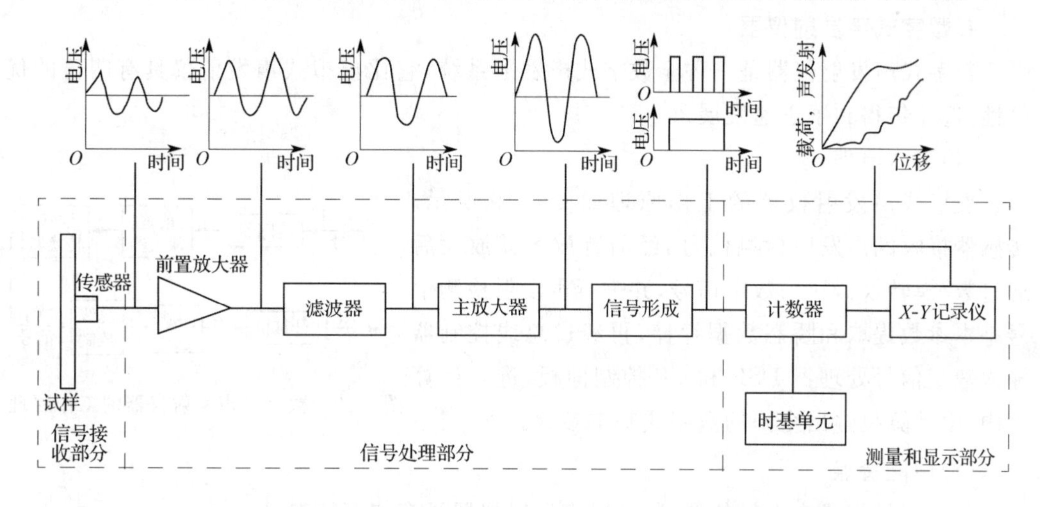

图1-17　单通道声发射检测信号的检测过程

2. 双通道声发射仪器

双通道声发射仪器有两个信号通道，除具有幅度及其分布等多参数测量和分析功能外，主要用于进行线定位，如可以较精确地对管道、焊缝等一维源进行定位检测。双通道声发射仪器的工作原理如图1-18所示。

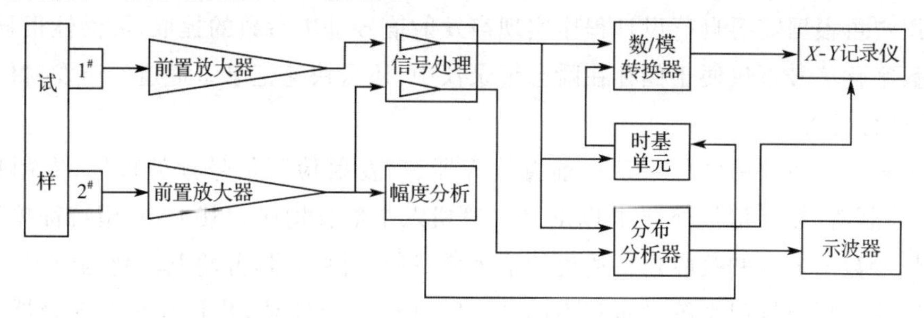

图1-18　双通道声发射仪器的工作原理

试样产生的应力波被两个传感器接收，分别经过前置放大器的放大（前置放大器中含有滤波器），送入信号处理器。信号处理器包括信号的放大、事件和振铃信号的形成、整形和设置门槛电压等功能，计数器受时基控制，可用于测量振铃和事件计数率，经过数/模转换器后供X-Y仪记录。两个信号通道都可以送到分布分析器里，根据两个信号通道接收到的时差测出缺陷的位置，并将缺陷显示在示波器上。分布分析器还可以测量振铃计数分布、脉冲宽度分布和幅度分布，这些参数都可以显示在示波器上，并用 X-Y 仪记录下来。

3. 多通道系统

多通道系统可扩展多达数十个通道，除具有单通道和双通道声发射仪器的组成外，还配有小型计算机，用于实时数据处理，具有二维面定位、多参数分析、多种信号鉴别、即时或事后分析等功能，适于综合而精确分析金属、复合材料等多种材料，但操作复杂，设备昂贵。根据通道数目，多通道声发射仪器有 4、8、16、32、64、128 个通道。

4. 数字式声发射仪器

数字式声发射仪器是一种全数字式声发射系统，它比模拟式声发射仪具有明显的优越性，近几年得到了迅速发展。

(1)工作原理

数字式声发射仪器的工作原理如图 1-19 所示。传感器接收的声发射检测信号，经前置放大器放大后通过数/模转换器转为数字信号，并进行声发射检测信号基本参数提取和瞬态数据存储，再经过总线控制器输入数字信号处理器 DSP 和 CP 控制面板，进入计算机中，由计算机输出全部的数字式基本参数。

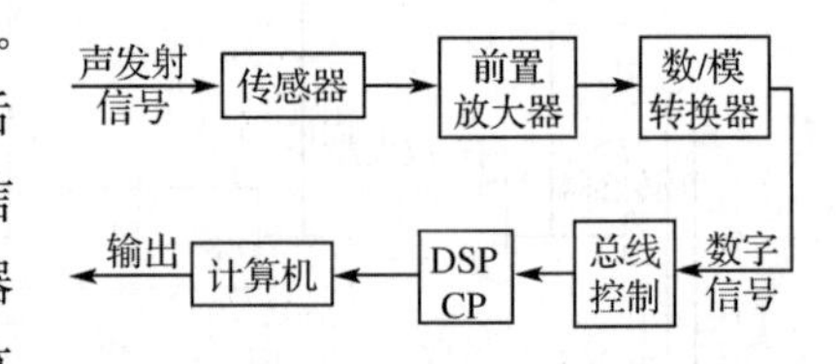

图 1-19　数字式声发射仪器的工作原理

(2)性能特点

相对于模拟式声发射仪器，数字式声发射仪器具有如下特点：

①系统噪声、漂移和频率相关性得到大大降低。

②设计精度高，不需要对系统进行重新标定。

③采样速率高，动态范围大，测试范围宽。

④数字信号的动态范围仅受处理器的位数限制。

⑤用户可根据需要自行设计程序实现声发射信号基本参数的提取，灵活性很强。

⑥数字化信号不仅便于储存在瞬态记录仪中，还可快速记录多通道的声发射信号。

(3)硬件配置

数字式声发射仪的硬件系统由前置放大器、声发射检测信号预处理器、专用特征单元、总线控制器、数字信号处理器 DSP 和计算机六个部分构成。其中，专用特征单元主要用来测量参数的输入和接收选择通道的最大声发射检测信号，并将其转化为音响信号；总线控制器使几个声发射系统同步和不同系统间进行定位计算，并具有瞬态记录器的触发功能；数字信号处理器 DSP 则具有平行处理能力的 CPU。

(4)软件配置

一套完整的数字式声发射系统，还包括一个易于安装和学习的综合通用软件包，可由鼠标或键盘进行操作。软件包的组成与作用如下：

①自动标定软件，用于试验开始前和结束后对各通道的传感器进行标定。

②滤波软件，利用软件进行滤波。

③定位软件，实现线定位、面定位、三维定位、球形定位、区域定位和容器底部定位等功能。

④集中度处理软件。

⑤瞬态记录仪软件，记录仪数据采集、存储、显示、数据筛选和特征提取等。

⑥采集软件，完成声发射检测信号数据和瞬态波形数据采集。

⑦分析软件。

⑧显示软件，在屏幕上将图形显示出来。

⑨列表软件，用列表方式对结果进行显示。

⑩管理软件，包括主菜单、窗口采集、转换程序、硬件试验程序、变更输入等原窗口程序。

1.5 缺陷有害度评价

1.5.1 缺陷有害度评价方法

声发射检测时，进行缺陷评价的目的是及时了解缺陷的状态以及生成与扩展的情况，以便采取措施，防止事故的发生。下面以压力容器为例说明缺陷有害度评价的方法和内容。

1. 按照升压过程中声发射检测信号频率分类的评价

按照升压过程中声发射检测信号频率分类，是最早提出的对缺陷有害度进行评价的方法。应用该方法进行评价时只考虑升压过程声发射检测信号出现的频率，而不注意声发射检测信号的强度。依此可将缺陷有害度分为A、B、C三级，见表1-1。

表1-1　按照升压过程中声发射检测信号频率评价缺陷有害度

级别	严重程度	声发射检测信号源的特点	采取措施
A	严重	升压过程中，频繁出现	采用其他无损检测方法进行复验
B	比较重要	升压过程中，发生频率较低	进行详细的记录和报告，以便再次检测时参考
C	一般	无关紧要或偶尔出现	不必进行进一步的评价

2. 按照声发射源活动性和强度分类的评价

声发射源的活动性是指声发射事件计数或振铃计数随压力变化出现的频率。如果随着容器压力的增大，声发射计数以较快的速度连续增大，就属于危险的活动性缺陷；如果随着容器压力的增大，声发射计数增大的速度比较慢，就认为它是活动性缺陷；如果随着容器压力的增大，事件计数的变化不大，就说明缺陷是稳定的。

声发射源强度可以用声发射事件(或每个事件的能量)的平均幅度(或反映幅度的其他参量)进行度量。如果是活动性缺陷，其强度超过活动性声源的平均强度，就认为此声源是强的；如果声发射源强度随着容器压力的增大而连续增大，就可判定此缺陷是危险的缺陷。

3. 按照保压期间声发射检测信号特性分类的评价

以声发射检测信号持续特性为主要依据，结合升压过程中声发射检测信号的特性，可以将压力容器分为四类，见表 1-2。

表 1-2　按照保压期间声发射检测信号特性评价缺陷有害度

类型	声发射检测信号特点	声发射源
Ⅰ	升压过程中没有或只有少量随压力升高而出现的、分散的低幅度声发射检测信号，保压时没有声发射	稳定
Ⅱ	在升压至低、中压力时有较强的声发射，保压时则没有声发射检测信号	比较稳定
Ⅲ	不论升压时声发射的强烈程度如何，在保压初期声发射检测信号均快速收敛	不够稳定
Ⅳ	无论在升压过程中声发射的强度如何，在保压时声发射均收敛缓慢，或持续出现，或越来越强烈	具有不稳定的缺陷

1.5.2　缺陷有害度综合评价方法

上面介绍的三种压力容器有害度评价方法，都是由操作者在容器检测过程中或检测之后进行分析评定的，有一定的主观因素，不够精确，也不能实时报警。为了克服这些缺点，提出了缺陷有害度综合评价方法，如图 1-20 所示。

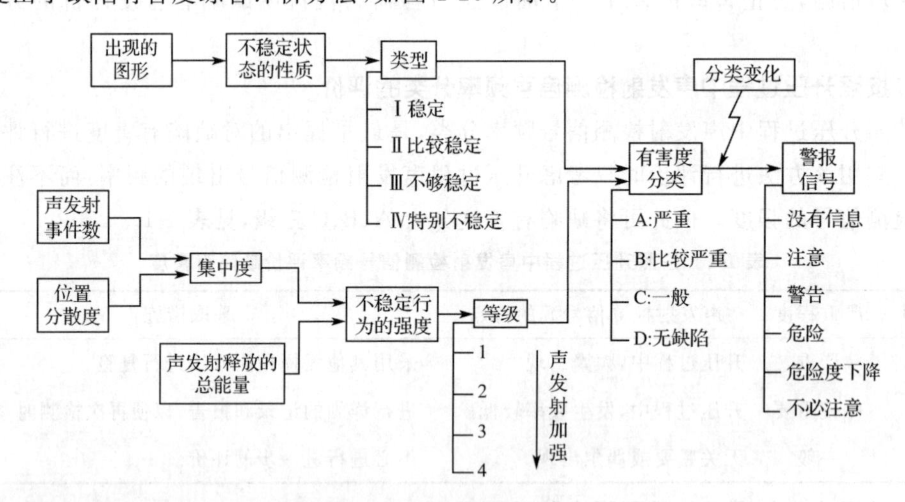

图 1-20　缺陷有害度综合评价方法

缺陷有害度综合评价方法既考虑到了声发射事件数和每个声发射事件的能量，也考虑到了声源位置与集中度和升压过程的声发射特性，可由计算机实时处理这四个方面的数据并发出警报信号。由于全部数据是由计算机进行实时处理，因此可以根据缺陷的有害顺序自动发出警报信息。缺陷有害度综合评价的具体步骤如下：

(1)根据每个声源的声发射事件 n_i 和声源位置分做半径 r_i，按公式 $C=n_i/(\pi r_i^2)$ 来确定声源集中度指数 C(脉冲数/m^2)。

(2)根据试验前用模拟声发射源得到的信号衰减曲线，确定声源中每个声发射事件的最大幅度(V_j)，并将最大幅度的平方作为声发射事件的能量。把这一组声源中所有事件的能量叠加在一起，就得到能量释放指数(E)。

(3)根据集中度指数(C)和能量释放指数(E)，按图 1-21 所示的方法，将声发射源不稳定行为的强度分为四个等级。等级线的位置取决于压力容器的声发射特性及所受的应力。

(4)将缺陷在加压过程中产生的声发射行为特征分为安全、较安全、不安全和特别不安全 4 类，分别用Ⅰ、Ⅱ、Ⅲ、Ⅳ表示。

(5)将缺陷有害度分为四级：A、B、C、D。其中 A 为严重，B 为比较严重，C 为一般，D 为无缺陷。缺陷有害度分类情况见表 1-3。

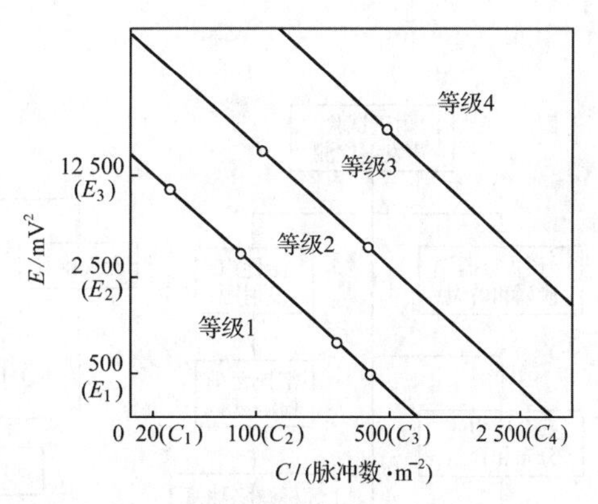

图 1-21　声发射源强度等级线确定方法

表 1-3　缺陷有害度分类

安全程度	缺陷有害度			
	4	1	2	3
Ⅰ	D	D	C	B
Ⅱ	D	C	C	B
Ⅲ	D	C	B	A
Ⅳ	C	B	A	A

(6)根据已确定的声源强度等级和缺陷类型，根据表 1-4 来评价缺陷的有害度。

表 1-4　压力容器缺陷有害度评价

随压力变化的声发射类型	声源强度等级		
	大	中	小
全过程频发型	a	a	b
高压下急增型	a	b	b
高中压频发、高压较少型	b	c	d
低中压频发、高压停止型	c	d	e
全过程停止型	c	e	e
部分散发型	c	e	e

注：a—极不安全，重大缺陷(需特别注意)；b—不安全，大缺陷(需加以注意)；c—稍不安全，中等缺陷(注意)；d—安全，小缺陷(稍加注意)；e—非常安全，无害缺陷(无须注意)。

1.5.3　声发射检测技术可靠性评价

参照相关标准可以对新制造、在役以及在线压力容器实施声发射检测与评价，其过程如图 1-22 所示。

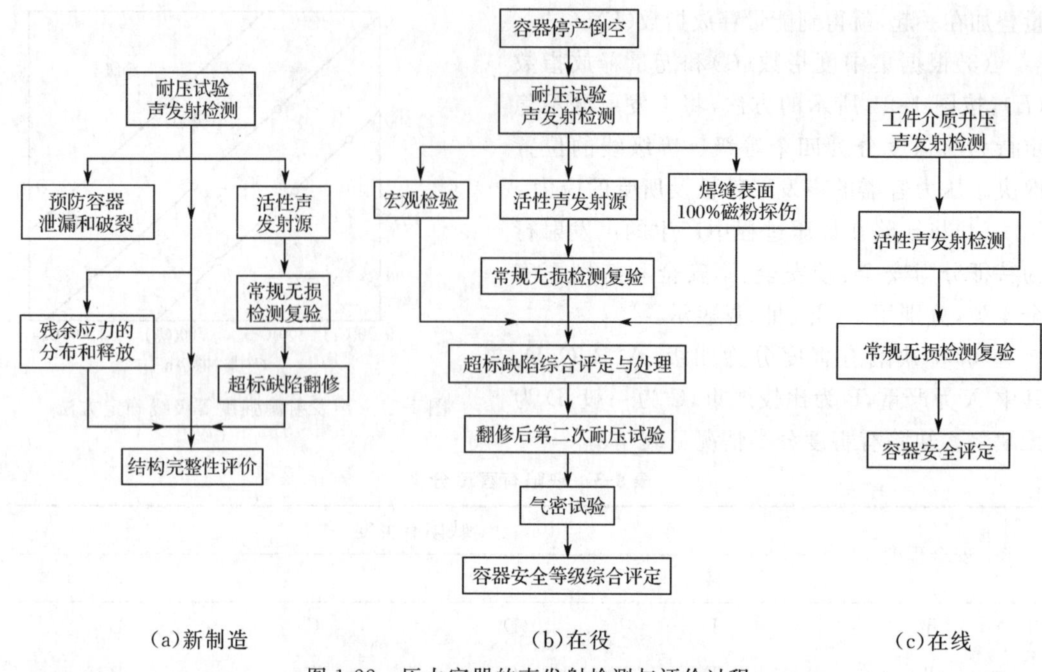

(a)新制造 (b)在役 (c)在线

图 1-22 压力容器的声发射检测与评价过程

声发射检测的一个重要目的是防止压力容器水压试验进行时爆破事故的发生，其中一个基本问题是压力容器水压试验时声发射检测的可靠性，也就是对危险缺陷的检出概率问题。

要提高声发射检测的可靠性，除严格实施声发射检测的操作规程外，还必须研究影响压力容器声发射检测可靠性的各种因素，如操作者的技术熟练程度和经验、声发射检测系统分辨缺陷的能力，尤其要了解材质、热处理条件、缺陷类型等与声发射之间的关系。在总结了百余台压力容器检测成功与失败的经验教训后，人们将检测结果归纳成四类不同的情况：

(1)存在或不存在危险缺陷。

(2)产生了或没有产生危险缺陷信号。

(3)操作者发出或没有发出危险警告指示。

(4)试验操作人员注意或没有注意到发出的指示。

若把上面四种可能性中肯定的记为 A，否定的记为 B，则可能有以下七种情况：

(1)AAAA：已找到缺陷并进行了处理。

(2)AAAB：找出了缺陷，但没有进行处理。

(3)AAB－：缺陷被漏检。

(4)ABB－：缺陷存在，但没有声发射信息。

(5)B－AA：没有缺陷，但仪器输出假信号，并做出错误判断。

(6)B－AB：没有缺陷，但仪器给出假信号，对假信号未做出判断。

(7)B－B－：没有缺陷，也没有信号。

其中的第(1)(7)种情况是检测成功的情况；要避免出现第(2)种情况，就要求操作人员要有高度的责任心，并有良好的通信联络方法；要避免出现第(3)(5)(6)种情况，则要求做好充分的试验前准备工作，并要求操作人员的业务熟练，且检测设备处在良好的状态下；要避免出现第(4)种情况，除了要求有良好的设备外，操作人员还应了解在什么情况出现强的声发射，什么情况下不出现声发射，并能做出正确的判断。

检测人员的操作水平和设备条件虽然对检测的可靠性有重要影响，但是，材料的声发射特性、缺陷的类型、所在位置以及承受的应力特征等也对检测可靠性的影响很大。所以，世界各国都广泛采用模拟大型压力容器来对声发射检测的可靠性进行研究验证。

主要符号说明

符号	单位	名称	符号	单位	名称
t_r	μs	上升时间	E	J	声发射检测信号能量
t_i+t_e	μs	事件持续时间	V_{rms}	V	有效值电压
V_p	μV	声发射检测信号振幅			

第2章

红外检测技术原理与方法

2.1 红外检测技术概述

红外检测技术基于红外辐射原理，利用红外测试设备，测取目标物体表面的红外辐射能，将其转换为电信号，以彩色图或灰度图的方式显示目标物体表面的温度场。在此基础上，根据该温度场的均匀与否，反推目标物体表面或内部是否存在缺陷或热特性异常的区域，从而实现对设备及其他物体表面进行检验和测量的一种无损检测新技术，它也是采集物体表面温度信息的一种手段。红外检测技术是红外诊断技术的基础。

2.1.1 红外检测技术的原理

当一个物体本身具有不同于周围环境的温度时，不论物体的温度高于环境温度，还是低于环境温度；也不论物体的高温来自外部热量的注入，还是其内部产生的热量，都会在该物体内部产生热量的流动。热流在物体内部扩散和传递的路径中，将会由于材料或设备的热物理性质不同，或受阻堆积，或通畅无阻地传递，最终会在物体表面形成相应的"热区"和"冷区"，这种由里及表出现温差的现象就是红外检测技术的基本依据。

实际测试时，通过检测流过物体的热量、热流来鉴定物体的质量。当物体内部有裂缝或缺陷时，将会改变该物体的热传导性能，使物体的表面温度分布有差别。用检测装置可以测出它的热辐射的不同，于是就能判断和检查出缺陷的位置。

2.1.2 红外检测技术的特点

作为众多无损检测技术中的一个有其独到之处的方法，红外检测技术可以完成X射线、超声波、声发射及激光全息检测等技术无法胜任的检测。和其他无损检测技术相比，红外检测技术存在如下特点。

1.优点

(1)非接触性测温。红外检测技术获取的是物体表面的红外辐射能，无须接触检测对象，也不会干扰检测对象的温度场，对检测对象没有任何影响。因此，该技术非常适用于测量运动的物体、危险的物体和不易接近的物体。

(2)适用范围广。任何温度高于绝对零度的物体都有红外辐射，所以，该技术具有广泛的适应性，几乎不受材料种类和温度范围的限制。检测对象可静可动，可以是高达数千摄氏度的热体，也可以是温度很低的冷体，这一技术尤其适用于在生产现场进行对设备、材料和产品的检测和测量。

(3)检测面积大，检测效率高。根据检测对象和光学系统，一次测量可以覆盖至几十平方米，对大型检测对象还可以进行检测结果的自动拼图处理，在设备的运行当中就完成了对检测面积的快速扫描。

(4)响应时间短，响应速度快。传统测温技术(如热电偶)的响应时间一般为秒级，红外探测器的测温响应时间多为毫秒级、微秒级，甚至高达纳秒级。因此，热像仪扫描一个物体只需数秒或数分钟，也可迅速采集、处理和显示检测对象的红外辐射，可测取快速变化的温度场。

(5)测温范围宽。玻璃温度计的测温范围一般为－200～600 ℃，热电偶的测温范围为－273～2 750 ℃，而辐射测温的理论下限是绝对零度(－273.15 ℃)，没有理论上限。目前实际的辐射测温上限为 6 000 ℃。

(6)检测准确，灵敏度较高。现代红外探测器对红外辐射的温度分辨率可以达到相当高的水平，探测灵敏度很高，可以检测出 0.01 ℃的温度差，因此能检测出设备或结构等热状态的细微变化。

(7)空间分辨率高，检测范围广。检测距离可近可远，近者几毫米，远者可在飞机或卫星上测量地表的温度，也可以在地球上测量月球的温度，这是遥感技术的一个应用，对其他检测技术有互补作用。

(8)操作安全。红外检测技术本身是探测自然界无处不在的红外辐射，所以它的检测过程没有类似射线检测的辐射隐患，对人员和设备材料不会构成任何危害。此外，由于红外检测技术可以实现远距离的非接触式检测，检测时不需要与检测对象直接接触，即使是有害于人类健康的物体，也将由于红外检测技术的遥控遥测而避免了危险，因此操作十分安全，这对带电设备、转动设备及高空设备等的无损检测显得尤为重要。

(9)检测结果形象直观且便于保存。采用红外热像仪或热电视，可以以彩色图像或灰度图像的方式，测取检测对象表面的温度场，不仅比单点测温提供更为完整、丰富的信息，检测对象表面各处的温度分布一目了然。此外，检测结果还可以通过录像带或数据文件的格式保存下来，便于管理和分析。

(10)耐震性能好。设备可以移动，探头轻便，十分适合现场应用和在线、在役检测。

2. 缺点

(1)检测费用很高。红外检测仪器是为技术产品，更新换代迅速，生产批量不大，设备比较昂贵，一套性能较高的热像仪，价格约为人民币 60 万元；加之其使用寿命又不长，故检测费用很高。

(2)对表面缺陷敏感、对内部缺陷的检测有困难。物体的红外辐射主要是其表面的红外辐射，反映了表面的热状态，不可能直接反映出物体内部的热状态。所以，如果不使用红外光纤或窗口作为红外辐射传输的途径，那么红外检测技术通常只能直接诊断出物体暴露于大气中部分的过热故障或热状态异常。

(3)对低发射率材料和导热快材料的检测有一定困难。红外检测技术获取的是目标物体表面的红外辐射能,它与物体的表面温度和发射率有关。对低发射率材料而言,较小的温度变化不足以引起红外辐射能的明显变化,故对检测有一定的困难。导热快的材料,其表面温度场的变化较快,要求检测设备的采样速率应足够高。

(4)确定温度值困难。使用红外检测技术可以诊断出设备或结构等热状态的微小差异和细微变化,但因为检测对象的红外辐射除与其温度有关外,还受诸如表面状态、测试环境等其他因素的影响,所以很难准确地确定出检测对象上某一点确切的温度值。

(5)热源的加载功率大,对温差等技术指标有要求,加载方式需要依靠试验进行选择。

有别于其他无损检测技术,红外检测技术在电力、石油化工、机械、材料、建筑、农业、医学诊断等领域已获得广泛应用,并显示越来越强大的潜力。

2.2 红外检测技术基础

2.2.1 红外线的发现和认识

1800 年,英国物理学家赫胥尔在研究太阳七色光的热效应时发现了红外线。实验中,他发现一个奇怪的现象:放在光带红光外的一支温度计,比室内其他区域的温度示数值高。经过反复试验,这个热量最多的高温区,总是位于光带最边缘红光的外面。于是他宣布太阳发出的辐射中除可见光线外,还有一种人眼看不见的“热线”。因这种看不见的“热线”位于红色光外侧,故叫作红外线。此后,许多科学家对这种不可见光线进行了深入的研究,并逐渐增进了对它的认识。1830 年,诺比里的实验证实红外辐射和可见光有许多相似之处,似乎红外辐射属于“光”的范畴。1867 年,赫兹用电的方法产生了红外辐射,认识到红外辐射实际是一种电磁波,其性质与可见光及无线电波完全一样。1900 年,普朗克提出了能量量子化的概念,人们又认识到红外辐射的发射是不连续的、量子化的。1905 年,爱因斯坦成功地解释了光电效应,确定了电磁辐射的量子地位,人们认识到红外辐射的二相性,把这部分的电磁波谱定义为“红外线”。

理论和实验研究表明:红外线具有与电磁波谱中可见光、微波和无线电波等一样的本质,都是电磁波,只是波长不同而已。从电磁波谱可以看到,红外线介于可见光和微波之间,如图 2-1 所示,其波长为 0.76～1 000 μm。红外线的发现是人类对自然认识的一次飞跃,对研究、利用和发展红外技术领域开辟了一条全新的广阔道路。

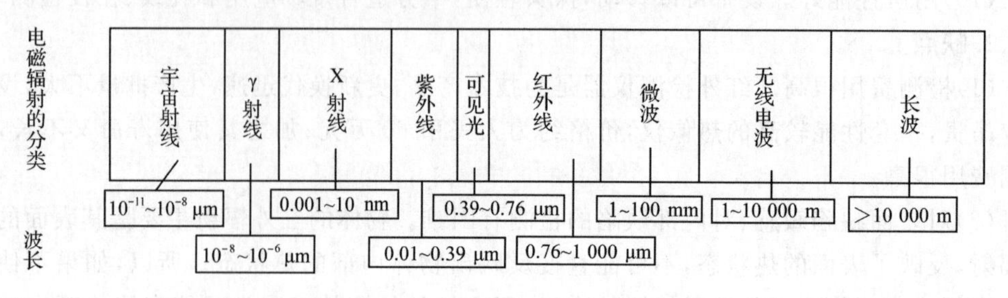

图 2-1 电磁波谱

2.2.2 红外线的产生、传播与能量衰减

1. 红外线的产生

红外线可看作是物质内部粒子在其振动状态发生改变，能量跃迁时向外辐射出的电磁波。这些粒子可能是电子、原子或分子，能量可能是粒子的振动能量或转动能量，当这些能量分别或同时发生量子化跃迁时就会产生红外辐射。其中，原子核外电子跃迁时形成近红外辐射，原子运动跃迁产生中红外辐射，分子的振动和转动则产生远红外辐射。根据波长的不同，红外线被分为近红外（0.77～3 μm）、中红外（3～6 μm）、远红外（6～15 μm）、极远红外（15～1 000 μm）。

2. 红外线的传播

与其他波长的电磁波一样，红外线可以在空间和一些介质中传播。红外线在真空中沿直线传播，传播速度等于光速。当红外线入射到物体表面或介质的分界面时，一部分被物体表面反射回原来的介质，其余部分则透射进入物体的内部，或被物质吸收转变为热，或将透过物质。若物质的晶体不完整，有杂质或悬浮小颗粒等，则又会引起红外线的散射。此外，粗糙的物体表面或介质的分界面也会引起红外线的散射。

3. 红外线在大气中的能量衰减

红外线在大气中传播时，其能量因大气的吸收而衰减。研究表明：大气对红外辐射的吸收与衰减具有选择性，即对某种波长的红外辐射几乎全吸收，大气对这种波长的红外辐射似乎完全不透明；反之，对另外一些波长的红外辐射又好像完全透明，几乎一点也不吸收。

标准大气对红外线的选择性吸收如图 2-2 所示。由于能够顺利透过大气的红外辐射有 1～2.5 μm、3～5 μm 和 8～14 μm 三个波长范围，故将这三个波长范围叫作红外窗口，是一种大气窗口。即使在这三个波长范围，红外辐射在大气中传输时还会有一定的能量衰减，衰减程度取决于大气中杂质、水分等的含量。

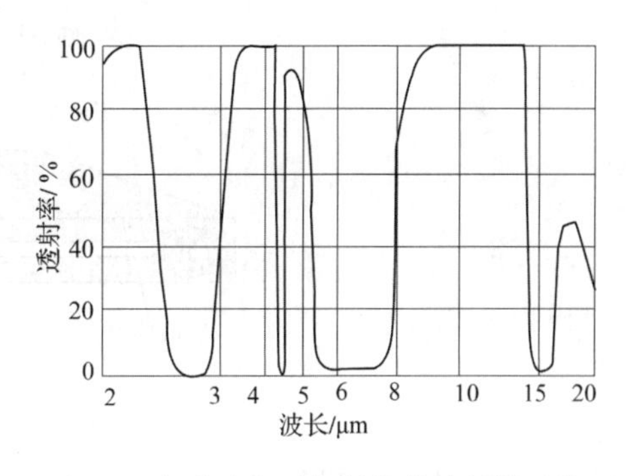

图 2-2 标准大气对红外线的选择性吸收

大气对红外线的吸收是由于大气中的气体分子，如水蒸气、二氧化碳、臭氧、一氧化碳等对一定波长的红外线选择性地吸收，这就使得不同波长的红外线在大气中具有不同的透过率。

2.2.3 红外线的特点

相对于其他波段的电磁波谱而言，红外线具有如下特点：

（1）普遍性。红外线是自然界中广泛存在的一种电磁波辐射，任何高于绝对零度（－273.15 ℃）的物体，都能向外发射红外线。温度越高，辐射能量越大。

（2）透明度高。红外线在大气中的透明度远远高于可见光。

(3)损耗小。红外线在大气中的损耗比无线电波的损耗小。

(4)分辨力强。红外探测仪的可靠性比无线电仪器更高,抗干扰能力和分辨力也比无线电仪器强。

(5)易于在大气中发生选择性吸收和衰减。大气对红外辐射具有强烈的吸收作用,几乎能够把波长超过 15 μm 的红外线吸收干净。

(6)与"热"关系密切。温度是物体含有热量多少的一种量度,物体温度不同,其辐射出的能量不同,辐射波的波长也不同,但总是包含在红外辐射范围内。

2.2.4 红外辐射的基本概念

1. 辐射、热辐射与红外辐射

受某种因素激发,物体向外发射辐射能的现象被称为辐射。热辐射是由物体内部微观粒子热运动引起的物体向外发射辐射能的现象。红外辐射是处在可见光区红光波段之外的一种热辐射,故而得名红外辐射或红外线。

2. 反射、吸收与透射

当红外辐射入射到物体表面时,总辐射能中的一部分被反射,一部分被吸收,其余部分则透过物体。辐射能的反射、吸收与透射如图 2-3 所示,它们满足如下关系:

$$Q_O = Q_\rho + Q_\alpha + Q_\tau \tag{2-1}$$

$$\frac{Q_\rho}{Q_O} + \frac{Q_\alpha}{Q_O} + \frac{Q_\tau}{Q_O} = 1 \tag{2-2}$$

$$\rho + \alpha + \tau = 1 \tag{2-3}$$

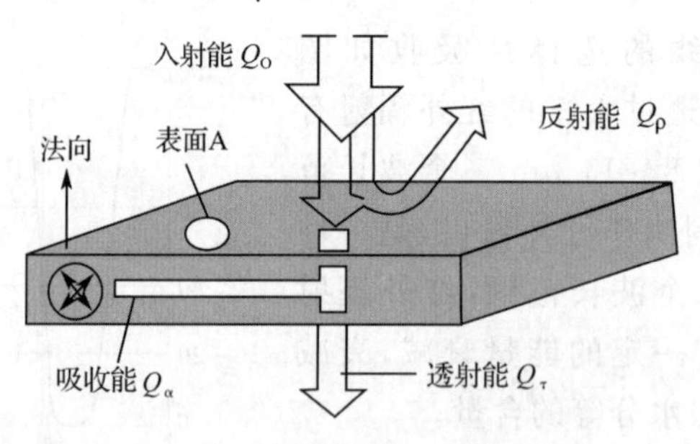

图 2-3 辐射能的反射、吸收与透射

式中 Q_O 表示入射能,J;

Q_ρ, Q_α, Q_τ 分别表示反射能、吸收能和透射能,J;

$\frac{Q_\rho}{Q_O}, \frac{Q_\alpha}{Q_O}, \frac{Q_\tau}{Q_O}$ 分别表示反射率、吸收率、透射率,以 ρ,α 和 τ 表示。

3. 黑体、白体、透明体和灰体

根据 ρ,α 和 τ 的相对变化,定义黑体、白体、透明体和灰体。

(1)黑体:当 $\alpha=1$,$\rho=\tau=0$ 时,表明入射到物体表面上的辐射能全部被吸收,这样的物体被称为"绝对黑体",简称为"黑体"。通常认为黑体能够完全吸收入射辐射,并具有最大的辐射能力。黑体通常是用于理论分析的,黑体型辐射源常作为标准辐射源用于红外系统或基础研究中的定标或作为辐射度量学的绝对标准。

(2)白体：当 $\rho=1,\alpha=\tau=0$ 时，表明入射到物体表面上的辐射能全部被反射。若反射是有规律的，则称此物体为“镜体”；若反射没有规律，则称此物体为“绝对白体”。

(3)透明体：当 $\tau=1,\rho=\alpha=0$ 时，表明入射到物体表面上的辐射能全部被透射出去，具有这种性质的物体被称为“绝对透明体”。

(4)灰体：辐射特性与温度有关，且不随波长变化而改变的一类物体。

自然界中，绝对黑体、绝对白体或绝对透明体都是不存在的，它们都是为研究问题的方便而提出的理想物体概念，ρ、α 和 τ 的大小取决于物体性质、表面状况、自身温度以及入射光谱的波长等因素。

4. 点辐射源

当辐射源与探测器的距离远大于辐射源最大线度的 10 倍时，可以把辐射源看作是点辐射源。

5. 立体角

与平面几何中的平面角相对应，在空间几何中则定义立体角。立体角是辐射研究常用到的一个概念，如图 2-4 所示。

在半径为 r 的球面上，微元面积 A 所对应的立体角 Ω 为 $\Omega=\frac{A}{r^2}$，立体角的单位为球面度，以 sr 表示。

6. 辐射强度和定向辐射强度

把点辐射源在单位时间内从单位面积物体上发出的包含在单位立体角内的辐射能称为辐射强度，如图 2-5 所示。辐射强度的大小取决于物体的种类、表面性质、温度，还与辐射方向有关。通常，辐射体在各个方向的辐射强度是不均匀的。

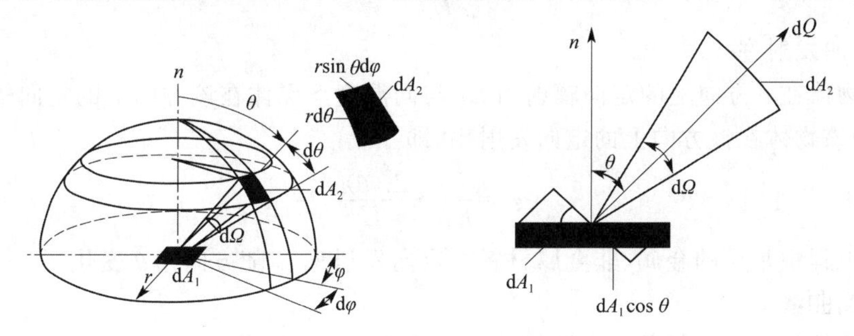

图 2-4　立体角的定义　　　图 2-5　辐射强度的定义

假设在单位时间内，微元面 dA_1 向微元面 dA_2 发射的辐射能为 dQ，dA_1 在 θ 方向的投影面积为 $dA_1\cos\theta$，则单位投影面积发出的包含在单位立体角内的辐射能可表示为

$$L(\theta,\varphi)=\frac{dQ}{dA_1\cdot\cos\theta\cdot d\Omega} \tag{2-4}$$

其中，$L(\theta,\varphi)$ 表示 dA_1 在 (θ,φ) 方向的辐射强度，称为定向辐射强度，单位为 $W/(m^2\cdot sr)$。

7. 辐射力、光谱辐射力与定向辐射力

单位时间内、单位面积的物体向半球空间发射的全部波长辐射能的总和，称为该物体表面的辐射力，以 E 表示，单位为 W/m^2。

$\lambda\sim\lambda+d\lambda$ 波长范围内，单位波长辐射能的辐射力称为光谱辐射力，以 E_λ 表示，单位为 W/m^3。

单位时间内、单位面积物体表面向某个方向发射的单位立体角内的辐射能，称为该物体表面在该方向上的定向辐射力，以 E_θ 表示，单位为 W/(m^2 · sr)。

8. 发射率、分谱发射率与定向发射率

物体红外辐射的发射能量不仅随温度变化，还与物体表面状态相关，所以，实际物体的辐射特性与黑体是不同的，需要引入发射率、分谱发射率和定向发射率等来说明它们的差异。

(1)发射率(辐射率或辐射系数)

实际物体的辐射力 E 与同温度下黑体的辐射力 E_b 之比，称为该物体的发射率，也称为黑度，用符号 ε 表示，即 $\varepsilon=\dfrac{E}{E_b}$，表示实际物体辐射本领与黑体辐射本领的接近程度，是一个量纲一的量。

黑体的发射率为 1，一般物体的发射率 ε 总是小于黑体辐射的发射率，即 $\varepsilon<1$，通常用小数表示。对不透明的物体，发射率取决于物体的表面性质，与内部材料的组成无关。发射率的数值范围较为分散，如光滑镜面的发射率几乎为 0，油灯的烟黑和硝基清漆黑的发射率接近 1。

(2)分谱发射率

实际物体的发射率随波长而改变，当物体的温度和状态发生变化时，或者物体的表面性质不同时，辐射波长不同，其发射率也发生相应的改变。实际物体某一特定波长的红外光谱辐射力 E_λ 与同温度下特定波长黑体的光谱辐射力 $E_{b\lambda}$ 之比称为该物体的分谱发射率(或称光谱黑度)，用符号 ε_λ 表示，即 $\varepsilon_\lambda=\dfrac{E_\lambda}{E_{b\lambda}}$。

(3)定向发射率

实际物体在 θ 方向上的定向辐射力 E_θ 与同温度下黑体在该方向上的定向辐射力 $E_{b\theta}$ 之比，称为该物体在该方向上的定向发射率，即

$$\varepsilon_\theta=\frac{E_\theta}{E_{b\theta}}\cdot\frac{L(\theta)}{L} \tag{2-5}$$

实际工程中常见的金属、非金属材料的定向发射率 ε_θ 随方向角 θ 变化。

9. 能谱曲线

能谱曲线是表示辐射功率和波长关系的曲线。

2.2.5 红外辐射的基本定律

红外物理中，为了描述物体的红外辐射能与其热力学温度(T)、波长(λ)、物体的表面发射率(ε)或吸收率(α)等参量之间的相关性，普朗克、维恩、玻耳兹曼等伟大的科学家相继提出一系列红外辐射基本定律，它们是红外检测的理论基础，奠定了红外检测的基石。

1. 普朗克定律

1900 年在量子假设基础上，普朗克推导出与实验结果完全相符的黑体辐射公式，即

$$E(\lambda,T)=\frac{C_1}{\lambda^5\left(e^{C_2/\lambda T}-1\right)} \tag{2-6}$$

式中　C_1——第一辐射常数，$C_1=2\pi hc^2=(3.741\ 832\pm0.000\ 020)\times10^{-12}$，$W\cdot cm^2$，（$c$ 为光速，约等于 $2.997\ 9\times10^8$ m/s）；

C_2——第二辐射常数，$C_2=\frac{ch}{k}=(1.438\ 786\pm0.000\ 045)$，cm · K，（$c$ 为光速，约等于 $2.997\ 9\times10^8$ m/s）；

λ——入射波长，μm；

T——热力学温度，K；

h——普朗克常数，等于 $6.625\ 6\times10^{-34}$，$W\cdot s^2$；

k——玻耳兹曼常数，等于 $1.380\ 5\times10^{-23}$，(W · s)/K。

普朗克公式反映了黑体分谱发射率分布规律，描述了单位面积黑体在半球面方向发射的光谱辐射能量是波长 λ 和温度 T 的函数。

对应不同温度下的黑体光谱辐射力随波长的变化如图 2-6 所示。显然，黑体光谱辐射特性随波长和温度的变化具有以下特点：

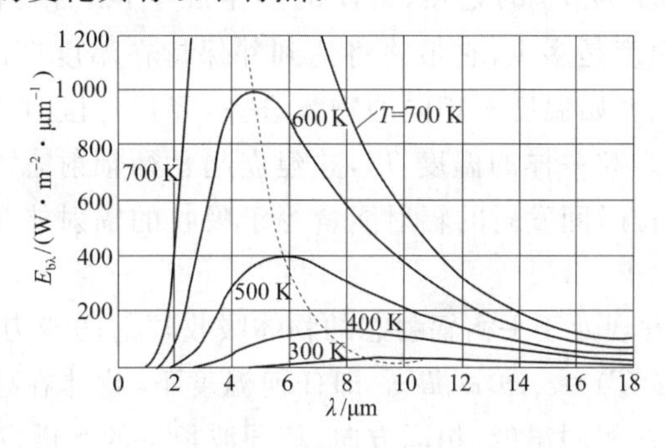

图 2-6　黑体光谱辐射特性

(1)每条曲线互不相交，与曲线下面积成正比的光谱辐射力随温度的升高而迅速增加。

(2)温度一定时，黑体的光谱辐射力随波长连续变化，并在某一波长处取得最大值。

(3)随温度的升高，光谱辐射力最大值的峰值波长向短波方向移动。

(4)温度越高，所有波长的光谱辐射力越大。

2. 维恩公式

在普朗克公式中，当 λT 值较小，即 $e^{C_2/\lambda T}-1\approx e^{C_2/\lambda T}$ 时，普朗克公式可由维恩公式来代替：

$$E_b(\lambda,T)=C_1\lambda^{-5}\cdot e^{-C_2/\lambda T}\tag{2-7}$$

3. 瑞利-金斯公式

当 λT 值较大时（$\lambda T\geqslant72$ cm · K），普朗克公式可用瑞利-金斯公式表示：

$$E_b(\lambda,T)=\frac{C_1T}{C_2\lambda^4}\tag{2-8}$$

4. 斯忒藩-玻耳兹曼定律

普朗克公式给出温度为 T 的绝对黑体的辐射强度随波长变化情况，即单色辐射定律。如果考虑绝对黑体的波长从零到无穷大时对应辐射能的总和，即全辐射，那么可以得

到斯忒藩-玻耳兹曼定律,以下式表示:

$$E(T)=\int_0^{\infty}E(\lambda,T)\mathrm{d}\lambda=\frac{2\pi^5k^4}{15c^2h^3}T^4=\sigma T^4 \tag{2-9}$$

式中 σ——斯忒藩-玻耳兹曼常数,$\sigma=(5.670\ 32\pm0.000\ 71)\times10^{-12}\ \mathrm{W/(cm^2\cdot K^4)}$。

斯忒藩-玻耳兹曼定律表明:黑体的辐射能力与热力学温度 T 的四次方成正比,又称四次方定律。

对于一般的辐射体,$E(T)=\varepsilon\sigma T^4$。其中,$\varepsilon$ 为同温度灰体发射率,T 为辐射体的热力学温度。

总之,物体红外辐射能量与自身热力学温度 T 的四次方成正比,与物体的表面相对发射率成正比。所以,物体温度越高,表面辐射能越大。由于物体的温度和辐射能量有关,在某些情况下,只要测出物体的辐射力,就能知道温度 T,这就是红外测温的依据。

5.基尔霍夫定律

将一个物体放在温度为 T_0 的绝热、封闭的真空腔中,不管物体是由什么材料制成的,也不管物体的初始温度是多少,它最终将达到并保持在温度 T_0,并处于平衡辐射态。如果放入几个材料不同、初始温度不相同的物体进去,经过一段时间后,这些物体通过辐射交换能量会达到和真空腔一样的温度 T_0,并建立起平衡辐射态。从能量的观点看,处于平衡辐射态的物体单位时间发射的辐射能量等于吸收的辐射能量,或者发射功率等于吸收功率。

1860 年,基尔霍夫发现处于平衡辐射态的物体吸收辐射的能力与发射辐射的能力之间存在如下关系:$\alpha_\lambda(\theta,\varphi,T)=\varepsilon_\lambda(\theta,\varphi,T)$。即任何温度下,物体在$(\theta,\varphi)$方向的光谱吸收率在数值上等于该物体在相同温度、相同方向、相同波长下的光谱发射率。

类似地,在波长为 $\lambda+\mathrm{d}\lambda$ 之间的辐射场中,发射总能量设为 M,吸收总能量设为 E,则有 $M=E$,此为基尔霍夫定律。即一个辐射体向周围发射辐射能时,同时也吸收周围辐射体所发射的能量。在平衡辐射状态下,该物体的发射总能量等于它的吸收总能量。

对全部波长,则有 $M=\alpha E$。其中,α 是该辐射体对黑体辐射的吸收系数,它是温度 T 及波长 λ 的函数。如果以 $\alpha_{\lambda,\mathrm{T}}$ 表示在温度 T、波长 λ 的单位时间间隔的吸收系数,基尔霍夫定律可以变为$\frac{M_{\lambda,\mathrm{T}}}{\alpha_{\lambda,\mathrm{T}}}=E_{\lambda,\mathrm{T}}=f(\lambda,T)$。即辐射体在温度 T、波长为 λ 的发射总能量与吸收本领的比值等于处在平衡辐射态时吸收总能量,它与物体的性质无关,而是波长和温度的普适函数。

基于基尔霍夫定律,可以得到如下结论:一个发射本领大的辐射体,它的吸收本领也一定大;当吸收系数 $\alpha_{\lambda,\mathrm{T}}=1$ 时,物体吸收了全部发射到它上面的辐射能量,是一个理想的辐射体;只有黑体才能够在任何温度以及任何波长上吸收本领恒为 1,一般辐射体的吸收本领总是小于黑体的,即吸收系数 $\alpha_{\lambda,\mathrm{T}}<1$。

如前所述,当一般辐射体表面接收辐射能量时,总会发生能量的吸收、反射和透射三种作用。一个强烈吸收系统(不透明体)必然是一个弱的反射系统,或根据反射本领就可以求出吸收本领。红外检测仪就是根据反射量大小测出辐射量的,所以基尔霍夫定律是红外检测最基本的定律。

6. 维恩位移定律

斯忒藩-玻耳兹曼定律反映了物体温度和辐射力的关系，但没有涉及辐射力和波长的关系，基尔霍夫定律中的 $f(\lambda,T)$ 函数形式也没有给出。

如图2-6所示的黑体光谱辐射特性描述了黑体光谱辐射强度关于波长不是均匀分布的，而是有一个极值。在热辐射所发射的电磁波所包含的各种波长中，辐射最强的电磁波对应的波长叫作峰值辐射波长，记为 λ_{max}。

1893年，维恩依据热力学和电磁场理论通过试验找到了黑体峰值辐射波长和物体温度的关系，即黑体的峰值辐射波长（λ_{max}）和其自身热力学温度（T）的乘积是一个常数，此为维恩位移定律。以 $\lambda_{max}T=b$ 表示，所取得的维恩位移常数 b 为 2 898 μm·K，据此可以确定任一温度下，黑体的光谱辐射力对应的最大峰值波长 λ_{max}。

由维恩位移定律可以看出，随着温度的升高，峰值辐射波长变短。

7. 瑞利-金斯定律

1900年首先由瑞利，而后由金斯将维恩位移定律加以修正。在确认红外辐射是电磁辐射的前提下，利用经典的电磁理论和统计物理，计算得到黑体空腔在 $\lambda\sim\lambda+d\lambda$ 的波长范围内的能量密度，即 $u_{\upsilon,T}d\upsilon=8\pi c^{-3}kT\upsilon^2d\upsilon$ 或 $u_{\upsilon,T}d\upsilon=8\pi\lambda^{-4}kTd\upsilon$ 和 $M_\lambda=2\pi ckT\lambda^{-4}$，此为瑞利-金斯定律。其中，$c$ 为光速，υ 为频率，λ 为波长，T 为热力学温度，k 为玻耳兹曼常数。

瑞利-金斯定律在长波（低频）区域与实验符合，但在短波（高频）区域与实验不符。此外，当波长 λ 趋近于零或频率越来越大时，能量密度趋近于无穷大，它不能解释在有限体积的腔体内为什么会存在辐射平衡态。

8. 兰贝特定律(余弦辐射定律)

普朗克定律阐述了物体沿半球方向辐射的总能量，而兰贝特定律则指出，元表面积沿各个方向所辐射的能量是不同的，随该方向和元表面法线的夹角而变化，如图2-7所示。由图2-7可知，法线方向上（$\varphi=0°$）的辐射能最大，当 φ 增大时，辐射能逐渐减小，直至 $\varphi=90°$ 时为零止。

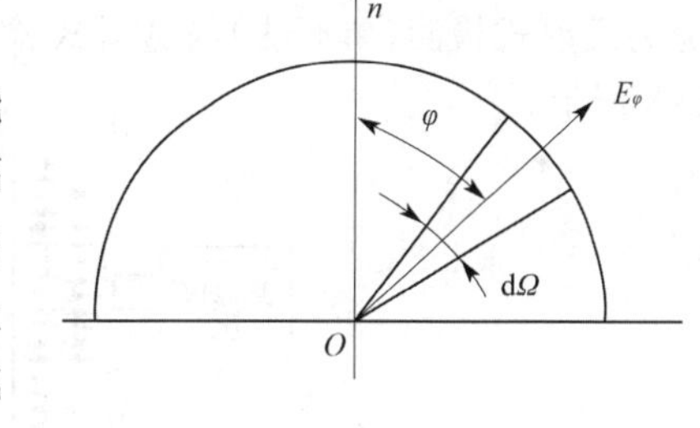

图2-7 兰贝特定律

兰贝特定律用数学式表达为

$$E_\varphi(\lambda,T)=E_n(\lambda,T)\cos\varphi$$

其中，$E_\varphi(\lambda,T)$ 表示元表面沿法线方向在单位时间、单位立体角内的辐射能量。对于黑体，其值为 $\frac{\sigma T^4}{\pi}$。

2.3 红外检测方法

2.3.1 红外检测方法概述

根据检测时是否需要对检测对象施加激励，可以将红外检测技术分为被动式检测方法(无源红外检测法)和主动式检测方法(有源无损检测法)。

1. 被动式检测

被动式红外检测方法是在无任何外加热源的情况下,依据被测目标的温度不同于周围环境的温度,利用被测目标自身的辐射能,在被测目标与环境的热交换过程中进行红外检测的方法。由于不需要附加热源,被动式红外检测方法已被应用于运行中设备的在役检测、元器件和科学试验中。

实际使用时,可以将被测工件恒温一定时间再放入另一个恒温环境,此时工件有热辐射,有无缺陷处的热辐射是不同的。如工件内有脱胶、裂纹等缺陷,热流向外流动时,由于受到裂纹的阻挡,工件表面热辐射就会出现不均匀的现象。当用红外探测器扫描时,在记录纸上温度曲线就会出现一个凸或凹的尖锋。如果用红外热像仪,就会在其荧光屏上出现一个相应的暗影,这样就会找出缺陷的相应位置。

2. 主动式检测方法

主动式红外检测方法是在检测实施之前,利用外部热源作为激励源对被测目标主动施加外部激励,使其表面温度场发生变化。利用红外热像仪拍摄不同时刻的温度场信息,连续获取来自被检测面的红外热图像,根据图像的时间序列分析技术来判断其中是否有缺陷存在。

实施主动式检测时,激励源可来自被测目标的外部或在其内部,红外检测可在加热过程当中进行,也可在停止加热有一定延时后进行。由于主动式检测一般为动态检测,缺陷热图像的显现是暂时的,它可能一晃即逝,因此对高导热性材料的红外检测有困难。

主动式检测中,根据检测时激励源、检测对象和红外探测设备三者的相互位置关系,分为反射式检测(单面法)与透射式检测(双面法)。反射式和透射式检测设备布置如图2-8所示。

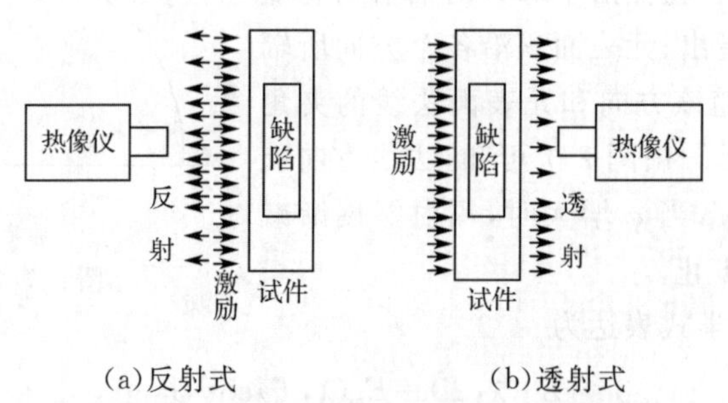

图 2-8　反射式和透射式检测设备布置图

主动式检测中,热流均匀注入不同材料时,单面和双面的辐射不相同,表面温度分布产生不同变化。对于隔热性缺陷,正面检测时,缺陷处因热传递困难,散热慢,热量堆积,将呈现"热点"高温区;背面检测时,由于缺陷是隔热性材料,缺陷处温度将呈现"冷点"低温区。对于导热性缺陷,正面检测时,缺陷处温度将呈现"冷点"低温区;背面检测时缺陷处的温度将呈现"热点"高温区,上述是在升温时段检测结果,而在降温阶段,则呈现完全相反的现象。因此,红外成像检测技术可以比较形象地检测材料的内部缺陷和均匀性。

2.3.2　红外检测的激励源和激励方式

1. 激励源

被动式检测的热源依靠物体自身的辐射，而主动式检测则人为地给物体注入一定的热量，然后探测它的反射或透射热量，所以在应用主动式检测时，必须对物体加热。主动式检测时，多种方式被用于对检测件的激励，使检测对象中产生温度场的扰动，激励作用下检测对象探测面的温度场不断变化，通过连续获取目标物体表面的红外辐射能，实现对检测对象的检测。

根据激励温度与检测对象初始温度的相对高低，激励源有热源和冷源之分。热源是指激励温度高于检测对象初始温度的激励源，冷源则是指激励温度低于检测对象初始温度的激励源。

常用的激励热源有辐射加热器、聚光灯、热流体（气、液）、摩擦热、空气喷注、等离子注入、直接火焰、感应加热器、红外灯等，冷源有干冰、冷气等。激励源除要求操控简单易行之外，还应满足激励均匀、激励速度快、价格便宜等基本要求。

2. 激励方式

激励方式有均匀激励和脉冲激励两种，其中均匀激励又可进一步划分为均匀面激励、均匀线激励和均匀点激励三种，脉冲激励则可分为脉冲面激励、脉冲线激励和脉冲点激励三种。根据检测对象的性质和特点，常用的激励方式有热照射、热渗透、热注入、摩擦生热和脉冲点状加热等。

（1）热照射。用一个或多个热辐射源均匀、连续地对物体的一个表面加热，用红外探测器对其另一个表面扫描。这两个表面之间的不连续区域（未焊点、空白点等）阻碍热量向扫描面的传播，因而这些区域的温度将低于焊接良好区的温度，于是将有一个负的峰值出现在探测器的示波器显示中。

（2）热渗透。将热辐射源放在检测对象的内部，红外探测器随着物体的缓缓旋转做轴向移动，以便对物体的整个表面进行观察。

（3）热注入。用于焊缝检测。如果焊缝良好，焊接处融化成一体，热流将顺利地通过，整个焊接件的温度分布曲线呈现直线分布；如果焊接不良，那么焊缝处将阻挡热流的通过，温度分布曲线将出现一个大幅度的下降。热注入可以不用外接热源，采用内部激励。

（4）摩擦生热。主要用于轮胎的检测。轮胎在均衡负载下旋转，同时，快速扫描的红外测试装置将轮胎的热图显示在屏幕上。胎体和胎面之间如果有不连续区域，那么热图上会出现一个热点。由于轮胎的旋转速度与测试装置的扫描速度不同，还会因闪烁效应在屏幕上重复出现几个热点；当轮胎停止转动后，胎体产生的热量如因缺陷存在未全部传导到胎面时，热点还会变成一个冷点。为能够同时观察轮胎的正面和它的两个侧面，可在轮胎两侧安放两个45°反射镜。为了检测轮胎的隐藏缺陷，可在沿光线轴向安装一锥型反射系统，它和轮胎做同步旋转，所以检测到的缺陷图像是不旋转的，这种静态显示红外图像的旋视系统能很容易地确定隐藏缺陷的位置。

（5）脉冲点状加热。用激光进行热激励，使热注入区域缩减到一个很小的点。该注入点可以是静止的，也可以是沿着目标表面预先确定的轨迹运动。当红外探测器关闭时将激光脉冲注入，以免探测器测到激光反射信号。探测点可以与注入点重合，或随热注入点的轨迹运动，其滞后的时间决定于被测目标及缺陷的物理特性。将探测器得到的图像与扫描同型的无缺陷的标准图像相比较，便能将加热点及其附近的缺陷探测出来。

3. 红外检测加热方式

应用主动法对检测对象进行红外检测时，加热方式分为稳态加热和非稳态加热。

(1)稳态加热。将被测目标加热到其内部温度达到均匀稳定的状态时，再把它置于一个低于(或高于)该温度的环境中进行红外检测。这种方式多用于材料的质量检测，如检测对象内部有裂纹、孔洞或脱黏等缺陷时，则检测对象与环境的热交换中热流将受到缺陷的阻碍，其相应的外表面就会产生温度的变化，与没有缺陷的表面相比则会出现温差。

(2)非稳态加热。对被测目标加热，不需要使其内部温度达到均匀稳定状态，而在它的内部温度尚不均匀、处于导热的过程中即进行红外检测。如将热量均匀地注入被测目标，热流进入内部的速度将由它的内部状况决定，若内部有缺陷，则会成为阻挡热流的热阻，经一定时间会产生热量堆积，在其相应的表面会产生热的异常。缺陷造成的热流变化取决于缺陷的位置、走向、几何尺寸和材料的热物理性能。

4. 红外辐射能的获取

红外辐射能的获取是红外检测的关键，所用设备包括红外点温仪、红外热像仪或红外热电视。目前，无损检测中常用的红外辐射能探测设备是红外热像仪。由于红外热像仪的内部存储空间很有限。所以，为了捕获检测对象表面有效的红外热图像，探测时机的掌握非常重要。为提高对有效红外热图像的捕捉效率，可采取数值仿真的方法，在实际检测之前先进行模拟计算，计算出最佳检测时机。

2.3.3 缺陷的定性、定位与定量

1. 缺陷的定性

红外检测时缺陷一般被分为导热性和隔热性缺陷，需要利用材料和加工工艺方面的知识，并结合缺陷热图像来实现缺陷类型的合理判断。

2. 缺陷的定位

红外检测易于确定缺陷的平面位置(投影方向的位置)，通常将热图像上的缺陷中心看作实际工件的缺陷中心，但不能准确确定深度方向的缺陷位置。

3. 缺陷的定量

针对投影方向的缺陷尺寸而言，由于热量在检测对象内部的传递没有特定的方向，使得缺陷边界的判定非常困难，厚度方向尺寸的确定更加困难，这制约了红外检测中缺陷的定量。

2.3.4 实施红外检测的基本要求

实施红外检测时，为了确保检测结果精确可靠，要求检测对象的表面温差与热图温差一致，缺陷处与工件处的最大温差小于 1 ℃。然而，红外检测系统探测到的红外辐射能由环境介质辐射到接收器的辐射能、大气介质进入辐射器的辐射能和检测对象辐射到探测

器的辐射能三部分组成。如果各个像素点的前两部分辐射能不相等，即使工件上的各点温度和发射功率相等，热图上也会反映出温差，影响检测的精度。因此，为了提高检测精度，需要综合考虑多方面的影响，制定恰当的工艺措施，满足红外检测的要求。

1. 对红外检测设备的要求

红外检测中普遍使用的检测仪器是红外点温仪、红外热电视和红外热像仪。除要求设备在测温精确度、测量结果的重复性和抗干扰性符合要求外，还应结合设备的使用特点，具有诸如体积小，便于携带，现场操作方便，图像清晰，较高的测温和图像分析处理能力等其他优点。

2. 对检测环境的要求

进行红外检测时，应适当考虑检测对象周围的环境，包括环境温度、湿度、风速的要求。

3. 对检测周期的要求

红外检测周期取决于被检设备的重要性及其工作环境。关键性和枢纽性的设备、运行环境恶劣的设备及老旧设备的检测周期应缩短；新建、大修后的设备及时进行红外检测；巡检中发现热异常的设备要跟踪检测。

4. 对红外检测操作方法的要求

对设备普测和大型设备进行红外检测时，通常先用热像检测仪器（如红外热像仪或红外热电视）对所有应测部位实施全面扫描，找出设备热异常部位，再对异常部位和重点检测设备进行精密红外检测。进行全面扫描时，必须制定好被检设备的检测路线，不能有任何遗漏；扫描检测时，检测地点应与检测对象表面尽量垂直，相互尽量靠近；还要注意选择适宜的测温范围和温度分辨率，尽可能全面地采集设备的热异常信息。精密红外检测是在全面扫描检测的基础上进行的，进行精密检测的目的是找出全部热异常的信息，为设备故障诊断提供依据。

5. 对被检测设备的要求

检测对象表面状态不同会导致表面发射率的不一致，即使在热平衡状态也会形成表面各处辐射能的差异，这就给无损检测带来不利。可以在待检测设备表面涂上一层易于擦洗且较薄涂料，例如石墨粉与机油的均匀混合物等，实践证明能够显著提高检测效果。此外，对检测对象还应打开遮挡红外辐射的盖板，新设备造型时宜考虑进行红外检测的可能性。

6. 对激励源、激励方式的要求

用于红外检测的激励源很多，热源向检测对象注入热流，通过检测对象的缺陷处与无缺陷处导热系数的差异形成温差，传到表面上，从而用红外热像仪探得其热图。从理论上分析，能获得高峰值功率的脉冲热源或低频热源为最佳激励源。

为了获得最佳热激励方式，应结合被检测对象的导热性（导热或阻热）、内部存在的缺陷类型（面积型或体积型）选择合适的热流注入方向（侧向注入/垂直注入）和加热方式（单面/双面）。

2.4 红外检测系统

2.4.1 红外检测系统的基本组成

图 2-9 所示为红外检测系统的基本组成，包含了光学系统、调制系统、探测器系统、显示系统、记录系统等。

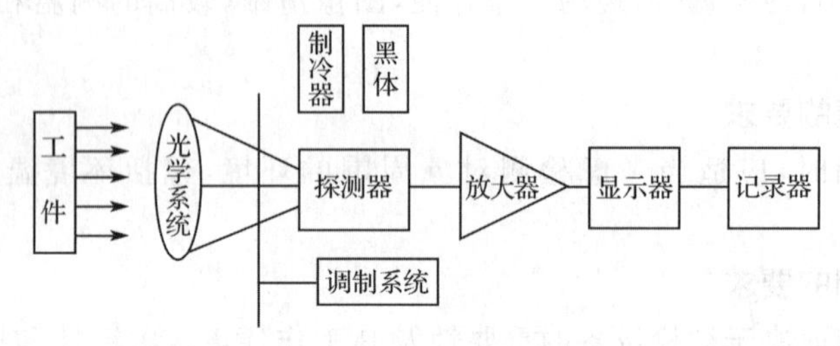

图 2-9 红外检测系统的基本组成

1. 光学系统

在红外测试装置中，光学系统的作用是尽可能多地收集辐射和降低噪声，使得探测器接收面积比无光学系统时扩大，而噪声仍保持在探测器接收面积较小的电平上。光学系统接收面积和探测器面积的比值称为“有效光学增益”。

光学系统可以是透射式的，也可以是反射式的。由于透射式有透射损失，所以红外测试装置一般采用反射式的。反射式红外光学系统可以分为反射望远镜和反射显微镜两大类，它们都用一个物镜产生红外辐射源的像，由一个聚光元件（目镜）对这个像进行观察，并将辐射能量输送到红外探测器。这个聚光元件实际上是一种准直元件，准直后的辐射充满在整个探测器上。

2. 调制系统

许多红外测试装置都配有一个调制系统，其作用是周期性地阻断从目标到达探测器的红外辐射，在目标的红外辐射被阻断的“关闭”时间内，探测器接收来自参考黑体的辐射，参考黑体保持已知的温度，它的辐射可以作为测量目标红外辐射量的基准。

除黑体外，调制系统还包括调制器和驱动马达两部分，图 2-10 所示为一种装配在反射光学系统中的红外检测调制系统。该调制系统由一个同步马达驱动一个开了槽的叶轮转动，当叶轮转动到开槽的地方，探测器接收从目标辐射来的红外线；当叶轮转动到扇形的部位，把来自目标的红外辐射遮挡住，此时叶轮后面的反射镜把参考黑体的辐射反射到探测器上。

3. 扫描系统

当需要对检测对象不同区域或对立体目标的红外辐射进行探测时，需要在红外测试装置中安装扫描系统以实现目标的扫描。扫描方式既可以是类似于电视图像系统的线形光栅扫描，也可以是和工业电视成像系统相似的螺旋扫描，或按照预先确定的任意图形进行逐点扫描。

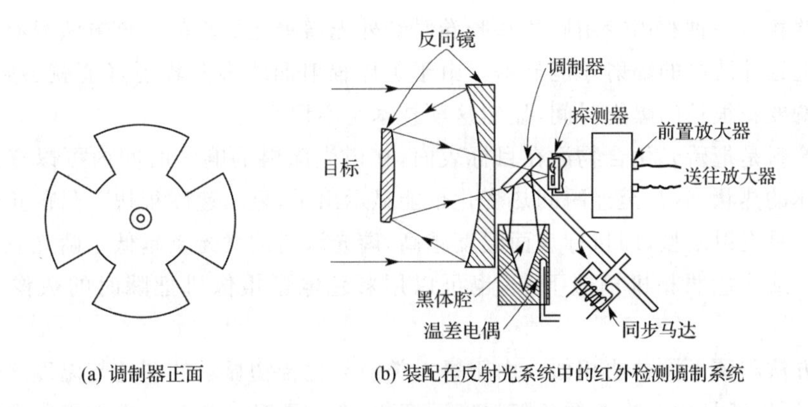

(a) 调制器正面　　(b) 装配在反射光系统中的红外检测调制系统

图 2-10　红外检测调制系统

温度灵敏度和空间分辨率是描述红外扫描系统的两个重要指标，前者决定了仪器测定温度的精确度，取决于一个分辨单元的目标温度所产生的信号与仪器噪声之比；后者取决于探测器直径 d 和光学系统焦距 f 之比 d/f。欲得到良好的分辨率就需要使 d/f 越小越好，这可以通过减小探测器的直径或增大焦距实现。然而，焦距增大会引起视场角的减小，造成接收到的辐射能量减弱，使温度灵敏度下降。因此，在考虑红外扫描系统时，应该综合考虑温度灵敏度和空间分辨率这两个指标，根据检测目标和要求有所重点的选择。

4. 探测器系统

探测器系统是整个红外测试系统的心脏，包括红外探测器、前置放大器和放大器三个部分。为了给红外辐射提供参考标准，探测器总是和一个参考黑体一起存在的。当采用光电型探测器时，为了提高探测效果，还必须采用制冷器。

根据红外辐射效应，红外探测器可以分为光电型探测器（光电效应）和热敏探测器（热效应）两大类。探测器可以单个使用，也可以成对使用。当使用单个探测器时，它总是交替地接收检测目标和参考黑体的辐射，其中黑体的温度是可控的。当成对使用探测器时，这两个探测器安装在一个具有等值、反向偏置的桥路里。主探测器接收目标或黑体的辐射，补偿探测器则只接收环境温度的辐射，使它们在桥路中产生极性相反的信号，从而抵消了环境温度对探测器的影响。

红外检测时的噪声源主要有探测器噪声、来自电源整流器的偏置电流噪声、放大器电压和电流噪声，以及由探测器负载电阻与第一级放大器反馈电阻产生的电阻热噪声四种。前置放大器用于减少探测器系统噪声，放大探测器输出信号。为了减少杂散信号干扰和电缆损耗，前置放大器必须安装在探测器附近，且其阻抗和探测器应相匹配。

前置放大器输出信号经过功率放大器或整形放大器后传输到显示系统以直观地显示出来，放大器必须具有大的动态范围，足够的带宽等特性，且和显示系统的显示方法相匹配。

5. 显示系统

红外检测装置中的显示系统是将目标所发射的红外辐射转换成人眼可见的平面图像或照片。能够进行这种转换的装置有红外照相、磷光涂料、液晶、铁电变换器、阴极射线管、红外摄像机和蒸发成像仪等。

红外照相是一种利用专用底片和胶卷对红外光谱曝光显影的。该方法只有当目标处于高温的近红外波段的辐射才能显示。由于黑体辐射曲线离开辐射峰值就会陡降，对中红外辐射就要花很长的曝光时间，显然这项技术是不切实用的。

磷光涂料是把磷光化合物涂在目标表面，在磷光涂料的响应时间内可以有效地显示出目标物体的热状态，甚至连瞬间热变化也能显示出来，显示速度很快。目前正在使用的大多数涂料是发射暗型，即目标表面温度越高，磷光涂料的发光率越低。磷光发光的图像可以用黑白或彩色照相机拍摄下来，也可以用彩色电影摄像机把瞬时的热像变化记录下来。

液晶方法和磷光涂料法相似。由于每一类液晶化合物显示的颜色与温度之间的关系是一定的，所以液晶化合物的颜色随温度而变化，它比磷光涂料产生更加丰富多彩的热信息。如某一液晶化合物在 30 ℃时是蓝色的，在 29 ℃时就变为红色，当目标表面温差在 1 ℃范围内，就会出现由蓝到红很为醒目的色差对比。由于显示温度的颜色是由折射产生的，所以对目标要采用强照明。液晶显示方法能够直接观察目标的表面温度分布，可以进行直观分析和鉴定的动态检查，还可以应用彩色电影摄影机进行记录。

铁电变换器是由钛酸钡与钛酸锶化合物做成的铁电片组成的。当温度变化时，铁电片的电容能明显地改变。

阴极射线管显示的是目标每点发射的红外辐射强弱的模拟信号。

红外摄像机实际上是图像变化器，把视场中每点所发射的红外辐射转变成电信号，信号大小与红外辐射强度成比例，然后在阴极射线管的屏幕上显示出来成为可见图像。摄像机内的探测器输出信号经过足够的放大后去激励阴极射线管，它所发出的光线是在即时显影的红外软片上拍摄下来的。红外摄像机是红外扫描器和红外显示装置的合成，它是对目标各点进行逐点扫描，然后按照和电视系统中那样的规定程序，将探测器输出信号的所有各对应点排列起来重新组成图像的。

不同于红外摄像机的图像显示原理，蒸发成像仪不是逐点扫描然后各对应点重新排列成像的，而是目标上所有各点的红外辐射同时投射在仪器上。仪器内的油膜由于各点接收的辐射强度不同，各点的温度也不相同，产生蒸发程度有大小，这样各点的油膜厚度就有差别，此时用白光照射油膜，蒸发剩下的不同厚度的油膜就会反射出不同的色彩。当然油膜厚度除和目标红外辐射强度有关外，还决定曝光时间，曝光时间的长短也就决定了由目标的红外图像转变而成的可见光图像的色彩。

6. 记录系统

红外测试装置的记录系统有磁带记录仪、照相记录仪、传真记录仪、数字打印设备、穿孔纸带记录仪等。

2.4.2 红外探测器

红外辐射照射到物体上时会由于热效应使物体产生温度和体积的变化，也会由于电效应使物体的电学性质发生变化。红外探测器是将检测对象的红外辐射能转换成为可测量的电信号的器件，是进行红外检测的基础和关键部分。

1. 表征红外探测器的主要性能指标

不同类型红外探测器的工作原理不同，探测的波长范围、灵敏度和其他主要性能也不同。下面首先介绍几个用于衡量红外探测器性能优劣的特性参数。

(1)响应率

响应率表示红外探测器将红外辐射转换为电信号的能力，等于红外探测器的输出信号电压 S 和输入的红外辐射功率 P 之比，用 R 表示，即

$$R=\frac{S}{P} \tag{2-10}$$

式中　R——响应率，V/W；

S——输出信号电压，V；

P——输入的红外辐射功率，W。

红外探测器响应率的测量必须满足下列条件：选用500 K的黑体辐射作为辐射源；要对输入的红外辐射强度进行“正弦调制”，使其改造成按照正弦变化的强度，这样输出的电压也是按照正弦变化的交变电压；输入的辐射功率与输出电压，都要用均方根值；输出电压必须用开路电压，以避免线路因子的影响；输入辐射功率的大小，必须选择在输出电压与输入辐射功率成正比的范围内。按照上述要求，测量得到红外探测器的响应率。

说明红外探测器的响应率时应标出辐射源的黑体温度和辐射波长及正弦调制频率，规定的写法为 $R(500,\lambda,800)$。

(2)分谱响应曲线

不同波长的红外辐射射入同一个红外探测器，即使输入的红外辐射能相同，输出的信号电压却不一定相同。这是因为同一个红外探测器对某些波长的响应显著，而对其他波长可能无响应。

由于红外探测器的响应率 R 和入射辐射波长 λ 有一定的关系，通常将红外探测器对不同波长的响应曲线称为分谱响应曲线 R-λ，如图2-11所示。

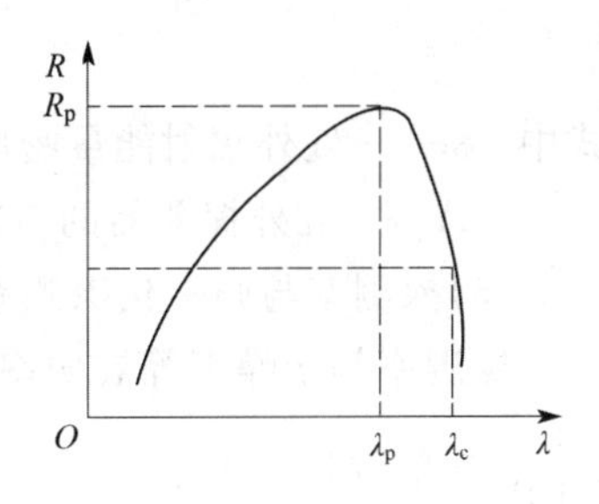

图2-11　分谱响应曲线 R-λ

对任何波长红外辐射的响应率都相等的红外探测器，称为无选择性探测器。若红外探测器对不同波长红外辐射的响应率不相等，则称为选择性探测器。选择性探测器的光谱响应曲线中有一个峰值响应率(R_p)，它所对应的波长称为峰值响应波长(λ_p)。在波长小于 λ_p 范围内，随波长减小响应率缓慢下降，波长大于 λ_p 时响应率急剧下降以至于零。根据分谱响应曲线，把下降到峰值响应率一半时所对应的波长，称为截止波长(λ_c)或叫作“长波限”，表明这个红外探测器使用的最长波长应不大于 λ_c。

(3)噪声电压

在红外探测器的输出端，接一个电子类放大器，把它的输出接到示波器上以观察输出电压的波形。假定入射辐射是已经过调制的正弦波。当辐射功率较大时，在示波器上显现出按正弦变化的电压波形；降低入射辐射的功率到某一数值以下时，纵然增加放大器放大倍数，电压的正弦波形已经模糊不清；再度降低辐射功率时，波形变得杂乱无章，电压的

正弦波形完全看不出来，如图 2-12 所示。即红外辐射入射到红外探测器上时，它将输出一个随着入射红外辐射变化而变化的信号电压。红外探测器除了输出规则的信号电压外，还同时输出一个与目标红外辐射无关的干扰信号，称为噪声或杂波，上面这种现象不是探测器不好或放大器不好所致，而是每一个探测器固有的不可避免的现象，称为“噪声”。这种干扰信号电压的均方根值称为噪声电压。

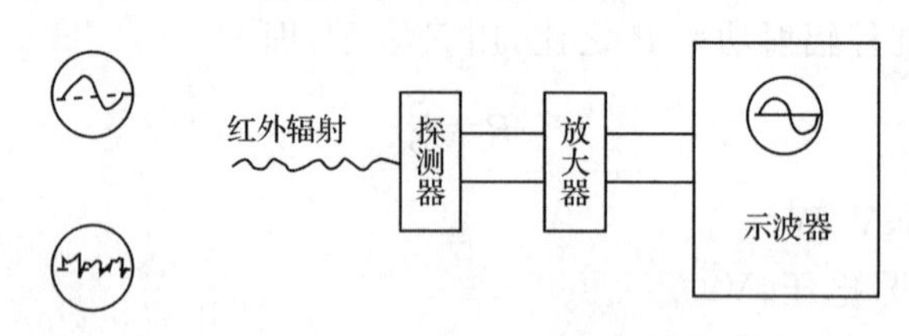

图 2-12　红外探测器的噪声电压

噪声电压是指红外探测器输出端存在的毫无规律的、无法预测的电压起伏。噪声电压用噪声信号电压的均方根值表示，可以用仪表测量出来。当辐射输入功率产生的电压信号至少大于探测器本身的噪声电压时，红外探测器才能测量出来。除非采用特殊的信号处理技术，任何红外探测只能探测到幅度大于本身噪声电压的信号，因此，噪声电压成为确定某一探测器最小可探测信号的决定性因素。

(4)噪声等效功率

把产生等效于探测器本身噪声电压的红外辐射功率叫作“噪声等效功率”，用符号 NEP 表示，一般测试时的入射辐射功率为 NEP 的 2～6 倍。

设入射辐射功率为 P，测得的输出电压为 U_s，探测器的噪声电压为 U_N，噪声等效功率 NEP 为

$$\mathrm{NEP}=\frac{P}{U_s/U_N}=\frac{\omega A}{U_s/U_N} \tag{2-11}$$

式中　ω——红外辐射能量密度，$\mathrm{W/m^2}$；

A——红外探测器的有效面积，$\mathrm{m^2}$。

(5)探测率与归一化探测率

探测率等于噪声等效功率的倒数，是表示红外探测器灵敏度的又一个参数，即 $D=\frac{1}{\mathrm{NEP}}$，其单位是 1/W。

探测率可用来表示一个红外探测器的探测能力。显然，探测率越大，其灵敏度就越高。但由于探测率与红外探测器的有效面积(A)和频带宽(Δf)的平方根成反比，不能用来比较两个不同来源红外探测器的好坏，所以为了解决这个问题，通常采用归一化探测率，以消除面积和频带宽的影响，以 D^* 表示，即

$$D^*=D\sqrt{A\Delta f}=\sqrt{A\Delta f}/\mathrm{NEP}=\sqrt{A\Delta f}/[P/(U_s/U_N)]=R\sqrt{A\Delta f}/U_N \tag{2-12}$$

式中　A——红外探测器的有效面积，$\mathrm{m^2}$；

Δf——放大器的频带宽，Hz；

R——响应率，V/W。

按照式(2-12)确定的归一化探测率 D^* 原则上和探测器敏感元件的有效面积 A、放

大器的频带宽 Δf 无关，它的数值越大，表明探测器的性能越好。在说明一个红外探测器的探测率时，必须注明辐射源的性质、调制频率和放大器的频带宽。规定的写法：$D^* =$（辐射源，调制频率，频带宽）。

以 500 K 的黑体做辐射源，入射红外辐射的调制频率为 800 Hz，放大器的频带宽为 1 Hz时的探测率符号写为 D^*（500 K，800，1）。若辐射源是峰值辐射波长 λ_p 的单色辐射，则单色探测率为 $D^* =(\lambda_p,800,1)$。

(6)响应时间常数

当红外辐射照到探测器敏感元件的表面时，要经过一定的时间，探测器的输出电压才能上升到与入射辐射功率相对应的稳定值。同样，当入射辐射除去后，输出电压也要经过一定的时间才能降下来。一般来说，这段上升或下降的延迟时间是相等的，它是表示红外探测器对红外辐射响应速度的一个参数。规定对红外探测器施加一理想的矩形脉冲辐射信号时，它输出的信号幅值由零上升至 63％时所需要的时间，我们称之为“响应时间常数”，其单位是 ms 或 μs。红外探测器的时间常数越小，说明它对红外辐射的响应速度越快。

实际应用时，红外探测器的性能还受工作温度、工作时的外加电压或电流、敏感元件的面积和电阻等因素影响。

2. 典型的红外探测器

红外探测器是红外测温系统的重要组成部分。按照工作原理，可分为光电型红外探测器和热电型红外探测器两类。

(1)光电型红外探测器

光电型红外探测器是利用红外辐射光电效应制成的一种对波长有选择的探测器，仅对具有足够能量的入射光子有响应，也就是说红外辐射的频率必须大于某一值才能产生光电效应，换成波长来说，光电效应的辐射有一个最长的波长限存在。一般地说，光电型红外探测器的响应光谱窄，不如热敏探测器宽。因其采用光敏元件，因此它有一个较高的峰值灵敏度和较快的响应时间(微秒级)。另外，为了保证工作性能的稳定性，有些光电型红外探测器需要在低温条件下工作，因此，在探测器之外还要配备制冷机一起工作。

利用半导体的光电效应，光电型红外探测器可分为光电导型和光生伏特型红外探测器，前者是基于辐射引起半导体电导率增大的“光电导效应”，后者则是辐射引起半导体产生电动势的“光生伏特效应”。

①光电导型红外探测器

当红外或其他辐射照射半导体时，其内部电子接受了能量处于激发状态，形成了自由电子及空穴载流子，使半导体材料的电导率明显增大，这种现象称为光电导效应。利用光电导效应工作的红外探测器，叫作光电导型红外探测器。

光电导型红外探测器是一种对波长具有选择性探测器，常用的此类探测器有砷化铟(InAs)、锑化铟(InSb)、硫化铅(PbS)、硒化铅(PbSe)探测器及锗(Ge)掺杂质的各种探测器。其中，硫化铅和硒化铅是多晶薄膜型，砷化铟、锑化铟等则是单晶型。

光电导型红外探测器的半导体材料在受到红外辐射或其他辐射照射时，除有载流子产生外，还存在复合消失现象，这使得光电导效应仅在辐射照射一段时间后，其电导率才会达到稳定值。即使辐射停止，电导率的稳定也要滞后一段时间，称此为光效应惰性，它影响了光电导探测器的响应时间。一般将光电导率上升到稳定值 90%所需的时间或光电导率下降为稳定值 10%所需的时间称为光电导效应的时间常数。

如图 2-13 所示，R_L 为一般金属电阻称为负载电阻，R 为半导体敏感元件。当半导体 R 受到辐射照射时，电导率增大，使通过 R 和 R_L 的串联电流增大。因为 R_L 值不变，这就使得 a-b 两端之间的电压增大，电压增量的大小反映出入射辐射功率的大小。调制盘 M 是把入射功率调制成正弦变化，使 a-b 两端之间的输出电压除直流成分外，还有同样频率的正弦变化的交变电压以便于放大记录下来。

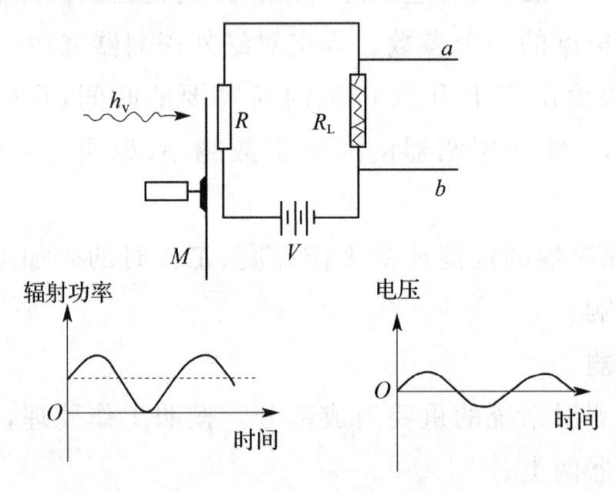

图 2-13 光电导型红外探测器工作原理

②光生伏特型红外探测器

当某些半导体的 PN 结受到红外或其他辐射照射时，会在 PN 结两边的 P 区和 N 区之间产生一定的电压，这种现象称为光生伏特效应，简称光伏效应，这实际是光能向电能的转换。根据光伏效应制成的红外探测器，叫作光生伏特型红外探测器。

在光生伏特型红外探测器中，辐射能入射到半导体的光照面激发出电子-空穴对，半导体中产生电子-空穴的扩散和流动，使得 a-b 两端之间的电动势增大。光生伏特型的激发过程和本征光电导一样，但由于电子或空穴在扩散到 PN 结之前可能遇到复合而损失掉，由光子转换成电子或空穴的量子效率小于光电导型，所以它的响应时间较短，如图 2-14 所示。

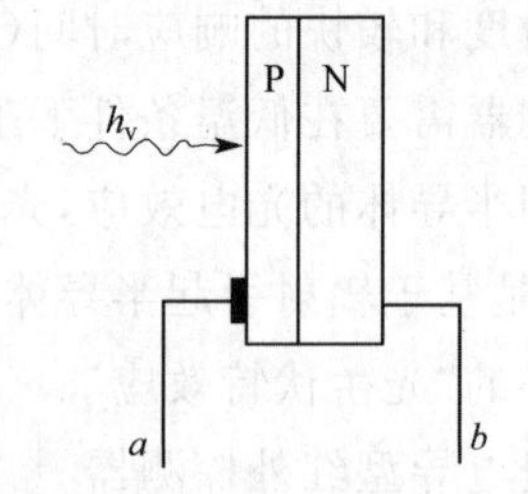

图 2-14 光生伏特型红外探测器工作原理

前述的砷化铟(InAs)、锑化铟(InSb)、碲镉汞(Hg-Cd-Te)除做成光电导型红外探测器外，也可做成光生伏特型红外探测器，然而，硅、锗等只能做成光生伏特型红外探测器，不能用来做成光电导型红外探测器。

由同种半导体材料做成的光电导型和光生伏特型红外探测器都是对波长有选择性探

测器，并具有确定的波长，它们的长波限 λ_c、峰值响应波长 λ_p 是相同的，响应光谱的形状与探测率基本相同。但是，光电导型红外探测器具有一定的时间常数，其探测率与响应时间成正比；光生伏特型红外探测器的探测率与响应时间之间基本是无关的。在探测率相同的情况下，光生伏特型红外探测器的时间常数远小于光电导型红外探测器，增加了使用的范围。

(2)热电型红外探测器

热电型红外探测器是利用某些材料吸收红外辐射后，由于温度变化而引起这些材料物理性能发生变化而制成的，遵循红外辐射的热效应。从光谱响应的角度来看，这类探测器可以对全部波长都有响应，因此又称为对波长无选择性探测器，光谱响应宽而均匀。由于采用热敏元件，所以响应时间比光电型红外探测器(毫秒级)要长得多，响应灵敏度较低，并且探测效率也较低，可在室温下工作。对一般的热敏探测器来说，要同时取得高灵敏、快响应很困难，然而新型的热释电型红外探测器能较好地解决这个矛盾问题。常用的热电型红外探测器有以下几种：

①热敏电阻型红外探测器

红外辐射照射到物体表面会产生热效应，使物体温度升高，半导体材料由于温度升高会使其电阻降低，所以热敏电阻型红外探测器与光电型红外探测器在应用电路中的作用是完全一样的，即把入射的红外辐射信号转变成为输出电压，由于电路中电阻的降低，电流变大进而使输出电压增大，但二者的物理过程不一样。热敏电阻在受到辐射照射时，首先是温度升高，然后电阻才改变。因此，在考虑热敏电阻型红外探测器的结构时，首先要考虑它的热传导问题。为了使一定功率红外辐射照射下的热敏探测器敏感元件能够有较大的温度上升，应把敏感元件做得尽可能薄。此外，为使入射辐射功率最大限度被薄片吸收，通常在薄片表面加一层黑色涂层。

热敏电阻型红外探测器是根据物体受热后电阻变化的性质制成的一类红外探测器，它能够对从 X 射线到微波波段的入射辐射产生响应，因此它是一种具有相同响应率的“无选择性红外探测器”，可以在室温下正常工作。这种探测器的时间常数大，一般在毫秒级，适用于对响应速度要求不高的场合。与光电型红外探测器相比，热敏电阻型红外探测器的探测率较低，响应时间较长。对 8～14 μm 红外辐射的探测率可以达到 $1.0\times10^{8}(\mathrm{cm}\cdot\mathrm{Hz}^{1/2})/\mathrm{W}$，这是光电型红外探测器无法做到的。

制造热敏薄片的材料是用锰、镍、钴等金属化合物半导体配置而成的。在室温附近，温度每升高 1 ℃，电阻约改变 4%。

热敏电阻型红外探测器结构如图 2-15 所示。一定功率的红外辐射入射到热敏薄片时，立即被其表面的黑色涂层吸收，使薄片温度升高，电阻下降。当薄片温度升高到超过周围环境温度时，薄片的热量会以几种方式散发出去，主要是通过衬底把热量传到导热基体。导热基体是一导热良

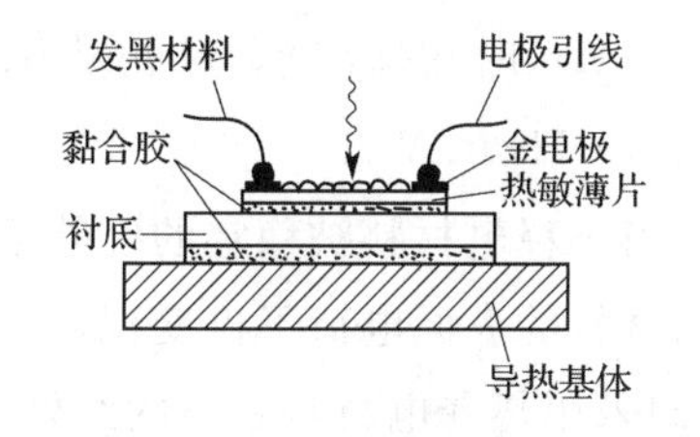

图 2-15　热敏电阻型红外探测器结构

好的金属块，它能够始终保持它的温度和环境温度一样，把多余的热量全部传导出去。当薄片的温度升高到使传导损失的热功率正好等于它所吸收的辐射功率时，薄片的温度就达到一个稳定值，薄片的电阻也跟着达到一个稳定值。薄片电阻的改变使输出电压改变，输出电压达到的稳定值就反映出入射辐射的功率。从辐射照射开始直至输出电压达到稳定状态的时间称为热敏电阻型红外探测器的响应时间。制造探测器时可以选择衬底的热导性能来控制探测器的响应时间和响应率。

②温差电偶型红外探测器

该类探测器利用热电偶的原理，将两种不同的导体两端相接时，如果两个接头处于不同的温度，那么电路内部就产生温差电动势。假如在一个接头上加一片黑色物体，会由于红外辐射而使温度升高，电偶接头温度也随之升高。产生的温差电动势大小反映了入射的红外辐射功率的大小。

温差电偶型红外探测器的材料从原来的锑、铋之类的金属改用合金型的半导体材料，如一臂用铜、银、硒、硫的合金 P 型材料，另一臂用硫化银和硒化银的 N 型材料。电偶和黑体密封在高真空管中，管上带有让红外辐射透射进去的窗口。温差电偶型红外探测器的探测率可达到 1.4×10^{9} cm·$Hz^{1/2}$/W，响应时间为 30～50 ms。这种探测器比较娇嫩，只适用于实验室使用。

③热释电型红外探测器

铁电材料有一个很重要的特性，其表面电荷的多少与其本身温度有关，温度升高，表面电荷减少。热释电效应是指某些铁电体电介质吸收红外辐射后，温度升高，表面电荷减少，自发极化强度下降的现象，可用于对红外辐射的探测。

热释电型红外探测器正是利用某些铁电材料的热释电效应制成的。当红外辐射照射到已经极化好的铁电薄片时，薄片被加热，温度升高，极化强度下降，因而表面电荷减少，相当于“释放”了一部分的电荷，释放的电荷用放大器转变成输出电压信号，如图 2-16 所示。

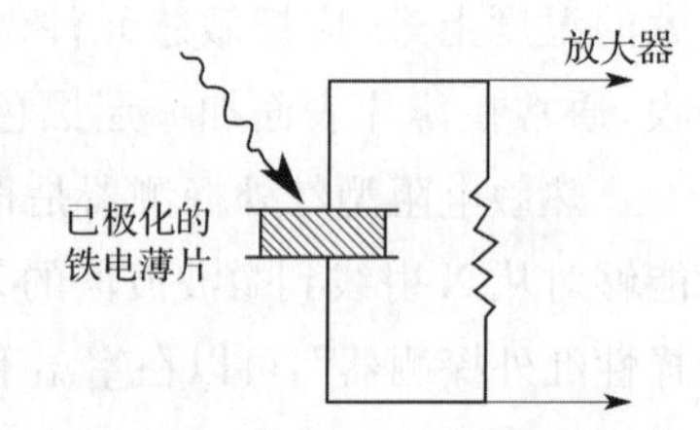

图 2-16 热释电型红外探测器

通常用来制作热释电型红外探测器的材料有硫酸三甘肽、一氧化物单晶、锆钛酸铅以及以它为基础掺杂改性的陶瓷材料和聚合物等。一般将热释电材料制成薄片用作红外探测器的敏感元件，低频(约 10 Hz)时的探测率 D^{*} 可达 1.8×10^{9} cm·$Hz^{1/2}$/W，高频(10^{4} Hz)时下降到 1.0×10^{8} cm·$Hz^{1/2}$/W。

当热释电材料被稳定的红外辐射照射时，温度升高到一定数值后将保持不变，此时热释电材料的表面电荷不再变化，相应的输出电压信号为零，这是热释电型红外探测器的特点，即采用热释电材料制作的红外探测器，在接收到稳定的红外辐射时将无信号输出。因此，必须将入射的红外辐射进行截光调制，使其产生周期性变化，以保证探测器的输出稳定。为此，热释电型红外探测器可以作为辐射时间短于热平衡时间常数的快速探测器使用。

热释电型红外探测器是利用热释电效应工作的探测器，其响应速度虽不如光电型红外探测器，但由于它可以在室温下使用，光谱响应宽，工作频率宽，灵敏度与波长无关。因此，其适用领域广，易使用。

④气动型红外探测器

气动型红外探测器如图 2-17 所示，它是利用气体的受热膨胀原理制成的。探测器有一个气室，以一个小管道同一个柔性镜片相连，柔镜的背面是反射镜。气室的前方是一个低热容的吸收膜。当红外辐射穿过窗口由吸收膜转变成热量加热气室中的气体时，气体受热膨胀，迫使柔镜向外鼓出。当气室另一侧的可见光源发出的一束可见光，通过栅状光阑聚焦在柔镜上，柔镜反射的栅状图像经反射镜作用在光电管上。柔镜随气室压力变化而改变它的鼓出位置时，栅状图像与栅状光阑发生相对位移，光电管接收的光量发生变化，使电路的输出信号随之发生变化。这样红外辐射的强弱就可以显示出来了。

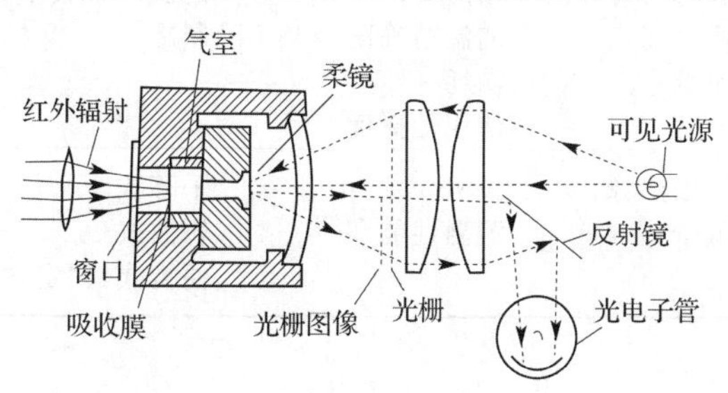

图 2-17　气动型红外探测器

气动型红外探测器在低频时的探测率 D^* 可以达到 $1.7\times10^9\ \mathrm{cm}\cdot\mathrm{Hz}^{1/2}/\mathrm{W}$，响应时间约为 20 ms。由于结构娇嫩只适用于实验室使用。

2.4.3　典型的红外检测仪器

温度与温度场的测量是红外检测最主要的应用之一，利用红外检测仪器可以进行热点测量、温度测量和红外热成像。实施红外检测的主体设备是红外检测仪器，在将红外诊断技术应用于预知维修工作时，为了保证红外检测结果的可靠与准确，还应配备黑体炉、面接触式便携温度计、风速风向仪、湿度计和测距仪等；在一些特殊的场合，还需附加扫描装置或不同的加热设备。

根据工作原理和结构组成，红外检测仪器可分为红外点温仪、红外行扫仪、红外热像仪和红外热电视。在某一时刻，红外点温仪只能测取物体表面上某一点（实际为某一区域）的辐射温度（实际为某一区域的平均温度），红外行扫仪用于检测物体的线温，红外热像仪和红外热电视能测取物体表面二维（一定区域内）的温度场。常见的红外检测仪器分类见表 2-1。

表 2-1　典型的红外检测仪器

分类	特点	主要性能指标	形式	输出方式
红外点温仪	测点温 使用便捷 价格低廉 效率较低	距离系数 测温范围	瞄准方式：光瞄准器、望远镜式；激光式 便携式、固定式	模拟量、数字量 无存储、存储接打印机
红外行扫仪	显示一维热像 热像质量高	测温范围 空间分辨率 温度分辨率 测温精确度	制冷剂外置、内循环制冷、热电制冷	图像存储能力 图像处理能力
红外热像仪	显示二维热像 结构轻巧 热像质量高 价格昂贵	测温范围 空间分辨率 温度分辨率 测温精确度 功耗 使用便捷度	内循环制冷、热电制冷	图像存储能力 图像处理能力
红外热电视	显示二维热像 价格低于热像仪	测温性能	平移式 斩波式 便携式、固定式	数字量、模拟量 无存储和内存储

1. 红外点温仪

(1)红外点温仪的特点

广义上讲，凡是以辐射定律为依据，利用物体发射的红外辐射能量作为信息载体测量温度的仪器、仪表，统称为红外测温仪。考虑到人们的习惯用法，把这种非成像的红外温度检测与诊断的仪器称作红外测温仪，它只能测量设备、结构、工件等表面上某一局部区域(小面积)的平均温度。通过特殊的光学系统，可以将目标区域限制在1 mm以内，甚至更小。因此，有时将其称为红外点温仪。此类红外测温仪是通过测定目标在某一波段内所辐射的红外辐射能量的总和来确定目标的表面温度，其响应时间可以做到小于1 s，测温范围为0～3 000 ℃。

红外测温仪的不足之处在于：①测温精度受目标辐射率和环境条件等多种因素的影响；②对远距离、小目标的测温较为困难；③要实现远距离测温，须使用视场角很小的测温仪，且难以对准目标。

(2)红外点温仪的工作原理

红外点温仪的种类丰富多样，用途五花八门，结构、原理也存在差别，但基本的工作原理和结构组成是相同的。

红外点温仪的工作原理建立在被测目标的红外辐射能量与其温度具有固定函数关系的基础上。由斯忒藩-玻耳兹曼定律可知：物体的温度越高，辐射强度越大。只要知道了物体的辐射强度和发射率，根据 $T=\sqrt[4]{\frac{E(T)}{\varepsilon\sigma}}$ 就可以确定它的温度。

实际测温时，首先必须把辐射体发出的红外辐射能量通过光学系统收集起来，经调制系统将红外辐射调制成正弦交变辐射，再送到红外探测器上进行辐射能向电能的转换，并转换成电信号，然后将转换好的电信号经电子放大器放大、处理，最后由显示器显示并输出。

(3)红外点温仪的构成

红外点温仪的结构组成如图 2-18 所示，包括红外光学系统、红外探测器、信号放大器与信号处理系统、显示与输出系统五个主要部分，以及电源和瞄准器等附属部分。

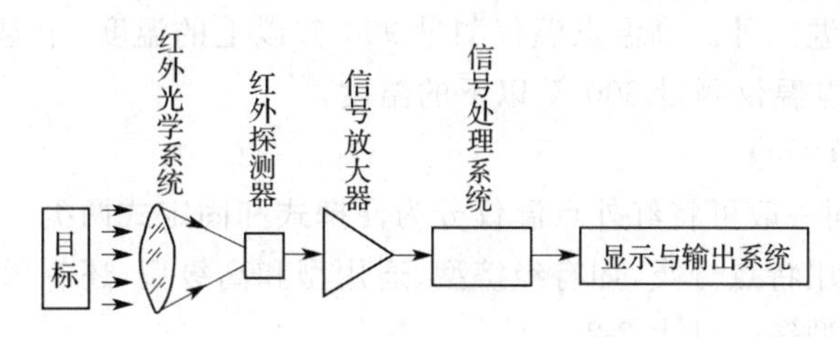

图 2-18　红外点温仪的构成

①红外光学系统

红外点温仪的光学系统是红外辐射的接收系统，它是红外探测器的窗口。光学系统的主要功能是尽可能多地接收被测目标发射的红外辐射能量，并把它们汇聚到红外探测器的光敏元件表面，故要求光学系统具有较大的相对光学孔径（光学系统通光孔径 D 与光学系统焦距 F 之比 D/F）。

光学系统的另一个重要功能是决定红外点温仪的视场大小。红外点温仪的视场与它的另一个重要性能参数距离系数 L/d 直接相关，距离系数与视场角成反比。因此光学系统的性能也就决定了红外点温仪的距离系数。

不少红外点温仪还要求光学系统限定接收目标辐射的光谱范围，这就是滤光片所起的作用。

②红外探测器

红外探测器是红外点温仪的核心部分，它的功能是将被测目标的红外辐射能量转变为电信号。选择不同类型的红外探测器，对红外点温仪的性能起关键作用。

③信号放大器与信号处理系统

不同类型、不同测温范围、不同用途的红外点温仪，由于使用的红外探测器和设计原理不同，它们的信号处理系统也就不同，但信号处理系统要完成的主要功能都是放大、抑制噪声、线性化处理、发射率修正、环境温度补偿、A/D 和 D/A 转换及根据要求输出信号等。

有的红外点温仪的功能较多，可以测定温度最大值、最小值、平均值、峰值保持、峰值选取、输出打印等，这种点温仪的信号处理系统相对复杂。但随着微机技术的发展，许多处理都采用微机完成，这将大大改善仪器的性能和结构，并逐步实现智能化测温。

④显示与输出系统

红外点温仪的显示系统用于显示被测目标温度的检测结果。显示方式各不相同，尤其是随着科技的发展而不断改进显示的手段。如初期多以表头显示，迄今为止，已采用发光二极管、数码管和液晶等数字显示。数字显示不仅直观，而且精度高。为了便于记录和储存，不少红外点温仪都配备了记录装置或输出打印设备。

红外点温仪的附属部分除电源不可缺少外，瞄准装置成为使用者的重要需求。

(4)红外点温仪的类型

根据测温范围、结构形式和设计原理的不同，红外点温仪可分为以下几种：

①按测温范围分类

红外点温仪测温范围相当宽，低温可达−100 ℃，高温可达 6 000 ℃。测温范围一般分为高温、中温和低温三种。高温点温仪测量 900 ℃以上的温度，中温点温仪测量 300～900 ℃的温度，低温点温仪测量 300 ℃以下的温度。

②按结构形式分类

按结构形式不同一般可将红外点温仪分为便携式和固定式两类。在这两大类的范围中，又可根据不同使用特点分类，如有经济型、通用型和高级型，还有远距离型和微小目标型，以及可连续运行型等。见表 2-2。

表 2-2　红外点温仪结构分类表

形式		特点
便携式	经济型	结构简单，发射率固定或可调范围小，测温精度低，适用于中、低温测量，响应时间长(约 500 ms)，价格低廉
	通用型	适用于中、低温测量，测温精度及响应时间均优于经济型，发射率可调节，具有高、低平均温度显示和存储报警功能，可带激光瞄准装置
	小目标型	用于近距离微型目标检测
	大距离型	用于远距离目标检测，发射率可调，具有对反射背景和温度进行补偿功能
固定式	经济型	传感头简单，多种输出形式，可外加水冷套，用于中、低温测量，价格低廉
	集成型	传感头含有信号处理电路成为集成型，测温范围宽，可连续运行
	高级型	测温范围宽，具有多种信号处理、记录和输出功能

③按设计原理分类

按设计原理的不同，红外点温仪可分为全辐射测温仪、单色测温仪(又称亮色测温仪)和比色测温仪三大类。

a.全辐射测温仪

全辐射测温仪是依据斯忒藩-玻耳兹曼定律设计的，其结构原理如图 2-19 所示。理论上，通过全辐射测温仪接收目标发出的全部辐射能量，并用黑体标定出目标的温度。但由于全辐射点温仪使用光学系统，所以它不可能接收到被测目标全部波长的红外辐射。对应一定的测温范围，如果选用的点温仪工作波段包括了全部辐射能量的 96%，它所造成的测温误差是 1%；同时，由于辐射能量随波长而变化，虽然只减少了 4%的辐射能量，但也可以大大压缩工作波段，从而简化了点温仪的结构，使得应用更方便。可见，实际的全辐射测温仪，并非真的测量全部波长的辐射能量。

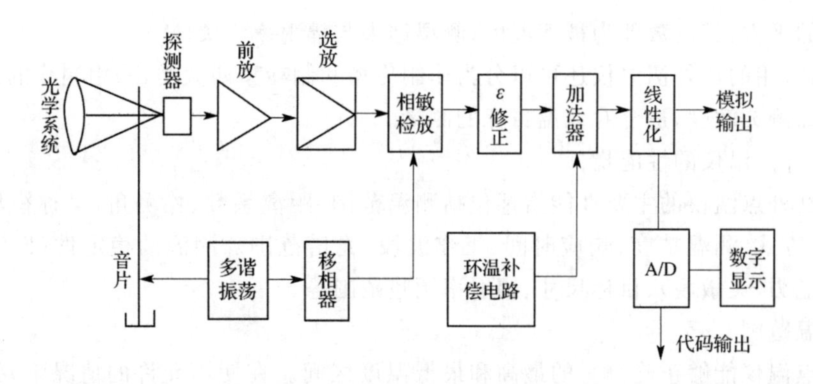

图 2-19 全辐射测温仪结构原理图

b. 单色(亮色)测温仪

单色测温仪是通过测量被测目标在某一波段的辐射能量来获取目标温度的,它通常使用单色滤光片来限定入射辐射的波长,或者选用自身具有光谱选择性的红外探测器,选择性地接收特定波长范围内的目标辐射。为了在测量较低温度时能够获得足够多的红外辐射能量,往往选用较宽的波段,有时把这种测温仪也叫作部分辐射测温仪。如果选择的波段宽度和光谱位置适当,那么在一定的测温范围内,可以使辐射亮度和温度的非线性关系变成简单的低次方关系,这将大大压缩信号的动态范围,使信号的处理变得容易。

单色测温仪的测温范围取决于工作波段的选择。一般用于 800 ℃以上温度区的窄带单色测温仪,多选择在短波区,其绝对测温范围较宽。宽带单色测温仪多用于长波和较低温度区,测温范围也可以做得很宽。

单色测温仪结构简单、使用方便、灵敏度较高,且能抑制某些干扰,因此在低温和高温范围内都有较好的使用效果。在单色测温仪的使用中,应注意进行发射率的修正,以确保测温的准确。

c. 比色测温仪

比色测温仪是利用两组(或多组)带宽很窄的不同单色滤光片,收集两个(或多个)相近波段内的辐射能量,将它们转换成电信号后再进行比较,最终由此比值确定被测目标的温度,因此它可以基本消除辐射率带来的误差。

采用比色测温仪测温灵敏度较高,与目标的真实温度偏差较小,它受测试距离和其间吸收物的影响也较小,在中、高温度范围内使用效果比较好;但是比色测温仪的结构比较复杂,价格也相应昂贵。

(i)双色测温仪通过测量 λ_1,λ_2 两个波段,即 λ_1 到 $\lambda_1+\Delta\lambda_1$ 和 λ_2 到 $\lambda_2+\Delta\lambda_2$ 这两个波段的辐射功率的比值来确定温度,它的读出温度 T_1 和目标的真实温度 T_2 之间的关系为

$$\frac{1}{T_1}-\frac{2}{T_2}=\lambda_1\lambda_2/[(\lambda_1-\lambda_2)\cdot C_2](\ln \varepsilon_1/\varepsilon_2) \tag{2-13}$$

式中 C_2——第二辐射常数,$C_2\approx 1.44\ \mathrm{cm\cdot K}$。

由式(2-13)可知,要提高双色测温仪的测量精度,应选择辐射率相差不大的两个波段。

(ii)三色测温仪是依次测量三个波段,用一、三波段的辐射功率之乘积除以第二波段

辐射功率的平方，其商数即为被测温度，测温结果与辐射率无关。

此外，常用的红外测温仪还可以分为非制冷型和制冷型两大类，采用制冷的红外探测器可提高探测灵敏度，适合对低温目标的测量。

(5)红外点温仪的性能指标

表征红外点温仪的主要性能指标包括测温范围、距离系数、检测角(又称视场角)、光路图、瞄准方式、测温精度、响应时间、工作波段(光谱范围)、测温的稳定性(即测温重复性)、分辨能力(灵敏度)、目标尺寸、辐射率调整范围等。

①测温范围

红外点温仪能够正确测量的最高和最低温度区间。在使用允许的情况下，为了减少测温误差并尽可能降低成本的最佳选择是不要选择过宽的测温范围。

②距离系数

距离系数、检测角(又称视场角)和光路图是三种不同表达红外点温汇聚能量的"光路"通道方式。

距离系数是被测目标至测温仪的距离 L(大于光学系统的焦距时)与光学目标的直径 d(目标额定尺寸)之比，即 $K_L=\frac{L}{d}$，是红外点温仪的一个关键技术性能指标，如图 2-20 所示。

距离系数有时也称作"光学分辨率"，需要明确的是光学分辨率表示光学系统聚焦点处测距与目标直径之比，而对于远视场的距离系数则要不同程度地小于光学分辨率的数值。

距离系数的选择应考虑测量距离的远近和被测目标的大小。当被测目标大小近似而测距不同时，测距远的要求距离系数要大，反之则要求距离系数小；当测距不变而被测目标尺寸不同时，被测目标尺寸越小的要求距离系数就越大，反之亦然。对同一台红外点温仪，当它的焦距固定时，其视场角也就固定了，测距远时只能检测大尺寸的目标；如果需要测量较小的目标，那么必须将测距减少。此外，在使用单色测温仪时，必须注意被测目标的实际尺寸要大于按距离系数计算出来的尺寸，至少应是计算值的 1.5 倍。例如，某测温仪的距离系数为 20∶1，则在 10 m 处的目标直径必须大于 0.75 m，否则会出现测量误差。

③检测角

检测角是以角度大小反映测量距离与光学目标直径的关系的。红外点温仪的距离系数与其检测角 δ(rad)近似成反比关系，即 $\delta\approx\frac{d}{L}=\frac{1}{K_L}$ 或表示为 $\delta\approx\frac{180}{\pi K_L}$。

④光路图

光路图是以图形表示测距与光学目标直径关系，是点温仪的视场图，如图 2-21 所示。通过光路图可以直观地理解：

a. 要使点温仪正确反映检测对象的真实温度，检测对象直径一定要大于(至少等于)相对于该测距时的光学目标直径，这样仪表接收的将是全部来自检测对象表面发射的能量。这种情况称为"检测对象充满视场"。

b. 如果检测对象不能充满视场，那么仪表接收到的能量不仅仅是检测对象表面发射的能量，还将部分来自背景的能量接收进来，所以仪表显示的面积平均温度必然与检测对象的真实温度有差别。这种情况被称作“距离系数不足”。毫无疑问，随着测距的增大，测量结果受背景辐射的影响增大。

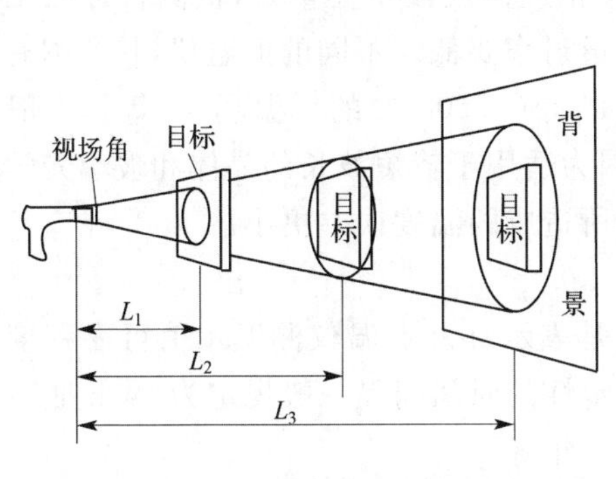

图 2-20　视场角和测距的关系

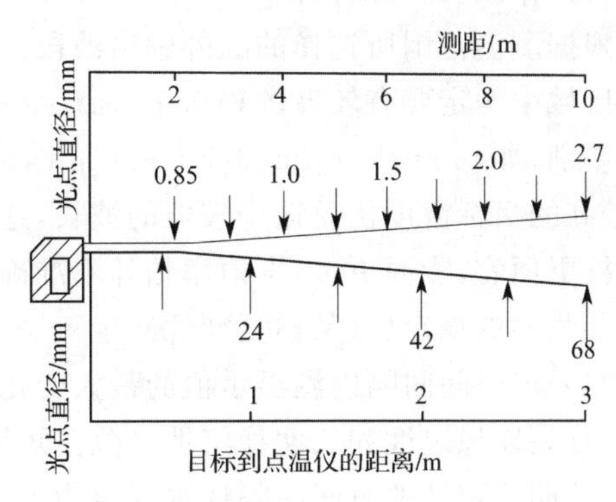

图 2-21　红外点温仪的光路图

⑤瞄准方式

使用红外点温仪对目标进行瞄准一般分为可见光的光学聚焦瞄准和激光瞄准定位两种方式。其中，可视的光学聚焦瞄准是按望远镜的光学原理寻找被测目标，测温时只要将仪器目镜的中心线“＋”对准被测目标的中心位置即可测温。激光瞄准定位则是以半导体发射的激光束红点代表仪器光学目标的中心，测温时把激光红点瞄准到被测目标上即可。值得注意的是，激光红点所能射到的距离不表示点温仪可测的距离，其可测距离仍应按照上述的距离系数予以考虑决定。

⑥测温精度

用于表示对温度标准值的不确定度或允许误差，分为绝对误差、相对误差和引用误差三种。其中，绝对误差表示实测值与真实值或标准值之差；相对误差和引用误差从表示的形式上相同，都是指绝对误差与量程上限之比的百分数，但其含意存在差异。若以相对误差表示，如测温精度为测量值的±1%，表示当测量值 100 ℃时，其误差不超过±1 ℃；当测量值是 3 000 ℃时，其误差不超过±30 ℃；当测量值是 500 ℃时，其误差不超过±5 ℃。以引用误差表示测温精度时，当测温精度为±1%，测量满量程为 500 ℃，则表示在任何测量值时的误差都不超过±5 ℃。

我国生产的红外点温仪大部分以引用误差表示测温精度。对数字显示的测温仪，其误差除上述误差之外，还要再增加数字的量化误差。

⑦响应时间

被测温度从室温突变为测温范围的上限温度，测温仪的输出显示达到稳定值的某一百分数时所需要经历的时间。其中百分数的数值可能因产品的不同而不同，如有 63%、90%、95%、99%等。

对于温度变化快的固定目标，如果变化速度是 5 ℃/s，需要识别的温差是 1 ℃，即该物体每变化 1 ℃的时间是 0.2 s，则选择测温仪的响应时间应该是 0.2 s 的一半，即 0.1 s。

对于断续通过测温仪视场的被测目标，若目标进入并充满视场的时间需 2 s，则测温仪的响应时间应当是 1 s。

当目标温度变化过快，而测温仪的响应时间不能满足要求时，测温结果显示的是平均温度。对于大多数使用者来说，这种情况是完全允许的，也是符合实际需要的。

⑧工作波段(光谱范围)

根据测温范围所选择的红外辐射波段。选择正确的波段至关重要，被测目标在工作波段区域中一定要有较高的辐射率，而反射率和透射率要低。不同的测温仪，其范围有较大的差别，如 0.9～1.0 μm，3.5～4.0 μm，8～14 μm(＜500 ℃的低温场合)等。一般而言，较高的目标温度优先选用较短的波长，这是因为适用于较短波长的晶体和玻璃光学系统价格更便宜，货源更多；发射率估计不准确时，所造成的温度误差更小。

⑨测温的稳定性(又称复现性)

在一定时间间隔内测温示值的最大变化量，是表示红外点温仪测温示值可靠程度的指标，有短期稳定性和长期稳定性之分。短期稳定性的时间间隔一般规定为 24 h 或一个月等，长期稳定性的时间间隔通常规定为半年或一年等。

⑩分辨能力(灵敏度)

仪器能显示的最小可分辨的温度变化，通常为 0.5～2 ℃。

⑪目标尺寸

距离测温仪光学系统焦点处的目标最小尺寸，是表征仪器空间分辨率的参数，主要受视场角的影响。

⑫辐射率调整范围

红外测温仪允许设置的辐射率数值的范围，通常为 0.2～1.0。使用时必须严格调整测温仪的辐射率值，以保证测量的准确性。

此外，工作环境(常温或需制冷)、供电方式(直流或交流)以及输出方式[模拟、数字，图像(灰度/伪彩色)]等也是实际工作中经常需要考虑的问题。

(6)红外点温仪的使用要点

红外点温仪在标定时虽然能满足精度的要求，但在现场使用时往往难于保证测温精度。因为点温仪的红外探测器除了接收来自被测目标的辐射能量外，还接收周围环境的红外辐射和这些辐射经目标表面反射的能量等三个部分，故红外探测器输出的信号应该包括三个分量，即

$$Us=\varepsilon U(T)+\rho U(T_1)-U(T_0) \tag{2-14}$$

式中 T——目标温度，K；

T_1——目标周围环境温度，K；

T_0——红外点温仪所在环境温度，K；

ε——目标发射率；

ρ——目标反射率。

其中，$U(T_0)$是所需补偿的信号，$\rho U(T_1)$是测量中带来的干扰信号。为了保证测量精度，首先要使辐射率值调整准确，同时要尽量消除周围的热源干扰，减少目标表面的反射率，对点温仪所在环境温度进行补偿。

①便携式红外点温仪，在使用时必须处于"热稳定状态"

当仪器从包装箱中取出时，或使用场所环境变化时，应先把仪器在现场环境下放置一

定时间，用以消除仪器本体与环境温度产生热交换导致机体内温度不稳定。一般塑料壳仪器约需 30 min，金属壳仪器约需 10 min。

②用于在线监测固定安装的红外点温仪，要防尘、防潮、防震、防过热

点温仪的光学系统和探测器必须保持清洁和干燥，不仅仪器的外壳要有良好的密封性能，还要注意使用环境状况的好坏，如在严重潮湿或有腐蚀性气体的环境中时，最好将仪器加装带有窗口的保护罩。

③防止环境介质的影响

由于红外点温仪进行非接触测温，在仪器与被测目标之间，即红外辐射的传输路途中，往往可能存在水蒸气、SO_2、CO、CO_2 等各种气体和烟尘的选择性吸收和散射，将使目标辐射衰减，造成测温误差。如果测温距离不太长，环境介质干扰误差一般小于测温仪基本误差的 1/3～1/2。

④注意消除环境辐射的影响

当检测对象周围有其他高温物体、光源和太阳的辐射时，不论这些辐射是直接还是间接进入测量光路，必然造成测温误差。为了克服环境辐射的影响，首先要避免环境辐射直接进入光路，应该尽量使被测目标充满测温仪的视场；对于环境辐射间接干扰，可以遮挡目标以消除对强背景辐射的反射。

⑤正确进行发射率的修正

根据检测对象的具体情况，选取合适的发射率是极其重要的。可以从已有的经验和资料中选出与被测目标材料、表面状况和温度范围相对应的发射率值，实现发射率的调节修正。

在上述方法不具备条件时，可以自行测定实际的发射率值。

2. 红外热像仪

为了在检测时能够直观地观察物体内部的缺陷情况，往往需要将探测器的输出信号转换成人眼可观察到的图像，所形成的图像称为热像，这个红外成像的器件装置就是热像仪。为了让探测器与成像器件同步工作，往往将探测器、成像器件装置以及同步协调器全部装在一起，把这些组装在一起的仪器统称为热像仪。用热像仪检测物体内部缺陷简单、精确并且直观。热像仪主要用于观察和监测作业过程中机械和工艺流程中物料的热分布和异常情况，如温度场分布、局部过热、运转异常发热等。目前的高速热像仪可以做到实时显示物体的红外热像。

红外热像仪是目前世界上最先进的测温仪表，根据其获取物体表面温度场的方式不同，红外热像仪常分为单元二维扫描、一维线阵扫描、焦平面(FPA)以及 SPRITE 等。

(1)工作原理

任何温度高于热力学零度的物体，都在不断地向空间进行红外辐射。利用红外扫描单元把来自检测对象的电磁热辐射能量通过聚光系统汇聚在红外探测器上，在此处，红外辐射波被转化为电子视频信号，接着进行电子信号处理，即由电子系统进行同步和放大、滤波等环节处理后传输到显示屏等处，显示系统可以用各种不同的形式显示出温度信号，包括定量灰度、伪彩色、等温轮廓等，并可以对图像任何部分进行定量测量。

红外热像仪将物体发出的红外辐射转变成可见的热分布图，这是物体红外辐射能量

密度的二维分布图，为人们提供了一个直观的观察工具。在显示器上看到的黑白或彩色图像是由一个个明暗不同或颜色不同的小点（通常称为像素）所构成的，通常一幅图像由几十万或上百万个像素组成，要想将物体的热像显示在监视器上，首先需将热像分解成像素，然后通过红外探测器将其变成电信号，再经过信号综合，在监视器上成像。图像的分解一般采用光学机械扫描方法。目前高速的热像仪可以做到实时显示物体的红外热像。

(2)基本结构

红外热像仪由扫描器、光学系统、红外探测器、电子系统和显示系统组成。检测对象的红外辐射首先进入扫描器中的光学系统，投射到红外探测器的表面，产生正比于检测对象辐射能的电信号，经前置放大器放大后，进入显示单元。在显示单元内，检测对象的温度分布信息变成阴极射线管荧光屏上的亮度信号。如果电子束的扫描与光学系统的扫描同步，就可以在荧光屏上成像，所显示的温度图像与检测对象的温度分布相对应，观测者可以从图中获得带有位置坐标的温度值，同时将信号送去存储，供数据处理使用。扫描瞬间，扫描器接收的检测对象的辐射功率与物体的灰度以及热力学温度的四次方成正比，即符合斯忒藩-玻耳兹曼定律。因此，显示单元中荧光屏上的图像对应温度高时发亮，温度低时发暗。

(3)性能特点

红外热像仪的最大特点在于它不仅可以测某一点的温度，而且还可以测量物体的温度场。其输出可以是直接数字温度显示（点温），也可以通过用不同的颜色来形象地表征检测对象的温度分布，早先的热像仪需要制冷装置，从而限制了其使用范围。目前研制成功的热像仪具有体积小、质量轻、测温范围宽、不需冷却装置、交直流供电方式等特点，方便了在野外现场的使用。

红外测温仪所显示的是检测对象的某一局部的平均温度，而红外热像仪除具有红外测温仪的各种优点外，还具有以下特点：

①能够以图像的形式，非常直观地显示物体的表面温度场。

②分辨力强，现代热像仪可以分辨 0.1 ℃，甚至更小的温差。

③显示方式灵活多样，可以采用伪彩色显示温度场的图像，也可以通过数字化处理，以数字显示各点的温度值。

④与计算机进行数据交换，便于存储和处理。

红外热像仪的主要不足之处在于：热像仪一般需要用液氮、氧气或热电制冷，以保证红外探测器在低温下工作，这使得其结构复杂，使用不够方便；此外，光学机械扫描装置结构复杂，操作维修不方便；再者，红外热像仪的价格也非常昂贵。

(4)图像处理系统

随着计算机技术的不断发展，红外热像仪的图像处理系统性能也得到改善，这大大提高了热像仪的测温精度和分析显示功能。利用红外探测器图像处理系统可以实时采集红外热像仪中的信号，在监视器上实时显示被测件表面的温度分布热图，通过图像处理可以观察到缺陷位置、大小与形状。

尽管性能水平各异的热像仪所配置的图像处理系统是不同的，但总体上分为两种类型，一种是以微处理机的形式构成整个智能化热像仪的一个组成部分，另一种是作为一个独立系统形成热像仪的外围辅助设备。

(5)红外热像仪的技术参数和性能指标

①红外热像仪的技术参数

常见的红外热像仪技术参数包括图像质量、探测器性能、温度测量、记录存储功能、信号输出功能、对工作环境和电源的要求及仪器的尺寸和质量等。

a. 图像质量:红外热像仪的成像质量是其技术性能中的首选,影响像质的技术参数包括视场、瞬时视场、温度灵敏度、扫描速度、聚焦范围、视频信号制式、数化分辨率、红外探头动态范围、图像放大、镜头安装方式等。

b. 探测器性能:决定红外热像仪的基本性能,取决于探测器的类型、制冷方式、光谱响应范围。

c. 温度测量:包括温度测量范围、测温精确度、发射率的修正、各种滤片的配备、背景温度修正、大气透过率修正、光学透过率修正及各种温度单位的设定等。

d. 记录存储功能:比较早期的记录方式采用照相技术完成,记录和保存都极其不方便;此外,还采用磁带录像机记录;目前开始采用大容量小体积的内存 PC 卡记录存储,应用非常方便,带来多种功能,如在测量后还可对数据进行修正。

e. 信号输出功能:信号输出的外接口一般有视频输出、数字化视频输出和 RS-232 串行接口、打印机接口等。

f. 对工作环境的要求:包括工作环境的温度、湿度,储存环境的温度、湿度,是否抗电磁场干扰、抗冲击和抗振动。

g. 对电源的要求:包括交、直流两种,整机功率消耗大小,电池连续工作时间,电池的通用性,电池的体积及质量,电池的备用状况,等等。

h. 仪器的尺寸和质量:包括主机尺寸和质量,镜头的尺寸和质量。

②红外热像仪的性能指标

红外热像仪的性能指标包括通光孔径、相对孔径、噪声、信噪比、噪声等效温差、最小可分辨温差、最小可探测温差、敏感波段、灵敏度、分辨率等。

a. 通光孔径:经红外热像仪接收光学系统的入瞳直径。

b. 相对孔径:光学系统的通光孔径与其焦距的比值。相对孔径是光学系统的一个重要指标,热像平面辐照度与相对孔径的平方成正比。

c. 噪声:当探测器没有目标辐射入射时,它仍有电压(或电流)信号输出,该输出的均方根值被称作噪声。噪声是随机过程,谈论瞬时值是没有意义的,故采用在一个相当长的时间周期内的均方根值代表。

d. 信噪比:如果在电路的同一阻抗上测量信号和噪声电压,称其均方电压平方之比,即二者的功率比为信噪比。

e. 噪声等效温差(NETD):噪声等效温差是衡量热像仪温度灵敏度的一个客观指标,其定义是热像仪观测特定的黑体目标,信噪比为 1 时黑体目标与背景的温差。这个指标的物理意义清楚,容易测量,使用广泛。

f. 最小可分辨温差(MRTD):该性能指标既反映热像仪温度灵敏度,又反映热像仪空间分辨率特性,并包括了观察人眼睛的工作特性,所以它是一个系统的综合性能指标。它的定义是热像仪对准特定的标准测试图形时，在观察者刚好分辨出特定图形的情况下，目标与背景之间最小的温差。这个指标目前被广泛用于红外热像仪的综合评价。

g. 最小可探测温差(MDTD)：表示热像仪对点状目标探测能力大小的一个主观评价指标。其定义和MRTD相似，仅仅是把被观察的测试图形进行了变更而已。

h. 敏感波段：这是热像仪的一个重要特性参数。它是区别一个热像仪适用于哪个波长范围的工作。在规定的波段内，检测作用敏感，易于发现物体内部缺陷。所以它是用来作为选择热像仪的重要标志。

i. 灵敏度：把热像仪放在均匀辐射下，它的输出信号与输入辐照度的比值叫作灵敏度。它和上面提到的红外探测器的响应率相当。有时需要把热像仪放在均匀辐照下，它能探测到的最低辐照度被称作灵敏度，此时又和红外探测器的噪声等小功率相当。如果热像仪不是在均匀辐照情况下，那么取其平均辐照度来计算灵敏度。

j. 分辨率：表明热像仪分辨目标能够达到何种细致程度的能力。通常用平行的黑白长条作为检验的基础。把每毫米能分辨的黑白条的对数来度量分辨率的大小，称为每毫米多少线对，写作"线对/毫米"。分辨率还和衬比、辐照度有密切关系，衬比好，分辨率高；辐照度大，分辨率高。在通常情况下，红外热像仪的分辨率为20～30线对/毫米。

(6)典型的红外热像仪

①光机扫描型红外热像仪

a. 工作原理

如果使用红外探测器顺次测量物体各部分发出的红外辐射，把光学系统设计成能左右上下转动的扫描系统，探测器把所接收的"瞬时视场"的辐射通量转变成视频信号，经过电子学放大处理，就可以把物体的像显示出来，这种成像叫作光学机械扫描成像。

"瞬时视场"描述了红外探测器在任意瞬间只能探测到的检测对象表面的一小部分。如果瞬时视场直径为d，透镜的焦距为f，$a=\dfrac{d}{f}$称为视场角。通常把视场角a称作仪器的分辨率。要使图像更加清晰，必须提高分辨率，减小视场角，但这种减小是有限的，且视场角减小也会产生衍射现象。

实际测试时，检测对象表面的红外辐射被光学系统接收后又被光机扫描结构扫描成像在探测器上，再由红外探测器转换成视频电信号，经过放大后送到终端显示出检测对象的热图像。当探视到瞬时视场时，只要探测器的响应时间足够快，就会立即输出一个与接收的辐射通量成正比的电信号。瞬时视场一般只有零点几个或几个毫弧度，为了使一个具有数十度乘以数十度视场的物体成像，需要对整个检测对象进行光机扫描。

光机扫描的实质是把物体表面在空间的垂直和水平两个方向按一定规律分成很多小的单元，扫描机构使光学接收系统对物体表面做二维扫描，即依次扫过各个小单元。红外探测器在此过程中的任一瞬间只接收物体表面一个小单元的辐射，它是随着光学接收系统按时间先后依次接收二维空间中物体各个小单元的辐射信息的。在整个扫描过程中，探测器的输出是一连串与扫描顺序中各瞬时视场的辐射通量相对应的电信号，即把空间二维分布的红外辐射信息变成一维的时序电信号，此后再经放大、与同步信号合成，最终组合成整个物体的表面热图像。

b. 基本构成与功能

光机扫描型红外热像仪基本构成如图 2-22 所示。其中

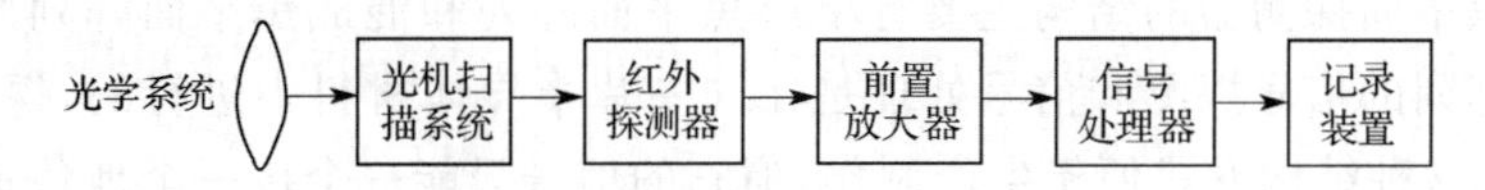

图 2-22　光机扫描型红外热像仪基本构成

(i)光学系统:用于对检测对象的红外辐射汇聚、滤波和聚焦等作用。根据视场大小和像质的要求,该系统由不同红外光学透镜组成,一般有反射式、折射式和折反射式三种。

(ii)光机扫描系统:将检测对象观测面上各点的红外辐射通量按时间顺序排列。根据扫描光束的不同性质,光机扫描机构可分为汇聚光束扫描和平行光束扫描两种;根据扫描机构所在位置不同分为物扫描系统、像扫描系统。根据扫描方向和探测器的排列方式,可分为并联扫描、串联扫描和串并联混合扫描等三种方式。光机扫描热像仪的探测器类型有光伏和光电导两类,它的构成分单元和多元两种,构成多元的数量可以有 6、8、10、16、23、48、55、60、120、180 等,甚至更多的元数,为了提高热像仪的性能,要求对红外探测器制冷到足够低的温度。

(iii)红外探测器:能量(或信息)转换器,一般是把检测对象的红外辐射转换成电信号。

(iv)前置放大器:将红外探测器输出的微小信号放大。

(v)信号处理器:将检测对象的信息处理转换成视频信号。

(vi)显示器:根据该视频信号,采用 CRT 显示器或电视兼容的监视器把检测对象各部分的温度值及其热像予以显示。由于视频信号是时序信号,要将时序信号转变成二维空间的热图像,故需要通过同步复扫描来实现。

(vii)记录装置:记录检测对象的热图像,可以使用磁带、磁卡和各种照相设施。

(viii)外围辅助装置:包括电源、同步装置、图像处理系统等。

②非扫描型红外热像仪——焦平面热像仪

a. 焦平面热像仪的成像原理

光机扫描型红外热像仪的成像原理是被测目标的红外辐射通过一整套复杂的光学折反射装置及高速运转的机械扫描机构之后,才能到达红外探测器进行信号转换再处理成像。然而,焦平面热像仪去除了繁杂的光机扫描装置,它的红外探测器呈二维平面形状,具有电子自扫描功能,被测目标的红外辐射只需通过简捷的物镜,就和照相的原理相似地将目标聚焦在底片上曝光成像,被测目标聚焦成像在红外探测器的阵列平面上,“焦平面阵列”(focal place array)即此含义。非扫描型焦平面热像仪的成像原理如图 2-23 所示。

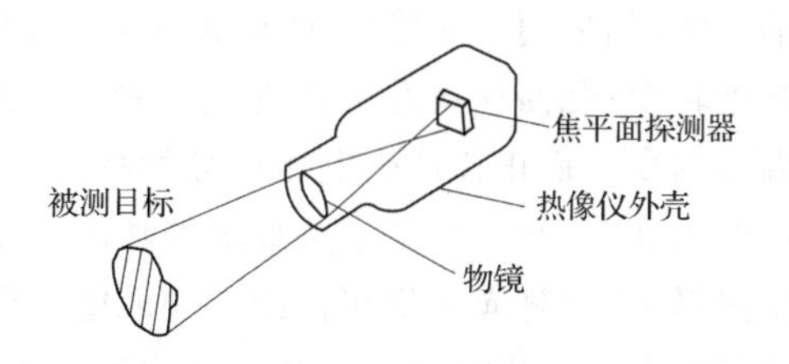

图 2-23　非扫描型焦平面热像仪的成像原理

b. 焦平面红外探测器类型

焦平面红外探测器是由数以万计的传感元件组成阵列,传感元件响应率的均匀性好,

尺寸以 μm 计，功耗极小，分为制冷型和非制冷型两大类。

(i)制冷型焦平面探测器

制冷型焦平面探测器的结构主要有单层焦平面阵列和混成焦平面阵列两种。其中，单层焦平面阵列的信号探测和信号处理是在同一片半导体材料中进行的，探测器通常采用 MIS 结构，这种结构方式便于生产制作，但它的信号只能一个接一个地传递，有不定量的信号损失，会造成准确度和再现性的偏差，其充填率(红外辐射在探测器上的"作用区域"和"总受光区域"的比值)约为 50%，所以单层焦平面阵列探测器的应用受到信号处理、动态范围、容量和性能的限制。混成焦平面阵列则是把探测器的作用摆在上层，信号处理的功能放置于下层，信号的传输是经由铟接点来完成的。

对于大型焦平面阵列来说，一般希望采用光伏型探测器，因为它不需要偏流，从而可以大大简化电源电路，减少探测器的功耗；另外加上它有高的输入阻抗，便于与信号处理电路匹配，可以提高注入效率。目前，锑化铟(InSb)电荷注入(CID)阵列、锑镉汞焦平面阵列和硅化铂(PtSi)肖特基势垒焦平面探测器都是实用的且性能良好的制冷型焦平面红外探测器。例如，硅化铂焦平面探测器即是由数以万计被切割成 5.7～6.0 μm 的传感元件组成。

(ii)非制冷型焦平面探测器

非制冷型焦平面探测器采用微型辐射热量探测器，这种探测器的工作原理类似热敏电阻，即探测器通过吸收入射的红外辐射致使自身的温度升高，从而导致探测器阻值发生变化，在外加电压的作用下可以产生电压信号输出。

3. 红外热电视

红外热电视是一种采用电子束扫描方式的热电探测器型二维红外成像装置，具有红外热像仪的基本功能，二者的主要差别在于红外热电视给出的是定性热图像，红外热像仪输出的是定量热图像。

(1)基本结构

红外热电视是利用热释电效应(热电转换)制成的热成像装置，它的核心器件是红外热释电摄像管，其次还有扫描器、同步器、前置放大、视频处理以及电源、A/D 转换、图像处理、显示器等。红外热电视的基本结构如图 2-24 所示。

热释电摄像管简称 PEV，是红外热电视的"眼睛"，主要由透镜、靶面和电子枪三部分组成，其基本结构如图 2-25 所示。其中，透镜是红外热电视的"窗口"，通过透镜红外辐射被选择性地吸收，透镜材料一般选用可透过 3～5 μm 或 8～14 μm 这两个红外辐射波段的晶体，如采用单晶锗(Ge)或单晶硅(Si)制成镜头。靶面是把通过透镜的红外辐射进行热电转换；靶面材料选用热释电材料，例如硫酸三甘肽(TGS)、钽酸锂，这类材料具有随温度的变化而正比产生电压信号的特性。把热释电材料涂在摄像管的玻璃平板上成为热释电靶面时，它就具备了热释电的功能。物体的辐照度引起热释电材料的温度变化，便产生热释电，于是光学像在靶面上变成电位分布的电学像。利用电子束扫描就可以把电位分布的电学像再转变成视频信号输出。靶面材料决定了摄像管的技术性能，TGS 材料是优良的热释电管靶面材料。电子枪的作用是产生电子束扫描靶面，用以中和因热释电效应形成的靶面电荷。

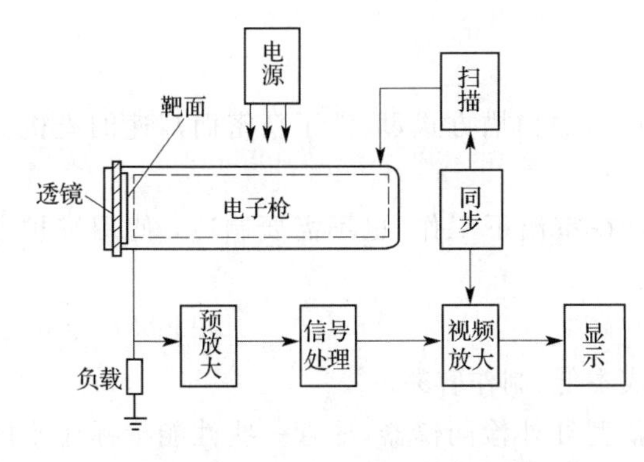

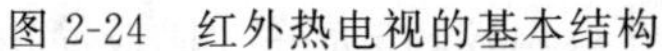

图 2-24　红外热电视的基本结构

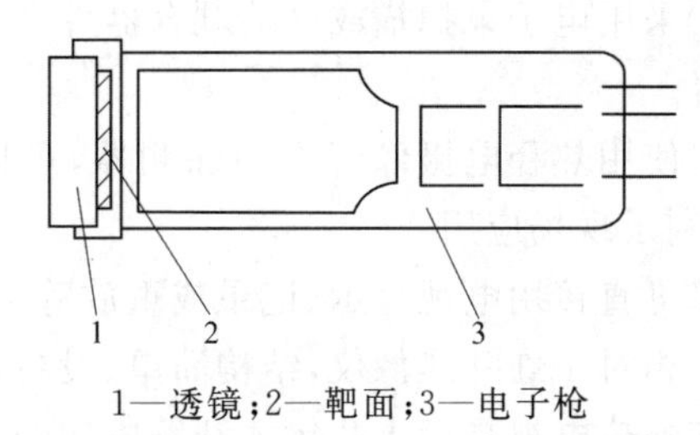

图 2-25　热释电摄像管的基本结构

(2)工作原理

当被测目标的红外辐射经热释电管的透镜聚集到靶面，由于靶面晶体材料是“非中心对称”的极化晶体，它只有一个极化轴，当接收的红外辐射使极化轴的温度发生变化时，就会在垂直于极化轴的晶面上出现极化电荷，若靶面信号板和扫描靶面正好处于垂直极化轴的两个晶面上，当靶面受热强度发生变化时，在靶面上就会产生电位起伏的信号，这种信号的大小与被测目标红外辐射能量分布组成的图像相对应。与此同时，电子束在扫描电路的控制下对靶面实施行、场扫描，从而中和了靶面上生成的电荷，在靶面信号板上的回路中必然产生相应的脉冲电流，该电流流经负载时形成视频信号输出。由于热释电管产生的信号电流很小，大大低于普通电视摄像管产生的信号电流，因此必须用高增益、低噪声的特殊预放器对热释电转换的电信号进行放大处理；此后再经视频处理电路加工，并在视频放大电路内混入同步信号以形成全电视信号输出。

红外热电视扫描电路提供的行、场扫描过程，与普通电视摄像时电子束在光电靶面上的扫描规律完全一样，即进行水平方向上的行扫描和垂直方向上的场扫描，扫描制式也是标准的电视制式，我国的电视制式是 50 场/s，每帧 625 行。而国外的电视制式会有不同，这是需要注意的，因为输出的全电视信号要通过显示器显示，只有显示器的制式与输入的电视信号制式相同才能正确显示出目标的热图像。

热图像显示的方式分为黑白显示和彩色显示两种。近年来，数字图像处理和微机数据处理技术已在热电视中应用，即将输出的视频信号经 A/D 转换后，可以进入数字图像处理器或输入微机中，对被测目标的热图像信号根据需要进行处理，从而可显示出目标温度场的各种运算结果。

(3)类型

红外热电视的分类取决于它的调制方式。由于热电视的热释电摄像管靶面只有在红外热辐射不断变化时才有信号输出，因此靶面热电转换的条件不是热辐射的温度 T，而是取决于目标温度的变化率 $\mathrm{d}T/\mathrm{d}t$，且信号电流的大小与目标温度的变化率成正比。若目标的温度变化率为零，即被测目标温度没有变化时，则其目标就不能形成热像，这就是有的热电视摄像机对准目标不再运动时热像将会消失的根本原因。为了获得稳定的目标热图像，红外热电视必须进行调制。目前，红外热电视的调制方式主要是平移调制和斩波调制两种，此外还有回转跟踪型和瞬变调制型等。

(4)主要特点

红外热电视的主要特点如下:

①采用电子束扫描或电荷耦合器件(CCD)的扫描方式,取消了精密而高速的光机扫描装置。

②使用热释电摄像管作为探测器,可以在室温下工作,也不需要制冷,使用维护方便,有利于现场应用。

③可直接用电视显示、记录或重放等。

④相对于红外热像仪,结构简单、设备成本低、制作容易。

红外热电视是近十几年才开发成功的新型红外检测仪器,尽管一些性能指标还不能与红外热像仪相媲美,但它的性能已远远超过了红外点温仪,作为一种比较简单的热成像装置,它在工业领域的现场检测中有相当广泛的应用。

(5)技术性能指标

常见的红外热电视技术参数很多,包括测温范围、工作模式、最小可辨温差、空间分辨率、目标辐射率范围、测温准确度、工作波段、红外物镜、扫描制式、显示方式、最大工作时间等。

①测温范围:仪器测定温度的最低限与最高限的温度值范围。

②工作模式:调制方式是平移调制型,还是其他的斩波调制等模式。

③最小可辨温差:红外热电视对温度辨别的能力。

④空间分辨率:红外热电视在任意空间频率下的温度分辨率。整机的空间分辨率参数是包括了物镜、摄像臂、视频电路和显示器各个分辨率的综合参数。一般要大于等于200 电视线才会有比较好的效果。

⑤目标辐射率范围:对不同辐射率被测目标的响应范围。

⑥测温准确度:红外热电视测温的最大误差与仪器的量程之比。

⑦工作波段:红外热电视的波长响应范围。

⑧红外物镜:红外热电视镜头的焦距范围,指焦距对通光孔径的倍数,表示了物镜的视场角。

⑨扫描制式:显示器的电视制式,如我国的 PAL 制等。

⑩显示方式:显示器的显示为黑白还是彩色。

(6)红外热电视使用中的问题

①红外热电视灵敏度的不均匀性

由于热释电摄像管是利用电子束在靶面上扫描而成像的,因而电子束器件的通病也必然出现在红外热电视上,即存在电子束的聚焦状况随扫描所在的靶面位置不同而不同的现象。一般来说,在靶面的中心聚焦比较好,越接近靶面边缘聚焦越差。这种情况不仅降低了空间分辨率,而且也使温度响应度的分布不均匀。通常靶面中心的温度响应度最高,距中心越远,温度响应度越差,这种不均匀度可达 30%,从而大大降低了温度标定的精度。

②平移调制型的平移运动对测量误差的影响

平移型红外热电视利用镜头相对于目标平移运动而成像，平移运动速度不同时，热像灵敏度和分辨率也不同。当移动速度不适当时，热像滞后效应更加明显，像质也更为模糊；对于温度在 50 ℃以上的物体，其影响更加突出。

4. 红外行扫仪

如果手持红外点温仪对检测对象进行人工扫描，那么首先可形成对检测对象的一维温度分布，这就是红外行扫仪（红外行扫描器）的基本原理。但是实用的红外行扫仪不仅有一条反映检测对象一维温度分布的迹线，而且将其叠加到目标的可见光图像上。因此，红外行扫仪与红外点温仪相比，不仅结构复杂些，功能也有明显地提高。

（1）基本组成

图 2-26 给出了红外行扫仪的基本组成，包括扫描镜（一个能透过可见光而反射红外辐射的平面镜）、红外聚光镜、红外探测器、信号处理电路、二极管（LED）阵列、发光二极管聚光镜、透镜、显示屏等。

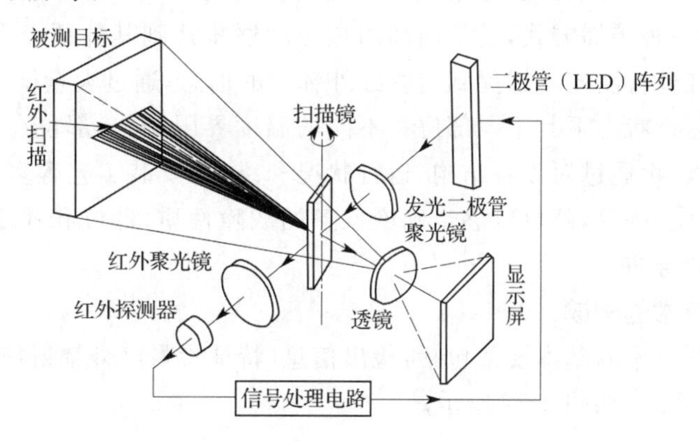

图 2-26　红外行扫仪的基本组成

（2）工作原理

当红外行扫仪工作时，线扫仪对准检测对象，扫描镜将在两个止挡间做周期性的摆动进行扫描。扫描镜的一面将检测对象的可见光透射过去，使操作人员能够观察到视场内目标的可见光图像；扫描镜的另一面则把目标的红外辐射反射到红外聚光镜上，经过汇聚到达红外探测器。检测对象的红外辐射由红外探测器转换为相应的电信号，再经放大处理后送到发光二极管阵列使二极管发光，二极管对应的信号幅度越高，其发光的位置也越高。发光二极管阵列的光束再通过扫描镜的反射而到达显示屏，从而在显示屏上显示出检测对象的可见光图像与一条供读出温度用的红色热模拟迹线的叠加图像。

2.5　红外诊断技术

2.5.1　红外诊断技术概述

红外诊断技术是设备诊断的一种，它是利用红外检测技术来了解和掌握设备在使用过程中的状态，确定其整体和局部是正常或异常，早期发现故障及其原因，并能预测故障发展趋势的技术。

1. 红外诊断技术的特点

红外诊断技术属于信息技术范畴。它利用被诊断目标所提供的红外辐射信息，再经分析处理后去识别设备状态是否正常。然而，对于红外诊断技术来说，仅仅知道设备提供的红外辐射信息是远远不够的，还必须具备对被诊断设备的结构原理、设计、制造、安装、运行和维修方面的实践知识，具备掌握设备及其零部件过热失效的机理和热力学的知识。

红外诊断技术是一种由表及里、由局部到整体、由目前预测未来的技术。红外诊断技术既是一门前沿科学技术，也是一门多学科的边缘技术，因而它也是一门正在不断迅速发展和不断完善的高新技术。

2. 红外诊断技术的原理

对一台运转中的设备而言，当设备的零部件产生故障，如磨损、疲劳、破裂、变形、腐蚀、剥离、渗漏、堵塞、松动、熔融、材料劣化、污染和异常振动等。由于这些现象的绝大部分都直接或间接地和其温度的变化相关。因此，设备的整体或局部的热平衡要受到破坏或影响，通过热的各种传播方式，设备内部的热必然逐步达到其外部表面，造成外表温度场的变化。利用红外检测技术捕捉到这些红外辐射的信息，通过大量检测结果总结分析，可知设备在各种运行状态下其不同部位有不同的温度界限，同一部位在不同故障情况下有不同的温度等级；再通过对设备结构，运行状况和维修、安装工艺等多方面情况的分析概括，参考专家经验，等等，就可以逐步确诊设备的故障性质、部位和程度，进而预测故障发展趋势和设备的寿命。

3. 红外诊断技术的构成

构成红外诊断技术的基本要素包括：检出信息（特征参量红外辐射信息的检出）、信号处理、识别评估、预测。如图 2-27 所示。

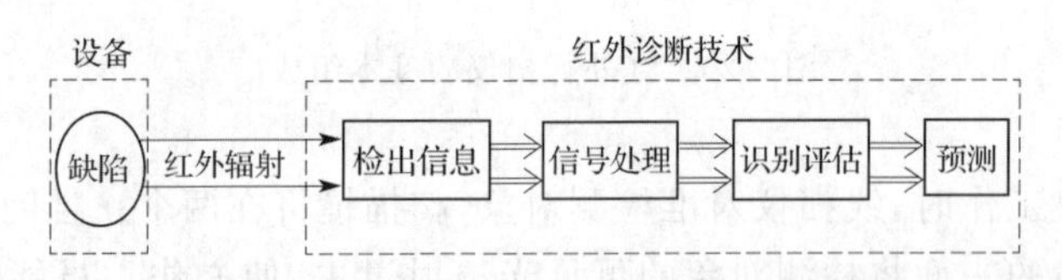

图 2-27　红外诊断技术的构成

4. 红外诊断技术的应用

(1)预防维修与事后维修

设备维修可以分为预防维修和事后维修两大类型，如图 2-28 所示。在预防维修中，又有定期预防维修和预知维修两种方式，前者是我们经常应用且已非常熟悉的，后者是我们正在为之努力的；事后维修可分成计划事后维修和紧急事后维修两种情况。

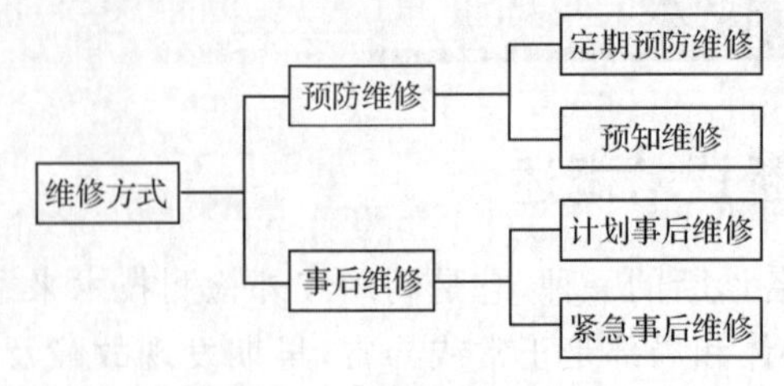

图 2-28　维修方式的构成

定期预防维修以时间为基础，由于对设备劣化程度、故障位置和故障原因没有定量分析，所以检修周期的确定存在着很大的盲目性，通常凭经验来确定点检和大修周期。

预知维修则是以设备状态为基础，观测设备的劣化状态，并根据观测结果决定维修工作的进行，这就形成了预知维修方式，也可称为状态维修。预知维修规定了监测反映设备内部劣化的参数变化，针对监测到的劣化状态实施维修。这种维修方式与以往的预防维修根本不同，预防维修是每隔一定时间实施一次，而预知维修是每隔一定时间实施一次设备诊断，确切掌握设备状态，根据劣化状态来确定维修的时间、方法和备品备件的订购。预知维修方式具有显著的优越性，对很多设备都能适用，尤其是对复杂的系统和产生突发故障造成很大损害的设备，预知维修的效果更加突出。

(2)红外诊断技术的应用

实现预知维修的前提是采用科学的监测设备，达到经济而正确的诊断。红外诊断技术是预知维修的有效手段，其在设备异常诊断中的成功应用，为维修方式的转变提供了极为良好的手段。

设备运行中，红外检测往往可以找到一些看似无关大局的小问题，允许在正常停机检修过程中分别给予解决。当我们逐个解决了这些小问题后，也就避免了大多数严重问题的发生，从而改善了设备的运行状况。

对于运行中的老旧设备，红外诊断技术可以迅速找出其失效部件，最大限度地减少它对整个系统造成的损害，设备的寿命得到延长，灾难性的故障可以避免；同时，还能确定检修的具体部位，避免整个系统的关闭。

对于刚刚投入运行的新设备，一方面红外诊断技术可以检查设备的性能和施工安装质量，另一方面可以为运行人员提供有价值的原始数据做档案资料；对于检修后的设备，它不仅能检查设备的检修质量，而且可以确认它们的工作正常性，从而进一步提高设备的工作效率。

应用红外诊断技术，可预防设备电气的、机械的事故及灾难性火灾的发生，改变维修管理体制，使其从预防性的维修，甚至是紧急状态下的抢修变成预知性的维修。因此，其可以被称之为设备管理工作的“眼睛”，使设备维修走出盲目的时代。

红外诊断技术还可带来多种效益，如降低贵重设备的损坏程度，延长设备的使用寿命；减少因故障导致的非计划停机；可预先做好有的放矢的维修计划；有效管理能耗，节约能源；节约维修时间，降低维修费用；增加系统的安全性和可靠性，使用户满意；可快速、有效地收回投资。

2.5.2　红外诊断技术类型

红外诊断技术包括红外简易诊断和红外精密诊断，二者的内容和作用是不同的，但它们又有紧密的联系。红外简易诊断是精密诊断的基础，无论是从红外诊断技术的发展，还是实际应用，红外精密诊断都离不开红外简易诊断，红外简易诊断工作具有普适性，被广泛应用于所有相关设备，但不可能解决难度大的故障诊断，而这正是红外精密诊断技术的使命。

1. 红外简易诊断技术

(1)红外简易诊断技术特点

红外简易诊断的“简易”体现在仪器、使用方法、人员素质和诊断故障性质等,包括:

①红外检测仪器轻巧便携、使用简便、价格低廉。

②对操作人员的素质要求不会太高。

③诊断方法易于掌握。

④可用于诊断一些简单的设备故障等。

总之,红外简易诊断是基础,更普遍使用于工业现场。

(2)红外简易诊断的实现

①检测仪器的选择:红外简易诊断使用的检测仪器主要是各种性能的红外点温仪,还有性能结构比较简单的热成像仪器,如红外热电视或低性能的热像仪等。

②实施方法:红外点温仪和红外热成像设备这两种仪器可以单独使用,也可以互相配合使用。在日常巡检时,由点检人员或运行操作人员实施,往往配合目测方式同时进行。日常的巡检多采用便携式红外点温仪单独进行,在必要的情况下可由两种仪器配合使用,一般是用热成像仪器首先进行大面积扫描检测,对局部的细致检测可由大距离系数的红外点温仪进行跟踪。

③红外测温结果的判断:依据有关标准进行判定,一般是判定设备状态正常、异常和故障三种情况,其中,正常状态设备温度值在正常范围内;异常状态设备温度值超过正常范围,但并不等于故障,而若发展会形成故障;故障状态设备的温度已达到使其丧失规定的性能状态,有的已经发生了缺陷和事故。

(3)实施红外简易诊断的目的和要求

通过实施红外简易诊断可以实现:

①设备热异常的早期检出。

②设备热状态监测。

③设备状态劣化倾向的定量管理。

④找出要求进行精密红外诊断的设备。

2. 红外精密诊断技术

(1)红外精密诊断技术特点

相对于红外简易诊断,红外精密诊断体现在以下几个方面:

①使用仪器的精密准确,如性能较好的红外热成像仪,要求高的温度分辨率和空间分辨率、成像清晰度高、分析处理功能强等。

②对操作人员的素质要求高,能熟练掌握红外测温的技术。

③要求诊断人员掌握热故障失效机理,设备多方面知识和热力学知识。

④有逐渐形成和完善的量化判定基准。

(2)红外精密诊断目的和要求

目前的红外精密诊断技术还不如红外简易诊断技术成熟和简便易行,因此多用于重大设备和要求测温精度高的设备上。基于红外简易诊断基础上进行的红外精密诊断可以实现:

①确诊设备热异常发生的部位。

②诊断热异常的原因。

③诊断缺陷性质、预测缺陷的发展趋势或设备的寿命(一般缺陷:近期对设备安全运行影响不大的缺陷,可列入年、季度检修计划中消除;重大缺陷:缺陷比较重大,但设备仍可在短期内继续安全运行,应在短期内消除该缺陷,消除前应加强监测;紧急缺陷:严重程度已使设备不能安全运行,随时可能导致事故发生或危及人身安全的缺陷,必须尽快予以消除)。

④决定最适当的检修方法和检修时间。

如图 2-29 所示为红外简易诊断与红外精密诊断的关系。

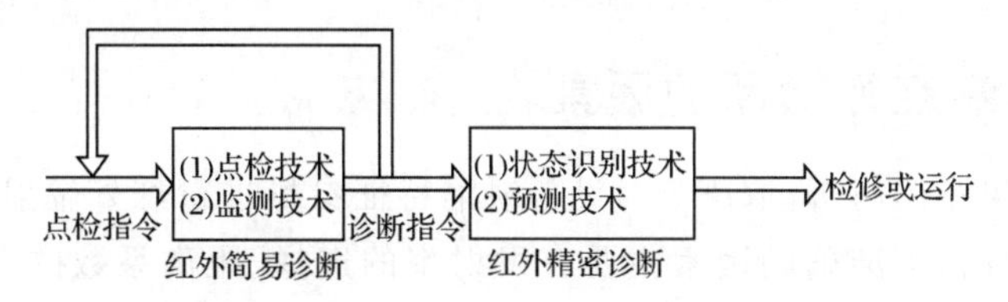

图 2-29　红外简易诊断与红外精密诊断的关系

2.5.3　红外诊断方法

1. 表面温度判断法

表面温度判断法是遵照已有的标准,对设备显示温度过热的部位按相关的规定判断它的状态正常与否。这种方法可以判定设备的部分故障情况,但不可能充分显示红外诊断技术超前诊断的优越性,下述的相对温差判断法就可以弥补这一判断方法的不足。

2. 相对温差判断法

相对温差判断法是为了排除设备负荷不同、环境温度不同对红外检测和诊断结果的影响而提出的。当环境温度低或设备负荷小时,设备的温度必然低于环境温度高和负荷大时的温度。大量事实说明,此时的温度值并不能说明设备没有缺陷存在,往往在负荷增长之后,或环境温度上升后,就会引发设备事故。

"相对温差"是指两台设备状况相同或基本相同(指设备型号、安装地点、环境温度、表面状况和负荷大小)的两个对应测点之间的温差,与其中较热测点温升比值的百分数。其数学表达式为

$$\delta_t=\frac{\tau_1-\tau_2}{\tau_1}=\frac{T_1-T_2}{T_1-T_0} \tag{2-15}$$

式中　τ_1, T_1——发热点的温升和温度,K;

τ_2, T_2——正常对应点的温升和温度,K;

T_0——环境参照体的温度,K。

3. 同类比较法

同类比较法是指对同类被检设备进行比较。所谓同类设备,是指型号、工况、环境温度和背景热噪声相同可比的设备。将同类设备的对应部位温度值进行比较,更容易判断出设备是否正常。在进行同类比较时,要注意不排除它们同时存在热故障的可能性。

4. 热谱图分析法

热谱图分析法是根据同类设备在正常状态和异常状态下的热谱图的差异去判断设备是否正常的方法。

5. 档案分析法

档案分析法是将测量结果与设备的红外诊断技术档案相比较进行分析的诊断方法。这种方法有利于对重要的、结构复杂的设备进行正确诊断。应用这种方法的前提是要为被诊断的设备建立红外诊断技术档案,从而在进行诊断时,可以分析该设备在不同时期的红外检测结果,包括温度、温升和温度场的分布有无变化,掌握设备热态的变化趋势,同时还应参考其他相关检测结果以综合分析判断。

2.5.4 影响红外诊断的因素

红外诊断结果正确与否,取决于对设备缺陷特征参量进行红外辐射检测的准确性和可靠性。影响红外检测准确的因素主要有发射率的选择、距离系数的大小、太阳光的照射、尘埃的散射、风的冷却、邻近辐射体的干扰、大气的吸收、设备负荷不同的影响、仪器工作波段不同的影响等。因此,对设备进行准确无误的红外诊断的前提是必须把红外检测这一基础工作做好。

1. 发射率

物体的发射率表征了该物体表面辐射能力的强弱。根据工程设计的需要和测试方法的不同,发射率可分为全波法向发射率、半球向全波发射率、定向发射率和单色法向发射率等。在红外诊断技术中采用的是全波法向发射率,多数资料给出的也是全波法向值,而且也是参考值,限定在规定的温度范围和相同的物体表面状态下使用。

(1)发射率的准确设置

对全谱辐射高温计,应用斯忒藩-玻耳兹曼定律可得

$$\frac{T_1}{T_2}=\varepsilon^{1/4} \tag{2-16}$$

式中 T_1——仪表读数温度,K;

T_2——实际温度,K;

ε——发射率。

从式(2-16)可见,仪表读数温度与实际温度之比与发射率的四次根成正比,即表示发射率值越接近于1,则仪表读数温度 T_1 和实际温度 T_2 越接近,测温误差越小。

对分谱辐射高温计,应用维恩位移定律可得

$$\frac{\mathrm{d}T}{T}=\frac{-1}{n}\frac{\mathrm{d}\varepsilon}{\varepsilon} \tag{2-17}$$

其中,$n=\frac{c}{\lambda T}$,c 为常数。

可见在发射率误差相同的情况下,若要减小测温误差就只能增大 n 值,由于 c 为常数,只有选择短波段的探测器,并在检测较低温度的情况下,才可以获得较高的测温精度。

在进行热力学温度准确测量时,必须事先知道检测对象的发射率,否则测出的温度值

将与实际值有较大的误差，最大时可达 19%。发射率设定不准所造成的误差，短波测温仪比长波测温仪小得多。例如，当发射率误差为 10%，0.9 μm 工作波长的测温仪仅形成 2%的测温误差，而 8～12 μm 工作波长的测温仪将形成 7%的测温误差，因此对 8～12 μm 工作波长的仪器测温时其发射率的设置更要尽可能准确。

(2)发射率与测试方向有关

由于红外诊断采用的是法向发射率，所以发射率必然与测试方向有关。图 2-30 给出了发射率与测试角的关系。从图 2-30 可见，选择设备的测试方位时应力求测试角在 30°之内，不能超过 45°，否则应对发射率进行修正以弥补测温误差。

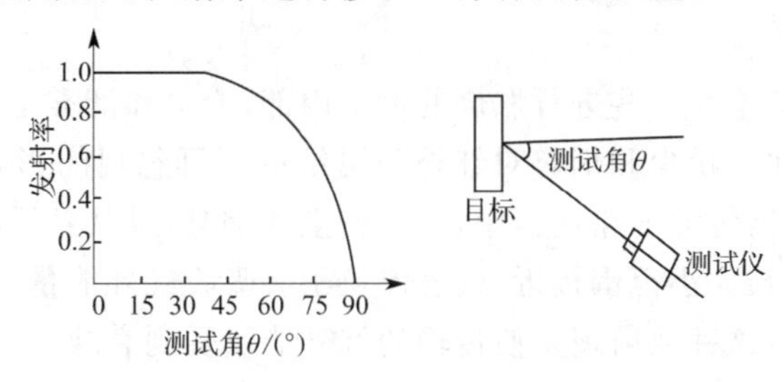

图 2-30 发射率与测试角的关系

(3)测定发射率的方法

为了消除发射率设置误差，在红外检测和诊断工作中应对实际的发射率进行现场测定。测定发射率的方法有如下五种：

①参考黑体法：根据基尔霍夫定律，当检测对象与黑体温度相同时，黑体的辐射能与检测对象的辐射和反射能之和应该相等。因此，在一些红外测温仪器中设置参考黑体，只要改变黑体的温度达到其辐射能与检测对象的辐射和反射能之和相等，此时黑体的温度就是检测对象的温度。此法多用于红外检测仪器本身。

②模拟黑体法：在检测对象上钻出小孔做成模拟黑体，即可按黑体的性质，即发射率为 1 的情况下来检测检测对象的温度。此法难以在生产现场使用，多用于实验室内进行研究测试。

③仪器直接测定法：采用发射率测定仪进行直接测定。

④涂料法：先由温度初测选出检测对象温度相同的区域，再在其局部涂上发射率已知的涂料(为了简易可贴附黑胶布代替)。进行准确的温度测定，最后，对于没有涂料的相同温度区域还要测温，方法是通过调整发射率的设定数值，使测温仪的温度指示值与前面准确测温值相一致，此时的发射率设定值就是检测对象的发射率。

⑤接触测温法：当检测对象的部分表面便于触摸时，可以先应用精确度较高的面接触式测温仪测定该部位的温度，再继续采用红外仪测温，可调整它的发射率使测温结果与接触式测温结果相同，此时的发射率设定值满足需要的发射率。

2. 距离系数

仪器的距离系数决定了仪器最大的可用测距。只有测量距离满足了红外测温仪器光学目标的要求，如红外点温仪要求检测对象要大于光学目标，才能对物体进行准确的测温。

3. 太阳光

当检测对象在太阳光的直接照射下时，炎热的阳光将使检测对象的温度上升。随着日照强度的不同，日照叠加的温度也不同，当日照强度为 976.3 W/m^2 时，会造成 11～13 ℃的附加温升，这是太阳光的一方面作用；太阳光的另一方面作用是由于它的反射和漫反射造成的，因为太阳的反射和漫反射波长为 13～14 μm，这一波段范围正好与红外测温仪器的工作波段相近，而且在此波段内阳光的分布比例也不是固定不变的，因而将会极大地对红外测温结果产生不规律的影响。

太阳光对红外检测结果的影响，就是红外检测实施时间选择的依据。为了获得更为准确可靠的测温结果和清晰易辨的热图像，检测的时间宜选在黑天或阴天为最佳，如有必要可在系统内设置太阳滤光片。

4. 粉尘散射

在生产现场，尤其是在一些进行燃烧的设备内部，粉尘和烟雾是会经常遇到的。在进行红外检测时，必须注意粉尘和烟雾对红外测温结果不可忽视的影响。在检测对象的红外辐射向红外检测仪器传输的路途当中，遇有粉尘和烟雾，且其悬浮在空气中的粒子半径与传输的红外辐射波长大小范围接近，则悬浮粒子会吸收红外能量，并再次以改变了的方向和偏振度向外辐射，这种散射现象使传输的红外能量受到衰减。

为了获取红外测温的良好效果，采取措施避免粉尘和烟雾的衰减作用是必要的；在无法避开的场所，应该对测温结果进行校正。

5. 风力冷却

对户外设备进行红外检测时，应该关注风力大小。风力越大，其对设备的冷却效果越显著。随着风速加大，设备缺陷产生的热量会被加速流动散发，其温度必定相应降低。例如当风力级、风速为 1 m/s 时，户外电线接头的过热温度是 60 ℃，根据经验公式的换算，在风力大到 3 级、风速为 4 m/s 时，该过热接头的温度仅仅是 30 ℃。这个结果如果不考虑风速的冷却作用，就会导致错误诊断。

在条件允许的情况下，户外红外检测宜在无风或风力较小时进行。否则，应该对测温结果进行修正。

6. 邻近辐射体及表面粗糙度的反射

邻近物体对检测对象产生显著影响的情况有两种，一种是被测设备的表面粗糙度很低，它的发射率很低，而反射率高；另一种情况是邻近物体相对于被测设备的温差很大(温度很高或过低)。这两种情况都会在被测设备表面上产生一个较强的反射辐射能量。因此，遇有表面粗糙度低的设备及邻近辐射体相对温差大的情况时，要注意选择仪器的测试位置和角度，必要时采取遮挡措施，以避免邻近辐射体反射的干扰。

7. 大气吸收

检测对象的红外辐射或长或短总要通过大气，在接近地面的大气中，水蒸气和二氧化碳是吸收红外辐射能量的主要气体成分。测量距离越远，红外辐射被大气吸收得越多，即大气的透射率就越低。随着测量距离的加大，对红外检测仪器测温结果的影响就会越大。因此，户外设备的红外检测应力求测距短，宜在无雨、无雾、空气湿度低于 75% 的情况下进行好。

8. 设备负荷率

设备运行中其负荷有时会有不同，负荷不同将直接影响设备缺陷部位的温度。负荷率大时，缺陷相对暴露得更明显。为了准确判断缺陷，应当对设备在不同负荷下的温度进行总结分析，找出规律，制定标准用以确诊。

9. 仪器工作波段

我们常用的红外测温仪器工作波段有短波和长波两种，即 3～5 μm 和 8～12 μm（或 14 μm）。由于红外辐射的特点是温度高的辐射波长短，如检测对象温度多是在 300～500 K 时，它对应的峰值辐射波长在 5.80～9.65 μm，应选择 8～14 μm 工作波段的红外测温仪器更为适宜；当设备温度多为 800 K 时，应选用 3～5 μm 工作波段的红外测温仪器为佳。对于不同温度范围的设备，应用不同工作波段的测温仪器，目的是接收更多的辐射能量，即使在检测对象与背景的温差较小的情况下，也能获得尽可能高的对比度，使图像的分辨率和测温精度更高。

主要符号说明

符号	单位	名称	符号	单位	名称
Q	J	辐射能	C_1	W · cm²	第一辐射常数
Q_O	J	入射能	C_2	cm · K	第二辐射常数
Q_ρ	J	反射能	c	m/s	光速
Q_α	J	吸收能	h	W · s²	普朗克常数
Q_τ	J	透射能	k	(W · s)/K	玻耳兹曼常数
ρ	量纲一的量	反射率	σ	$W/(cm^2 \cdot K^4)$	斯忒藩-玻耳兹曼常数
α	量纲一的量	吸收率	b	μm · K	维恩位移常数
τ	量纲一的量	透射率	λ_{max}	μm	峰值辐射波长
Ω	sr	立体角	υ	Hz	频率
$L(\theta,\varphi)$	$W/(m^2 \cdot sr)$	定向辐射强度	R	V/W	响应率
E	W/m^2	辐射力	R_p	V/W	峰值响应率
E_λ	W/m^3	光谱辐射力	λ_p	μm	峰值响应波长
E_θ	$W/(m^2 \cdot sr)$	定向辐射力	λ_c	μm	截止波长
ε	量纲一的量	发射率	NEP	W	噪声等效功率
ε_λ	量纲一的量	分谱发射率	D	1/W	探测率
ε_θ	量纲一的量	定向发射率	K_L	—	距离系数
T	K	热力学温度	δ	rad	检测角
λ	μm	波长			

第3章

微波检测技术原理与方法

3.1 微波检测技术概述

微波检测技术是以微波物理学、电子学、微波测量技术和计算机技术为基础,以微波为信息载体,对材料和构件的物理性能与工艺参数等非电量实施接触或非接触的快速测量,对各种适合其检测的材料和构件进行无损检测和材质评定的一门应用技术。

3.1.1 微波检测技术原理

微波检测技术的实质是研究微波和物质的相互作用。因为复合介电常数的变化会造成样品的微波强度、频率和相位角的变化,微波检测技术将归结为根据材料复合介电常数和损耗角正切或其他非电量与缺陷之间存在的函数关系,利用微波反射、穿透、散射和腔体微扰等方法,通过测量微波信号基本参数的强度、频率和相位角的改变来检测材料或工件内部缺陷或测定其他非电量。微波检测技术原理与适用对象见表3-1。

表3-1 微波检测技术原理与适用对象

微波检测技术原理	适用对象
反射、穿透、散射和介质的电磁特性	非金属内部的缺陷
腔体微扰、反射	金属表面粗糙度
反射、穿透特性	介电材料厚度
反射、腔体微扰	金属板(带)厚度
散射、穿透特性、腔体微扰	—
介质的电磁特性	湿度、密度、组分
衍射、腔体微扰	金属线径
多普勒效应	流量、速度
腔体微扰	振动

3.1.2 微波检测技术特点

1.优点

与常规的无损检测技术,如超声检测技术和X射线检测技术相比,微波检测技术具有下列优点:

(1)微波能够穿透很厚的非金属材料。因此,能够用于对非金属材料内部脱黏、裂纹等缺陷进行检测。

(2)微波遇到金属与导电材料表面会产生全反射,利用这一特点可以实现金属表面光洁度、表面划伤、划痕的测量,在无损检测方面弥补了超声检测技术和X射线检测技术对表面检测的局限性。

(3)非电量检测方法之一,可用于测量材料的温度、厚度、湿度或固化度等非电参数。

(4)不需要耦合剂,无污染。可通过空气实现从天线到材料的有效耦合,无由耦合剂产生的材料污染问题。

(5)非接触测量。在测量装置和被测材料之间不要求物体接触,可以不接触表面实施快速检测。

(6)不仅可以通过移动被测材料表面,而且可以通过用天线扫查表面,实施对表面的带状扫查。因此,易于实现自动化,适于生产线连续、快速、安全检测与控制。

(7)设备简单且操作方便。完整的检测系统可以用固态器件组成,所以是小巧、坚固和可靠的。

(8)如果下述的条件能满足的话,检测不仅能用来定位材料内的裂缝,而且能测定裂缝的尺寸。

①在微波频率下趋肤深度是非常小的(几微米),从而当裂缝开口穿透表面时,对裂缝的检测是很灵敏的。

②当裂缝未穿透表面时,有关表面下裂缝的位置由表面内的高应力的检测做正确指示。

③微波裂缝检测对裂缝开口与所用频率是非常灵敏的,较小的裂缝需要较高的频率,倘若频率增加到足够高,入射波就能输入裂缝内部,响应对裂缝的深度是灵敏的。

2. 缺点

(1)微波穿透金属导体时的衰减很大,并且入射波在金属导体表面的反射大,穿透波很小,这意味着微波不能用于检测金属、碳纤维等导电材料的内部缺陷,也不能通过金属外壳对其内部的非金属材料实施检测。

(2)低频微波的分辨率较低。在缺陷的有效尺寸较之所用微波波长足够小的话,就不能区分两分离的、个别的缺陷。

(3)微波检测技术有近距盲区。现今使用微波仪器有最短波长为1 mm数量级;而且,波长为0.1 mm微波源的发展也很快。即使如此,微波对小于等于0.1 mm的小缺陷的检测是不适用的。

3.2 微波检测技术基础

3.2.1 微波基本性质概述

微波是一种电磁辐射。在电磁波谱中,微波介于红外线和无线电波之间,其频率为300 MHz～300 GHz。由于微波频率比一般的无线电波频率高,通常又被称为"超高频无线电波”。与上述频率对应的波长为 1 m～1 mm，可以划分为分米波段、厘米波段和毫米波段，也可以划分为 L、S、X、K、Q、V、W 若干频段，见表 3-2。无损检测技术常用的微波波段是：X 波段(5.20～10.90 GHz)，K 波段(10.90～36.00 GHz)，目前已经发展到 W 波段(56.00～100.00 GHz)。

表 3-2 微波的常用波段表

波段代号	频带/GHz	真空中波长范围/mm
L	0.39～1.55	769～193
S	1.55～5.20	193～57.7
X	5.20～10.90	57.7～27.5
K	10.90～36.00	27.5～8.34
Q	36.00～46.00	8.34～6.52
V	46.00～56.00	6.52～5.36
W	56.00～100.00	5.36～3.00

3.2.2 微波技术的发展

微波研究始于 1897 年，瑞利对电磁波在空心管中传播理论的研究开创了人类对微波的认识。微波成为一门技术科学始于 20 世纪 30 年代，1938 年维力安兄弟制造出第一台速调管，微波技术的形成以波导的实际应用为标志。若干形式微波电子管(速调管、磁控管、行波管等)的发明，则是微波技术发展的另一标志。

在第二次世界大战中，微波技术得到飞跃发展。因战争需要，微波研究的焦点集中在雷达方面，由此带动了微波元件和器件、高功率微波管、微波电路、微波测量等技术的研究和发展。1940 年 2 月，伯明翰大学的布特和兰德尔研制出工作波长为 9.8 cm 的谐振腔磁控管。1940 年 5 月，英国制成了第一台波长为 10 cm 的雷达，可以探测到 11 km 远露出水面的潜望镜。二战后，微波在雷达、通信、导弹制导、电视广播、遥感遥测等方面得到了广泛的应用。至今，微波技术已成为一门无论在理论和技术上都相当成熟，且不断向纵深发展的学科。

微波振荡源的固体化以及微波系统的集成化是现代微波技术发展的两个重要方向。固态微波器件在功率和频率方面的进展，使得很多微波系统中常规的微波电子管已为或将为固体源所取代。固态微波源的发展也促进了微波集成电路的研究。

微波频率向更高范围的推进依然是微波研究和发展的一个主要趋势。20 世纪 60 年代激光的研究和发展，已越过亚毫米波和红外线之间的间隙而深入可见光的电磁频谱。利用常规微波技术和量子电子学方法，能产生从微波到光的整个电磁频谱的辐射功率。但在毫米波-红外线间隙中的某些频率和频段上，还不能获得足够用于实际系统的相干辐射功率。

微波技术的发展还表现在应用范围的扩大。微波最重要的应用是雷达和通信。雷达不仅用于国防，同时也用于导航、气象测量、大地测量、工业检测和交通管理等方面。通信应用主要是现代卫星通信和常规的中继通信。射电望远镜、微波加速器等对于物理学、天文学等的研究具有重要意义。毫米波段的微波技术对控制热核反应的等离子体测量提供了有效的方法。微波遥感已成为研究天体、气象测量、大地测量和资源勘探等的重要手段。微波在工业生产、农业科学等方面的研究,以及微波在生物学、医学等方面的研究和发展已越来越受到重视。

微波技术与其他学科互相渗透,形成了若干重要的边缘学科,其中如微波天文学、微波气象学、微波波谱学、量子电动力学、微波半导体电子学、微波超导电子学等,已经比较成熟。微波声学的研究和应用已经成为一个活跃的领域。微波光学的发展,特别是 20 世纪 70 年代以来光纤技术的发展,具有技术变革的意义。

微波技术在无损检测技术上的应用首先是部件的检测,如检测波导、衰减器、谐振腔、天线和雷达天线罩。微波电磁能与材料的相互作用,即材料在构成微波的电场和磁场中的效应,也是电场和磁场与材料的电导率、介电常数和磁导率等特性的相互作用。微波具有像光一样的特性,是直线传播的,并能发生反射、折射、衍射或散射。由于微波波长比光波长 $1\times10^4\sim1\times10^5$ 倍,微波能穿透到材料的内部,其穿透深度取决于材料的电导率、介电常数和磁导率。微波还能从任何界面反射,且受构成材料的分子所影响。

3.2.3 微波的产生

1. 微波产生机制

众所周知,红外线、可见光、紫外线是原子外层电子受激发产生的,X 射线是内层轨道电子受激发产生的,γ 射线是原子核受激发产生的。微波是在电真空器件或半导体器件中通以直流电或 50 Hz 的交流电,利用电子在磁场中做特殊运动来获得的,是自由电子受激发产生的。其实质是电磁振荡,也就是振荡的磁场产生振荡的电场,振荡的电场又产生振荡的磁场,在反复振荡的同时,有微波产生。

2. 微波产生器件

产生微波的器件有许多,主要可以分为电真空器件和半导体器件。电真空器件是利用电子在真空中运动来完成能量交换的器件,或称之为电子管。电真空器件中能产生大功率微波能量的有磁控管,多腔速调管,微波三、四极管,行波管等多种。在获得微波大功率方面,半导体器件与电真空器件相比至少相差三个数量级。例如,单支 915 MHz 磁控管可以获得 30 kW 以至 60 kW 的功率,而半导体雪崩二极管只能得到数十瓦或近百瓦的功率;2 450 MHz 磁控管单管可以得到 5 kW 功率,2 450 MHz 速调管可以获得 30 kW 的功率,而半导体器件只能得到几瓦。

3.2.4 微波的物理特性

从电子学和物理学观点看,微波具有一些不同于其他电磁波的重要特性。

1. 似光性与似声性

微波波长为 1 mm～1 m,在电子学方面表现出它的波长比地球上很多物体(如飞机、船只、火箭、建筑物等)或实验室中常用器件的尺寸小很多或在同一量级,这和人们早已熟悉的普通无线电波不同,因为普通无线电波的波长远大于地球上一般物体的尺寸。

当微波波长远小于物体(如飞机、船只、火箭、建筑物等)的尺寸时,微波具有和几何光学相似的特点,即似光性,此时微波具有直线传播、反射、折射、衍射、散射和干涉等特性。利用微波这个特点,能够使电路元件的尺寸减小,系统更加紧凑,可以制作体积小、波束窄、方向性强、增益很高的天线系统,接收来自地面或空间各种物体反射回来的微弱信号,从而确定物体的方位和距离,分析目标特征。

当微波波长与物体(实验室中的无线设备)具有相同数量级的尺寸时,微波又表现出近似于声学的特性,即似声性。例如微波波导类似于声学中的传声筒,喇叭天线和缝隙天线类似于声学喇叭、箫和笛,微波谐振腔类似于声学共鸣腔。微波波长和物体尺寸在同一数量级的特点,提供了一系列典型的电磁场边值问题。

2. 电子渡越性

微波频率为 300 MHz～300 GHz 时,振荡周期为 $1\times10^{-3}\sim1\times10^{-1}$ ns,达到了电真空器件中电子渡越时间的数量级,属于相位变化有规则的单色相干振荡。电磁场的能量分布于整个微波电路中,形成“分布参数”,这与低频时电场、磁场能量分别集中于各个元件的“集中参数”有原则性区别。由集中参数组成的普通电路(交直流电路、谐振电路、滤波器)的概念在此已经不再适用,必须用“场”的概念来分析微波领域的各种问题。

4. 定向辐射特性

在介质中传播的微波呈现明显的指向性,尤其在毫米波段的微波,波束很窄,方向性很好。

5. 频带宽,信息容量丰富

由于微波频率很高,即使在较小的相对带宽下,其可用的频带仍然很宽,可达数百甚至上千兆赫兹,这是低频无线电波无法比拟的,这也意味着微波中包含了丰富的信息,容量大,所以现代多路通信系统,包括卫星通信系统,几乎无一例外都工作在微波波段。另外,微波信号还可以提供相位信息、极化信息、多普勒频率信息,这在目标检测、遥感目标特征分析等应用中也十分重要。

6. 量子特性显著

作为一种电磁波,微波具有波粒二相性。无线电波的频率低、量子能量小。微波比无线电波的频率高,有明显的量子特性,微波量子的能量为 $1.00\times10^{-25}\sim1.99\times10^{-22}$。当微波场和微观粒子相互作用,发生如图 3-1 所示的极化作用。因此,微波能够被水分子等某些化学元素和分子结构影响,改变介电常数和增大能量的损耗。

7. 非电离特性

微波虽具有量子特性,但其能量还不够大,不足以改变物质分子的内部结构或破坏分子之间的键。尽管如此,在物理学方面,分子、原子与核系统所表现的许多共振现象都发生在微波的范围,因而微波可以为探索物质的基本特性提供有效的研究手段。

8. 反射和穿透性

微波在非金属介电材料中的穿透力很强,它可以透射过大多数非金属材料。对于玻璃、塑料和瓷器,微波几乎是穿透而不被吸收。微波从非金属介电材料表面透入材料内部时,微波功率随透入深度的增加以指数形式递减。

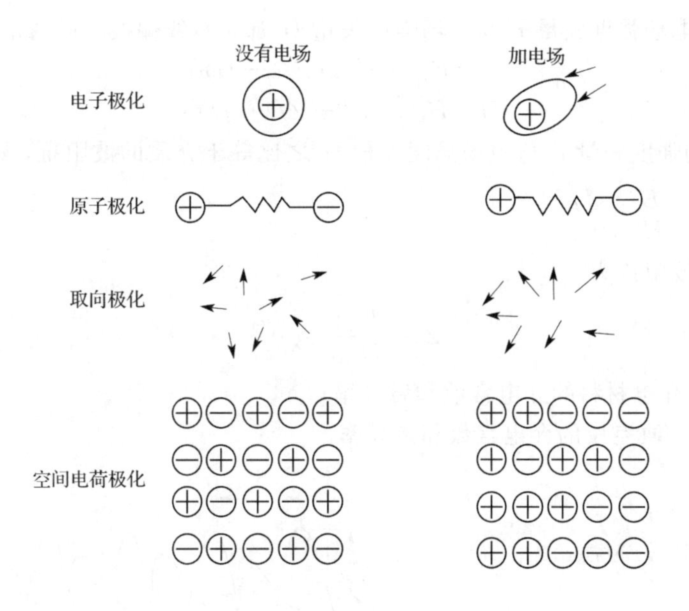

图 3-1　微波对微观粒子的极化作用

当微波功率衰减到表面处的 13.6%（$1/e^2$）时的深度称为穿透深度，以 $D_p=\dfrac{\lambda}{\pi\sqrt{\varepsilon_I}\tan\delta}$表示，其中 ε_I、$\tan\delta$ 表示相对介电常数和损耗角正切。微波在介电材料的表面和内部不连续处可产生部分反射和散射。

一方面，微波在穿过电离层时不会被反射，利用微波的地面通信只能限于天线的“视距范围”之内，远距离微波通信则需采用中继站接力。另一方面，微波能够穿透高空电离层，为天文观测增加了一个窗口，使射电天文学研究成为可能，且利用微波穿透电离层的特点可以进行卫星通信和宇航通信。

9. 微波加热的内外同热性

与其他用于辐射加热的电磁波（如红外线）相比，微波的波长更长，具有更好的穿透性。微波透入介质时，由于微波损耗引起的介质温度升高，因此介质材料内外部同时加热升温，形成体热源状态，大大缩短了常规加热中的热传导时间，且在条件为介质损耗因数与介质温度呈负相关关系时，确保物料内外热均匀一致。

3.2.5　微波在介质中的传播

1. 微波在自由空间中的传播

微波是一种电磁波。在自由空间中，电磁波是横波，构成电磁波的振荡电场和磁场的方向与波的传播方向是相互垂直的。在微波的传输过程中，电场强度和磁场强度都是在不断变化的，在任一点上二者的时间和相位是一样的，方向是互相垂直的。微波电场强度、磁场强度和传播方向的相对关系如图 3-2 所示。当微波沿 Z 轴方向行进时，空间任一点的电场强度矢量、磁场强度矢量所在的平面总是与 XOY 平面平行。

如图 3-3 所示为一种特定的简单的电磁波传播形式——线性偏振正弦变化的平面电

磁波。微波的电场强度矢量 E 与磁场强度矢量 H 都是直线偏振平面的正弦波：

$$E=E_{\max}\sin[2\pi(Z/\lambda-ft)] \tag{3-1}$$

$$H=H_{\max}\sin[2\pi(Z/\lambda-ft)] \tag{3-2}$$

定义：电场强度矢量 E 与磁场强度矢量 H 之比等于介质的波阻抗，表示电场和磁场的相互关系，$Z=\dfrac{E}{H}=\sqrt{\dfrac{\mu}{\varepsilon}}$。

自由空间波阻抗为

$$Z_0=\frac{E_{\max}}{H_{\max}}=\sqrt{\frac{\mu_0}{\varepsilon_0}} \tag{3-3}$$

式中　ε,μ——介电材料的介电常数和磁导率；

ε_0,μ_0——真空中的介电常数和磁导率。

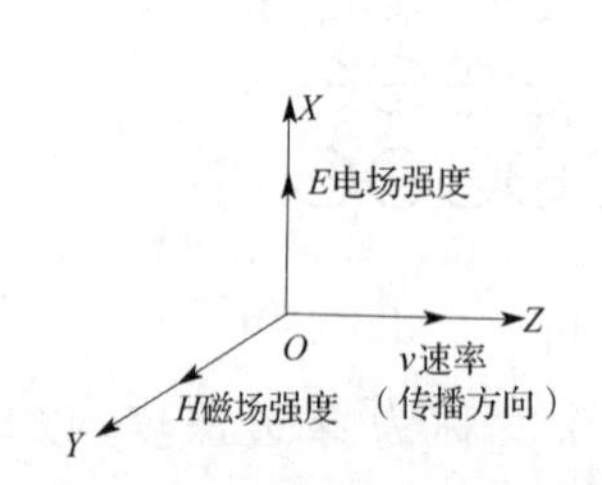

图 3-2　微波电场强度、磁场强度和传播方向的相对关系

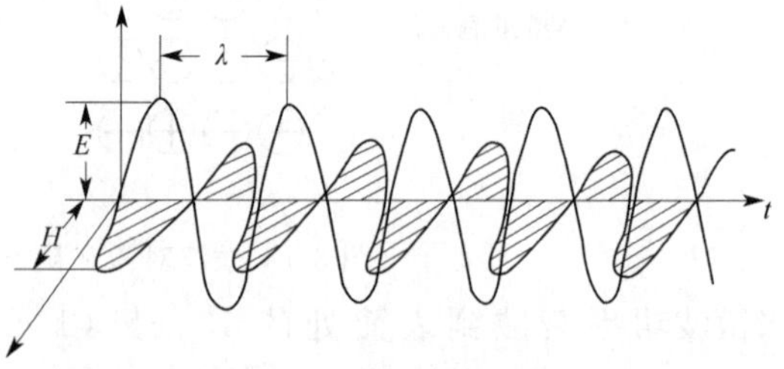

图 3-3　线性偏振正弦变化的平面电磁波

2. 微波在均匀介质中的传播速度

均匀介质材料可以用磁导率(μ)、介电常数(ε)和电导率(σ)来表征，这些量本身均为频率 f 的函数。通常为了计算某些损耗效应，μ 和 ε 应以复数而不是作为纯实数进行处理。然而，在种类繁多的应用中，μ 和 ε 可以被认为主要是实数，而且数值上是常数。鉴于微波无损检测的对象以非铁磁质材料为主，磁导率 μ 较之它在真空中的值只有很小的变化，介电常数 ε 在真空中数值的 1 到 100 倍之间变化，电导率的变化从良好绝缘体的几乎为零($1\times10^{-16}\ \Omega\cdot\text{mm}$)到诸如铜一类的良导体($1\times10^{7}\ \Omega\cdot\text{mm}$)。

沿 Z 轴行进的微波的速度由 $v=f\lambda$ 表示，其中，f 为频率；λ 为波长。

在自由空间中，微波的传播速度为 2.998×10^{8} m/s，常以字母 c 表示。

在非导体中，微波的传播速度由 $v=\dfrac{1}{\sqrt{\mu\varepsilon}}$ 给出，其中 ε,μ 为非导体的介电常数和磁导率，这一速度也可用微波在真空中的速度 c 表示，二者之比即为折射率 n，$n=\dfrac{c}{v}=\sqrt{\dfrac{\mu\varepsilon}{\mu_0\varepsilon_0}}$，而 μ_0 与 ε_0 为真空中的磁导率与介电常数。

在导电介质中，平面谐波微波的速度以 $v=\sigma\omega=\sqrt{\dfrac{2\omega}{\mu\delta}}$ 表示，其中，δ 为趋肤深度；ω 严重影响着速度 v。

微波在导电介质中传播时，微波幅度将逐渐减小，当它们减小到原幅度的 36.8% 时，其与基准位置的距离称之为趋肤深度 δ。在良导体中，趋肤深度 δ 以 $\delta=\sqrt{\dfrac{2}{\mu\sigma\omega}}$ 表示。

对导电介质而言，电磁波的磁分量与电分量并不以相同相位传播，假定$|\varepsilon| \ll |\sigma|$，材料的表面阻抗为$Zs=\sqrt{\tilde{\omega}}/[\varepsilon-\mathrm{j}(\sigma/\omega)]=\sqrt{\frac{\mathrm{j}\omega\mu}{\sigma}}$，其中，$\mu$为复数磁导率；$\sigma$为电导率；$\varepsilon$为复数介电常数；$\omega$为角频率；$\mathrm{j}=\sqrt{-1}$。

微波在弱导电介质（$\sigma \ll \omega\sigma$）中传播时，电磁波传播的集肤效应可近似地以关系式$\delta=2/(\sigma\sqrt{\varepsilon/\mu})$给出。在此情况下，波长近似为$\lambda \approx \lambda_0(1/n)[1-(\sigma/\varepsilon\omega)^2/8]$。其中，$\lambda_0$为真空中波的波长；$n$为介质的折射率。

该式对大多数具有足够低电导率的材料，在涉及穿透传输的实际微波检测中是足够精确的，其有效性的判据是非衰减波长，$\frac{\lambda_0}{\eta}$小于趋肤深度δ。

3. 微波在非导体异质界面上的传播

微波入射到非导体异质界面时，会产生如下传播方式：

(1)反射和折射

微波入射到非导体异质界面时，部分入射波经材料表面进入材料内部，部分被表面反射。反射能量与折射能量（输送进材料）之和等于入射能量，将反射波的幅度和相位均从入射波中减去（矢量相减）就可以确定折射波。当反射波在幅度和相位上均与入射波进行比较时，即可得到有关材料表面阻抗的信息。

微波入射到异质材料界面的反射和折射定律与可见光的反射和折射特性基本相同。折射角由斯涅尔定律决定，$n_2\sin\phi=n_1\sin\theta$，其中，$n_1$和$n_2$分别为两种介质的折射率，$\theta$为入射角，$\phi$为折射角。入射波的介质用下标 1 表示，而另一介质则用下标 2 表示。

线性偏振平面波垂直入射至两个介质的界面时，反射波和穿透波的幅度分别为

$$E_{\max,\text{反射}}=\left[\frac{(n_2-n_1)}{(n_1+n_2)}\right]E_{\max,\text{入射}}$$

$$E_{\max,\text{穿透}}=\left[\frac{2n_1}{(n_1+n_2)}\right]E_{\max,\text{入射}}$$

式中，n_1，n_2对应入射波、穿透波的介质折射率。

对选定的$\frac{n_1}{n_2}$，反射波和穿透波幅度随入射角变化如图 3-4 所示，曲线形状随介电常数而变。

图 3 4 的曲线示出了当偏振（电场矢量的方向）平行或垂直于界面平面时，作为入射角函数的幅度反射系数。图 3-4(a)表示微波入射材料时的状况，图 3-4(b)表示微波离开材料时的状况。在图 3-4(a)中，对于垂直偏振，反射系数随入射角增大稳定地增大，直至 90°时为 1。在图 3-4(b)中，两种偏振的全反射均存在于临界角，发生的情况都是相同的。对于反射临界面，由斯涅尔定律可知，反射系数等于$\arcsin(1/\sqrt{\varepsilon})$，其中$\varepsilon$为材料的介电常数。反射的布鲁斯特角等于$\arctan(1/\sqrt{\varepsilon})$。

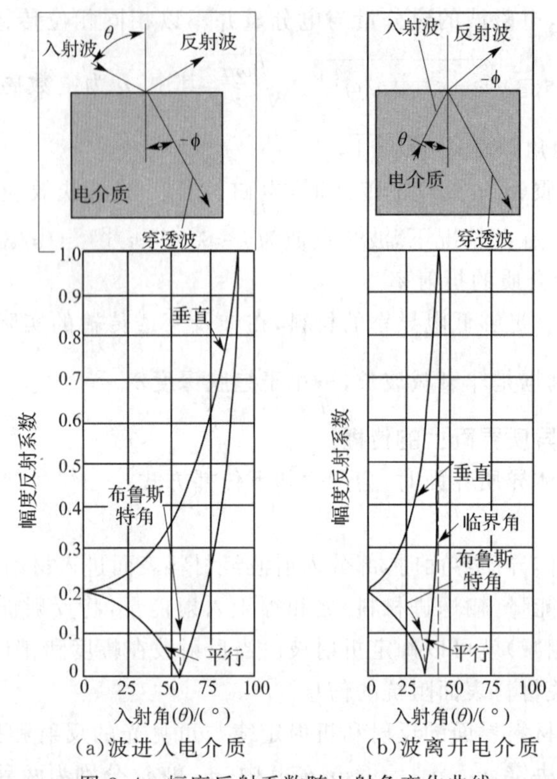

(a)波进入电介质　　(b)波离开电介质

图 3-4　幅度反射系数随入射角变化曲线

微波检测分层材料时，入射角大，横向分辨力就差；入射角小，横向分辨力就好，且没有漏场干扰。采用特殊处理，能从反射信号的频响曲线判定有无缺陷及其埋深。

(2)驻波

频率相同的两个波在相反方向传播时互相干扰形成驻波，结果是其最大或最小点停留在固定位置或驻足原位，两分量波仍然行进，仅综合波是停留的。

形成驻波的简单方法是垂直于表面输入一个相干波，界面的入射波和反射波形成驻波。驻波波长和峰值幅度沿驻波图形变化，而且与波在给定介质中形成的速度和衰减有关，如图 3-5 所示。微波辐射形成的驻波技术常用于对使用常规卡尺特别困难的地方进行精确的厚度测量。

(3)散射

反射通常是描述相对于波长较大的表面对波的相互作用，散射通常用以描述非均质材料与波的相互作用。当微波入射到不光滑的、具有不规则性的表面时或表面不光滑程度在尺寸上与所使用的微波波长是同一数量级时，反射波不是简单的单一波，而是由许多幅度、相位和传播方向不同的波所组成，这样的表面反射被称为散射。

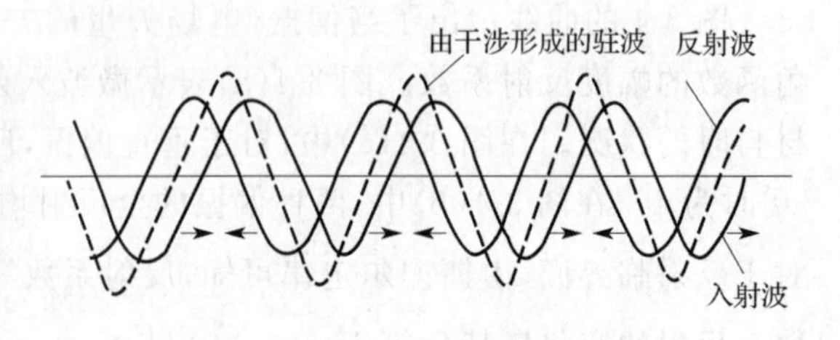

图 3-5　驻波的形成

不同尺寸金属球的微波散射特性如图 3-6 所示，横坐标表示表面不规则性的周界与波长的比值，纵坐标表示散射截面，该图描述了散射强度与表面不规则性及入射微波波长的相关性。散射截面与入射波相反方向的散射波的幅度成正比。

当周界与波长之比小于 0.3，散射是小的，随周界/波长比值的四次方变化位于瑞利(Rayleigh)区。当微波波长与检测对象的表面不规则尺寸相当时，散射效应最显著，如图 3-7 所示。

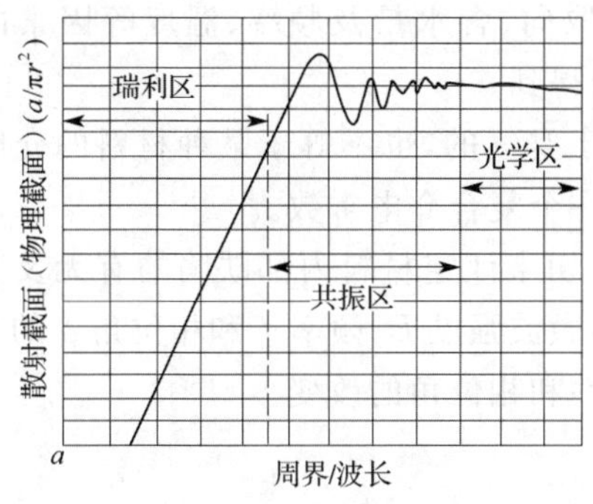

图 3-6　不同尺寸金属球的微波散射特性

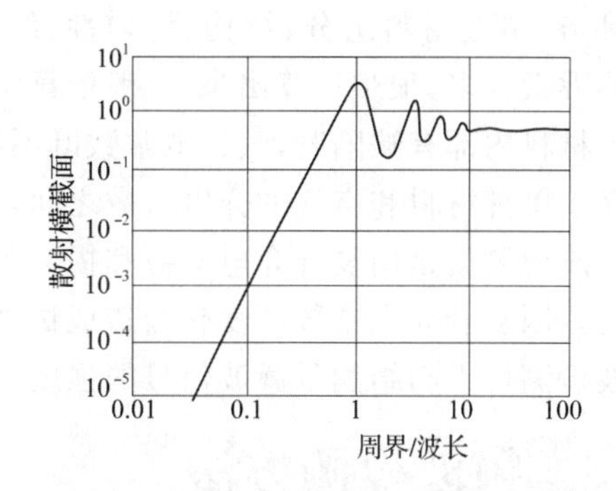

图 3-7　表面不规则性对散射的影响

(4)吸收与色散

微波在均匀非金属材料传播时，由于非金属介电(分子)性质与电场的相互作用，发生偏振和电场能的储存和消耗。

在非金属材料中，介电分子-电荷-载体运动叠加引起偏振与传导。偏振(极化)涉及在永久和感应的偶极子形式中有束缚电荷的作用，传导用来指凡是存在着少量自由电荷的载体(电子)。当微波通过材料时，由于电场作用于它们上面的力的周期性偶极子振荡，偶极子振荡交替地储存和消耗电场能，传导电流只是消耗，即转换成热。

3.2.6　表征微波性质的两个电磁参数

微波在介电材料中传播时，其电磁特性因受到介电材料的两个电磁参数(介电常数、损耗角正切)和一个几何参数(材料的形状与尺寸)的影响而发生变化。其中，介电常数与电场变化每半个周期过程中，材料内偶极子暂时储存和释放的电场能量有关，高介电常数的材料有大的储存容量，这就减小了电场强度、速度和波长。损耗系数或损耗角正切表示传导和偶极子振荡二者造成的损耗。换句话说，介电常数测量能量的贮存，而损耗系数测量介电材料中形成的电磁能损耗。

1. 介电常数

对介电材料而言，介电常数可以用复数形式表示，以 ε^* 表示复数介电常数，则相对介电常数 ε_I 可表示为

$$\varepsilon_\mathrm{I}=\varepsilon^*/\varepsilon_0=\varepsilon'-\mathrm{j}\varepsilon'' \quad 或 \quad \varepsilon_\mathrm{I}=\varepsilon'(1-\mathrm{j}\tan\delta),\tan\delta=\varepsilon''/\varepsilon' \tag{3-4}$$

式中　ε_0——真空介电常数；

$\tan\delta$——损耗角正切，等于 $\varepsilon''/\varepsilon'$；

ε'——相对介电常数的实数部分，表示介电材料储存能量的能力；

ε''——相对介电常数的虚数部分,表示介电材料损耗大小。

由于$\varepsilon''=\sigma/(\bar{\omega}\varepsilon_0)=60\lambda\sigma$,可以推算介电材料的损耗随电导率的增大和频率的降低而增加。

2. 损耗角正切

$\tan\delta$为损耗角正切,表示由于极化以热能形式损耗的微波能量的大小。损耗角正切等于$\varepsilon''/\varepsilon'$。若$\tan\delta$太小,则可以认为该介质是无损耗的。表征微波性质的两个电磁参数ε^*和$\tan\delta$是材料组分、结构、均匀性、纤维取向、含水量及频率、温度等因素的函数。因影响因素太多,很难计算出来,一般依靠实测得到。

当材料内部有缺陷时,其介电常数既不等于空气的,也不等于某种材料的介电常数,而是介于单种材料和空气的介电常数之间,为一个复合介电常数。

微波检测就是用复合介电常数和损耗角正切来评定材料内部缺陷的有无及其形状、大小的。因复合介电常数的变化会造成试件的微波强度E、频率f和相位角ϕ的变化,所以微波检测可以归结测量微波信号的强度、频率和相位角的改变。

3.3 微波检测方法

常用微波检测方法如图3-8所示,部分典型微波检测方法的物理原理与用途见表3-3。

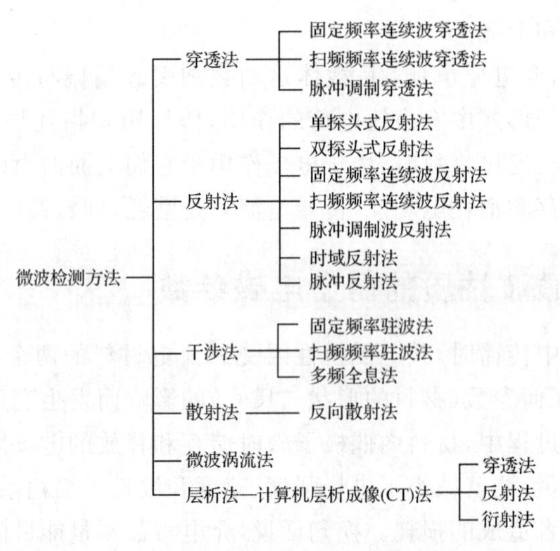

图3-8 常用微波检测方法

表3-3 典型微波检测方法的物理原理与用途

方法	物理原理	用途
穿透法	在材料内传播的微波,根据材料内部状态和介质特性的不同相应形成透射、散射、反射量的差异,测量透射信号的幅度、相位或频率所产生的变化	测量厚度、湿度、密度、介电常数、固化度、热老化度、化学成分、组分化、纤维含量、气孔、夹杂、聚合、氧化、酯化

续表

方法	物理原理	用途
反射法	由材料表面和内部界面反射的微波，其幅度、相位或频率随着表面或内部界面状态(介电特性)而相应变化，测量引起变化的参量	检测航空专用玻璃钢、宇航预热用铝基厚聚氨酯泡沫、胶接件等的脱黏、分层、气孔、夹杂、疏松，测定金属板、带状表面的裂缝、划痕深度、测量厚度、湿度、密度及混合物含量等
干涉法	两个或两个以上微波波束同时以相同或相反方向传播，彼此产生干涉，监视驻波相位或幅度变化，或建立微波全息图像	检测不连续，如分层、脱黏、裂缝
散射法	穿透材料的微波随材料内部散射中心(气孔、夹杂、空洞)而产生散射变化	检测气孔、夹杂、孔洞及裂缝

3.3.1　穿透法

穿透法是利用微波透过试样(检测对象)到达接收器进行检测的，其检测系统的基本组成如图 3-9 所示。其中，微波发生器向传输天线和相位检测器(比较器)提供微波信号；传输天线将信号电磁波入射到检测对象的一面，在该表面入射波被分成反射波和透射(或折射)波；透射波穿过材料进入接收天线。因为一部分透射波会在检测对象的第二面形成反射，因此，不是所有透射波都能全部通过检测对象的第二面，接收天线得到的微波信号通过相位检测器(比较器)可与直接来自微波器的参考信号在幅度和相位上进行比较。

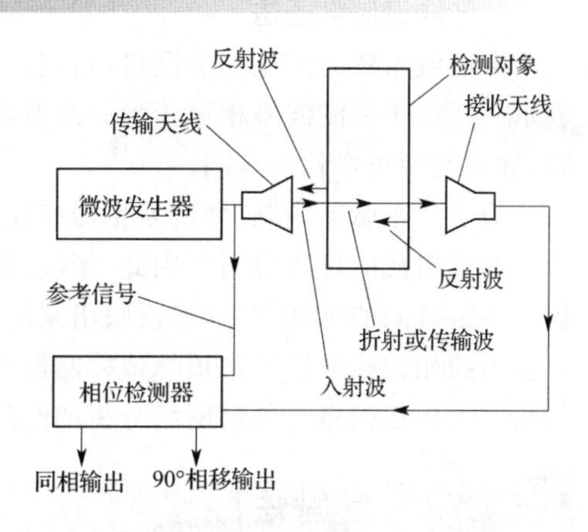

图 3-9　穿透法检测系统的基本组成

假设发射信号取 $V_{\text{ref}}=V_0\cos(\omega t)$，接收信号 V_{rec} 具有如下表达形式：

$$V_{\text{rec}}=V'\cos(\omega t+\phi)=(V'\cos\phi)\cos(\omega t)-(V'\sin\phi)\sin(\omega t) \tag{3-5}$$

由于是与参考信号同相位的变量，可以认为量 $V'\cos\phi$ 是同相位分量，$V'\sin\phi$ 是 90° 相移分量。市售的标准电子相位检测器可用来分别检测上述两分量中的每一个分量。

透射波在试样中传播时，遇到裂纹、脱黏、气孔和夹杂物等缺陷，部分能量会被反射、折射和散射，使得穿透波的相位和幅度会出现明显的改变，所以通过相位探测器比较透射波与参考信号二者的相位和幅度，就可以测出材料中的缺陷。

穿透法可用于透射材料的厚度、密度、湿度、化学成分、混合物含量、固化度等的测量，可用于夹杂、气孔、分层等内部缺陷的检测。

根据微波发生器产生微波频率的差异，穿透法有如下三种。

1. 固定频率连续波穿透法

在该技术中，微波发生器的输出频率是固定的，适用于要求频带很窄，或者是所要求的频带宽度内材料性质随频率改变非常小，从而对频率并不十分敏感。

固定频率连续波透射是唯一的两种分量(同相和 90°相移)都能检测，且相互干扰很小的穿透。固定频率连续波穿透法受人工干扰很小，当要单独获得一种材料的缺陷信息时，常用这种方法。

2. 扫频频率连续波(可变频率连续波)穿透法

某些材料或材料状态与微波间的相互作用对频率是敏感的，在这种情况下，它们的谐振频率随材料性质/状态的改变而偏移。另外，在必须应用的实际频带范围内，响应为频率的函数。于是，固定频率微波发生器能够被频率被事先编程且能自动变化的扫频频率微波发生器所代替，扫频频率连续波穿透法被用来对不同材料或不同材料状态(不同缺陷、结构)进行检测。现行的发生器能自动扫描-倍频程或更宽的频带(例如 1～2 GHz)，低噪声、高增益、宽带放大器还使其能测定通过高衰减材料的穿透传输信号。100 kHz～4 GHz 和 10 MHz～40 GHz 的多倍程发生器现已出现。矢量网络分析器提供了宽带的幅度和相位。

3. 脉冲调制穿透法

穿透波虽然能实施相位测量，它们只是相对于参照波而言的。没有一种简单方法能表示一特定正弦波波峰相对于另一个波峰以测量传输时间。所以，当要求测量传输时间时，脉冲调制技术就被应用。

为了产生脉冲调制，微波发生器应能够自动合上或跳开，这样在测每一个脉冲波时就可以测量出波的传播时间。因此，接收到的穿透波包含了相对于发射探头发出的脉冲延迟了一定时间的脉冲数，这样反映出来的时差就显示了检测对象的内部缺陷情况。在接收器内的相位检测器通常被峰值检测器所取代，以示波器来显示这些脉冲。扫频频率测量给出了延迟信息。矢量网络分析的时间域特征可有效地应用。

3.3.2 反射法

反射法是利用材料表面或内部反射的微波能量随表面或内部状态发生相应变化的原理对材料进行测试的。

当微波从空气中入射到试样，并从试样透射到空气时，在试样的前、后两个界面都要发生反射。微波在试样中传播时还会被吸收一部分。反射波的功率可表示为

$$P_{反}=P_{入}-P_{吸} \tag{3-6}$$

式中 $P_{入}$——入射波的强度(功率)，为确定量；

$P_{吸}$——随着试样及其含有不同缺陷而变化的量，以 $P_{吸}$ 的变化表示 $P_{反}$。

只要测出 $P_{反}$ 即可检测出缺陷的情况。

反射法有如下几种。

1. 单探头式反射法

单探头式反射法是指微波的入射和接收反射通过同一个探头的测试方法。微波经过波导从微波发生器到达天线探头，入射到材料后接收反射回来的反射波到相位检测器，相位检测器用以比较相对于入射波的反射波相位，在相位探测器内把反射波和原来的入射波进行比较，给出同相输出和 90°相移输出两个信号，单探头式反射法的工作原理如图 3-

10 所示。单探头式反射法只在垂直或近乎垂直入射时的工作状态最好。

2. 双探头式反射法

双探头式反射法是指微波的入射和接收分别由两个探头承担,使得入射探头可以在任何角度下工作的测试方法。双探头式反射法的设备和穿透法基本相似,其工作原理如图 3-11 所示。

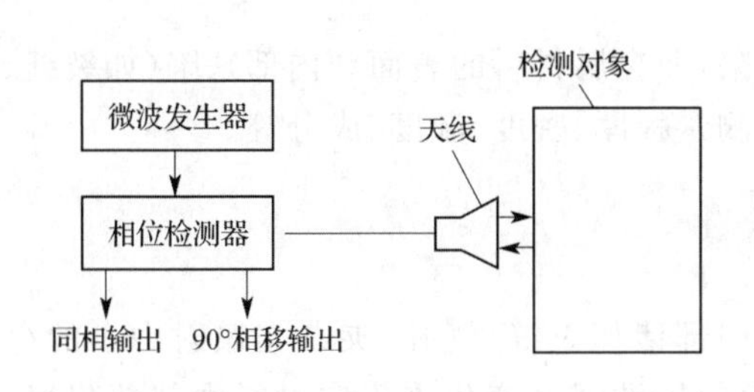

图 3-10　单探头式反射法的工作原理

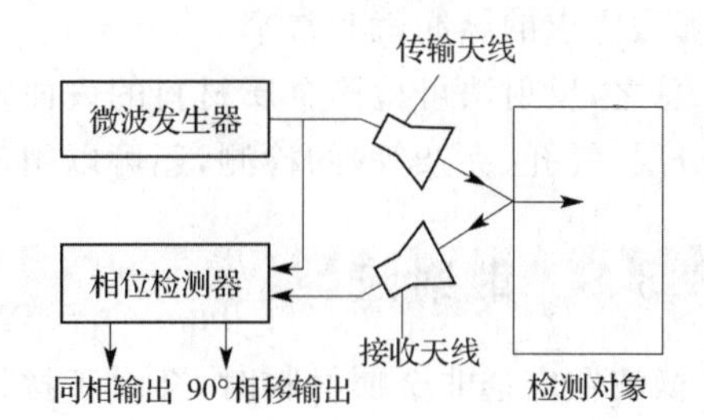

图 3-11　双探头式反射法的工作原理

遵循边界条件,原则上反射波具有和透射波同样的关于材料性质的微波信息。在穿透测量中,反射波没有被利用,但反射法测量中,除非作为参考,通常不利用穿透波。从第一个表面反射的波是不包含检测对象内部的不均匀性的信息的。但经过透射后,从内部不连续处反射和从边界处的反射就带有材料内部的信息。当在表面折射时,它们最终加在表面反射波上。如此,表面下的性能就被感受出来。如果检测对象是以一层导电金属为其背面,波从该金属面反射通过材料两次,也加在表面反射波上以提供有关材料内部的信息。

根据微波发生器产生微波频率的差异,反射法可分为固定频率连续波反射法,扫频连续波反射法和脉冲调制波反射法。

3. 固定频率连续波反射法

最简单的微波反射器是以固定频率为基础的。微波信号从探头入射到材料,反射信号由同一探头拾取,反射信号中同相和 90°相移两分量均能被检测。实际上,很多固定频率连续波反射法只利用反射信号的幅度。双探头反射法亦能用在固定频率。

固定频率连续波反射法有两个局限:首先,缺陷的深度不能被测定;其次,材料的频率响应不能被测定。由于上述原因,扫频频率连续波反射法得到了更多的应用。

4. 扫频频率连续波反射法

当材料与微波间的相互作用对频率敏感时,以频率为函数的反射波显示将是有价值的。原来在宽范围的频率上实施相位灵敏检测是困难的,放在扫频输出的情况下,通常采用反射信号的幅度。由于矢量网络分析仪的应用,在宽范围的频率上实施相位灵敏检测也变得简单了。

如果反射信号在非线性元件中与入射信号混合产生差分信号,那么用扫频技术就能测量裂纹深度。因此,它不仅能够测定内部反射体的存在,还能够利用时间域技术在矢量网络分析器上测量深度。

该方法的另一应用是利用频率的慢扫描鉴别材料的几个小间隔层的特殊层。由于四分之一波长偶数倍的反射大于四分之一波长奇数倍的反射,所以通过识别反射信号特定频率可辨认该层所占空间是四分之一波长的偶数倍或是奇数倍。例如,采用同样的效应,用以减小来自介电层覆盖的透镜的反射。

5. 脉冲调制波反射法

从原理上讲，反射深度也可用脉冲调制入射波进行测定。当反射的脉冲与入射脉冲在时间上进行比较，且波在材料中的速度已知时，反射位置的深度就能被测定。在频率与时间域两种调制中，反射体的特征可以根据反射信号的强度测定。如果待测定的深度很浅，那么要求的脉冲就非常窄。

总之，反射法可检测金属材料的表面缺陷，非金属材料的表面和内部缺陷（如裂缝、脱黏、分层、气孔、夹杂等）的检测，还可以用于测量板厚、密度、湿度、成分等。

3.3.3 散射法

微波在穿透非金属材料时，会由于材料内部诸如裂缝、气孔、夹杂类散射中心的存在而随机地反射或散射。散射法是通过测试散射回波强度变化来确定材料内部缺陷情况，检测时微波经有缺陷部位时发生背散射，使接收到的微波信号比无缺陷部位要小。

散射法的特点是接收探头和发射探头互成直角，散射法工作原理如图 3-12 所示。速调管振荡的微波发射源通过介质杆窄波束天线（发射探头）发出一串正弦载波信号脉冲。作为接收探头的喇叭天线接收来自试样的散射波后，经过放大和变频，并经过带通滤波及平方滤检波，输出的瞬时电压是正比于包括回波脉冲功率、接收机噪声和天线噪声在内的等效功率的微波信号。

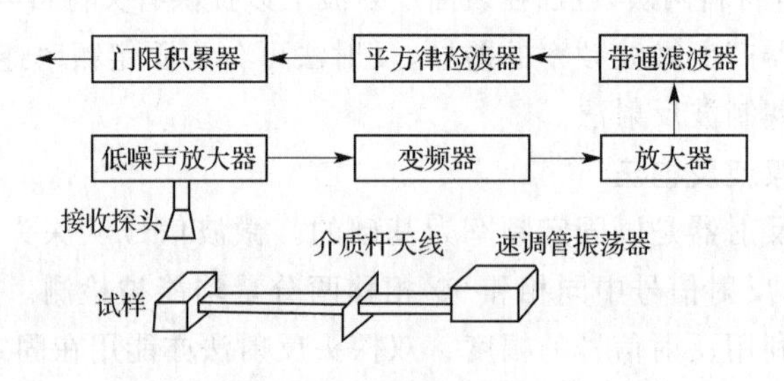

图 3-12　散射法工作原理

3.3.4 驻波法

驻波法检测利用从同一微波传感器发出的微波，在三通波导处分为两束，分别作用在被测材料的两侧，利用金属导体对微波的高反射性能，使入射波变为反射波，仍沿原波导传播回去，在三通处相遇成为频率相同、方向相反的两个波，这两个波产生干涉作用形成驻波。因为这两个波仅到达金属材料的两侧表面，用探测器能反映出两个波导距离的差值，所以可以利用驻波法检测来测试金属材料的厚度。

如果有一个小天线置于空间的固定点，一恒定幅度和频率的电压即可被测到。将天线移到其他位置，将给出相同频率的恒幅电压。电压幅度图是沿纯驻波位置（距离）的函数，检测器响应与驻波波长曲线如图 3-13 所示。一个天线是用来产生入射波，该入射波能够与反射波干涉产生驻波，另一个天线或探头用以实施驻波的测量。如图 3-11 所示双探头系统既可用以形成驻波又能测量驻波，接收探头必须不受入射波的干扰。单探头通过循环电路输入也可用来分别传输入射波和反射波。

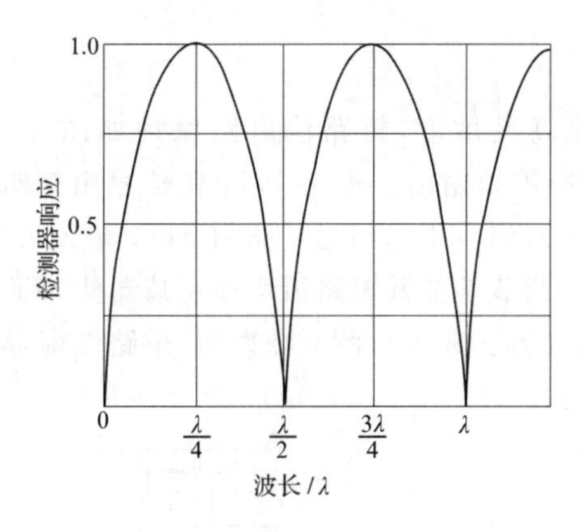

图 3-13　检测器响应与驻波波长曲线

3.3.5　常用的微波检测方法

微波检测的测量方法有很多种，先介绍几种常用的测量方法。

1. 衰减法

根据微波通过材料被吸收而衰减的数值来测定材料内部情况的一种测量方法。测量结果可以直接从指示器中读出，也可以保持指示恒定，而从衰减器中读出。图 3-14 是衰减测量法电路原理。

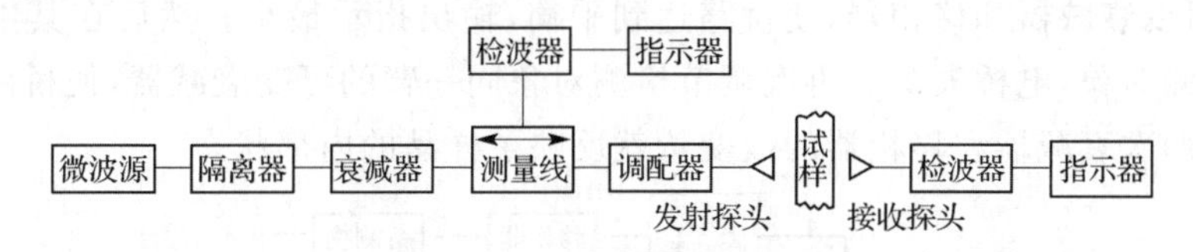

图 3-14　衰减测量法电路原理

为了适应生产流水线的需要，也可以采用衰减比较法，衰减比较法电路原理如图 3-15 所示。微波功率经 MT_1 分别进入参考臂 M_1 和测试臂 M_2，每个臂接入 PIN 开关，被多谐振荡器 G 产生的方波控制。两个通道交替地输出微波信号，分别经标准衰减器和传感器，最后经 MT_2 耦合至检波器。当两个通道检波输出信号电平 $e_{测试}$ 和 $e_{参考}$ 相等时，就意味着衰减 A_X 与标准衰减 A_N 相同。否则就有差别，根据此差别可以测出材料的状态。采用衰减比较法的主要优点：克服功率漂移的影响；MT_2 仅起到开关的作用，检波输出信号与微波在通道中的相移无关。

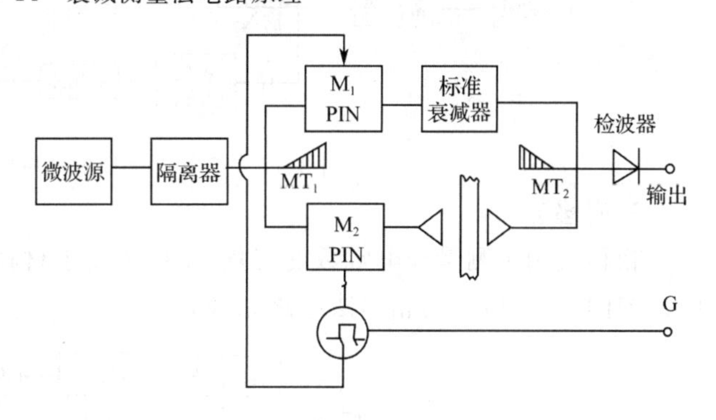

图 3-15　衰减比较法电路原理

将晶体检波输出的直流信号 $e_{测试}$ 和 $e_{参考}$ 送至比较放大器，可以得到 A_X 为 1～20 dB，分辨率达到 0.001 dB。

2. 桥路法

采用电桥电路可以提高灵敏度，桥路法电路原理如图 3-16 所示。微波信号输入 MT_1 臂，在 MT_2、MT_3 臂有等幅输出。进入 MT_3 臂信号由喇叭探头发射至金属板反射回来，二次通过检测对象再回到 MT_3 臂；另一路由 MT_2 臂经可变衰减器、短路活塞反射回来。当没有检测对象时，调节参考臂短路活塞和衰减器使 MT_2 和 MT_3 臂阻抗相等，达到平衡，则 MT_4 臂的输出为零。放入检测对象以后，桥路失衡，MT_4 臂有输出，输出大小与检测对象的内部状态有关。

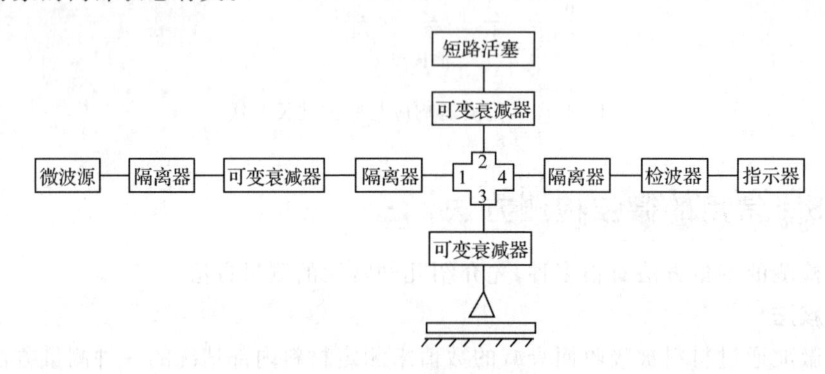

图 3-16　桥路法电路原理

如图 3-17 所示为双魔 T 平衡式电桥电路原理。首先在桥臂两只容器内部装上基准样品，调节可变衰减器和移相器，使桥路达到平衡，输出指示最小。然后在其中一臂的容器内换上检测对象，电桥失衡。再次调节检测对象同一臂的可变衰减器，使桥路再次达到平衡。前后两次衰减器和移相器的改变量就反映了样品的内部状态。

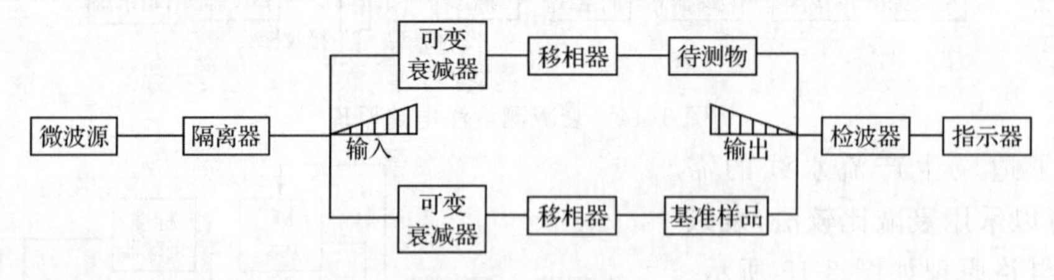

图 3-17　双魔 T 平衡式电桥电路原理

3. 相移法

相移法用于测量介电常数的变化，主要决定于材料的含水量，而不受材料电导率的影响。如图 3-18 所示为相移法电路原理。

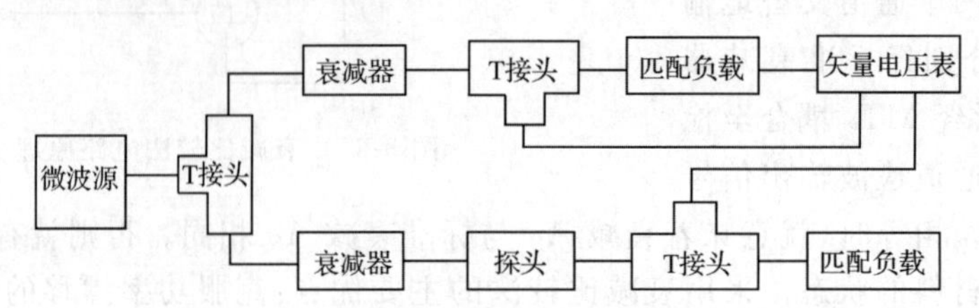

图 3-18　相移法电路原理

将通过和不通过测试探头的两路信号同时送入矢量电压表,可以直接测得相移量。

4. 谐振腔法

利用被测样品对谐振腔内电磁场的微扰来测定样品的水分。如图 3-19 所示为谐振腔法电路原理。微波调频信号经过分功器等分两路进入矩形测试腔和基准腔。从腔体输出的信号经过检波后送至电子开关,最后输送至双迹示波器——输入端,波长计输出信号接至示波器另一输入端,用作跟踪谐振腔频率偏移。

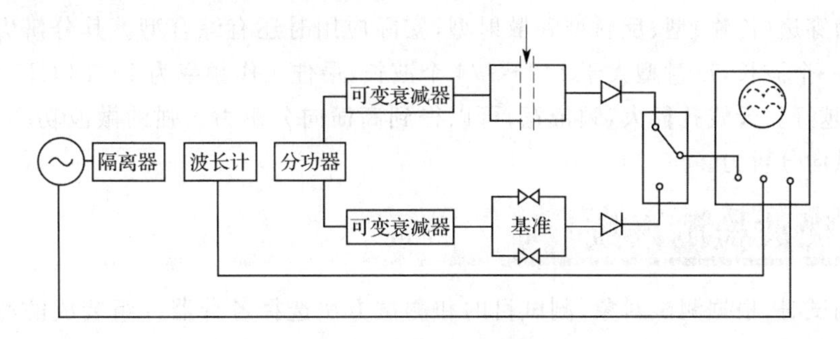

图 3-19　谐振腔法电路原理

检测时,首先在通过两腔体的塑料管内同时放入基准样品,调节腔体频率微调螺钉及衰减器,使得两谐振峰在荧光屏重合。然后在测试腔中装入检测对象。由于检测对象的水分,介电常数有了变化,所以谐振频率发生偏移。调节波长计使得谐振频率先后与测试腔体和基准腔体的谐振频率相等(在示波器荧光屏上可以看到两谐振曲线最大值在 X 坐标轴上处于同一位置),以测出频偏数值。

这种电路的优点是对微波源不要求稳频稳幅,因为本身就是调频的;又因为两臂有可变衰减器,所以可调节两臂电平相等。因此,对晶体检波律没有严格要求,该方法适用于生产流水线上。

5. 时域反射法

时域测量是对被测系统进行瞬态响应的测量,信号随时间的变化是瞬态的。典型的时域反射法测量电路如图 3-20 所示,包括阶跃电压发生器、取样示波器、T 形接头以及被测系统。阶跃电压以一定的速度沿匹配传输线向被测系统传送。若将传感器先对完好样品测试,使其与传输线特性阻抗相匹配,不产生反射,示波器荧光屏上只有入射阶跃电压的显示。若传感器测量带伤样品,传感器特性阻抗发生变化,原来匹配状态变为失配状态,在不连续处发生反射。反射波振幅大小取决于不连续的程度。因此,由入射与反射合成波叠加振幅的大小可以测定缺陷大小、位置和性质。

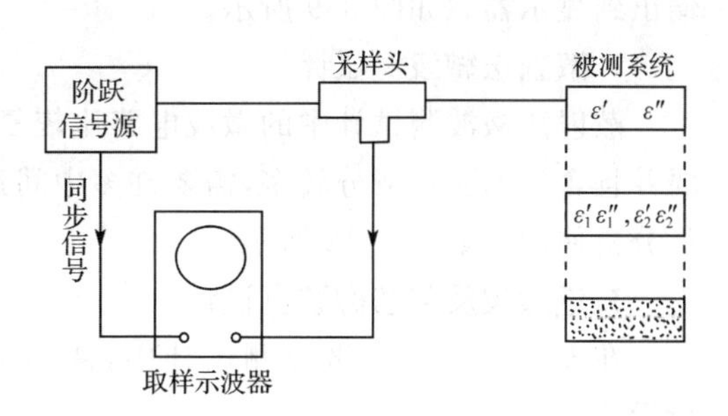

图 3-20　典型的时域反射法测量电路

时域反射法的突出优点:遇到有材质不均匀的样品时,只要通过一次取样就可以在荧光屏上显示全部结果,不需要移动传感器或者分别几次取样。该方法还可以用于深度测量。例如船底或油库中的储油,含水量是随着深度的增加而增加的,越接近船底,水分越大，运用时域反射法，可以一次就把不同深度的含水量测量出来。

6. 计算机断层成像技术

微波计算机断层成像和 X 射线断层成像的不同之处：用微波功率源代替 X 射线源，有单个或阵列天线加旋转机构。微波的反射、透射或散射信息的获取和处理都是由计算机承担。计算机将非金属的被测件断层图像在图像仪上重建起来。其特点是：图像仅是某一横截面的剖面像，不是由三维物体的二维图像的叠加图像。微波计算机断层成像技术可以分为穿透（传输）型、反射型和散射型，实际应用时还有综合型。其分辨力穿透（传输）型高于一个波长，反射型大于 1/2～1/4 个波长，最佳工作频率为 1～18 GHz。频率越高，分辨率越好。天线孔径大，频带宽，可以得到高横向分辨力。强的微波功率信号可以得到高的纵向分辨力。

3.4 微波检测系统

微波测试时，根据测试对象、测试目的和测试方法选择各种器件组装成的测试装置，统称为微波测试计。微波测试计应具备多少元件或哪些元件都是不一定的，概括起来分为三个部分：微波信号源、微波探头和微波测试电路。

除了微波信号源和微波探头外，微波测试系统中变动最多的是微波测试电路，它是形成微波测试系统的躯干。现简单介绍各种测试方法中所用的微波测试计的组成。

3.4.1 微波测试计

1. 穿透法微波测试计

穿透技术中的微波测试计很简单，除了微波信号源和两个微波探头外，就是一个相位探测器，它是微波信号处理装置，把接收来的微波信号和微波信号源信号进行相位比较后输出到显示器。如图 3-9 所示。

2. 散射法微波测试计

散射法微波测试计中的微波电路比较复杂。这是因为散射法接收探头获得的信号很弱并且含有的噪声成分较多，需要许多中间过程予以处理、提纯和放大，才能供给检测人员分析使用。如图 3-12 所示。

3. 连续波反射法微波测试计

在连续波反射法微波测试计中，使用定向耦合器作为接收信号的元件，如图 3-21 所示。

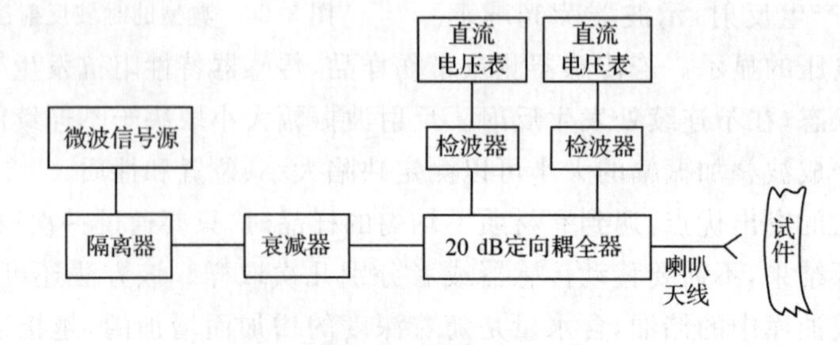

图 3-21 连续波反射法微波测试计

定向耦合器是用来对传输线一个方向上传播的行波进行分离或取样的器件，输出信号幅度与反射信号幅度成比例。试件内部的分层和脱黏缺陷将增加总的反射信号。这种测试计在某些频率下，当缺陷深度为波长的四分之一的奇数倍时，回波会相抵消。故要精心选择频率，以防消失现象产生。

4. 扫频连续波反射法测试计

扫频连续波反射法测试计电路如图 3-22 所示。在这一电路中，微波的频率可以调节，接收到的微波信号经过分析处理后可采用 X-Y 记录仪记录下来，也可以由矢量电压表显示信号的相移量。

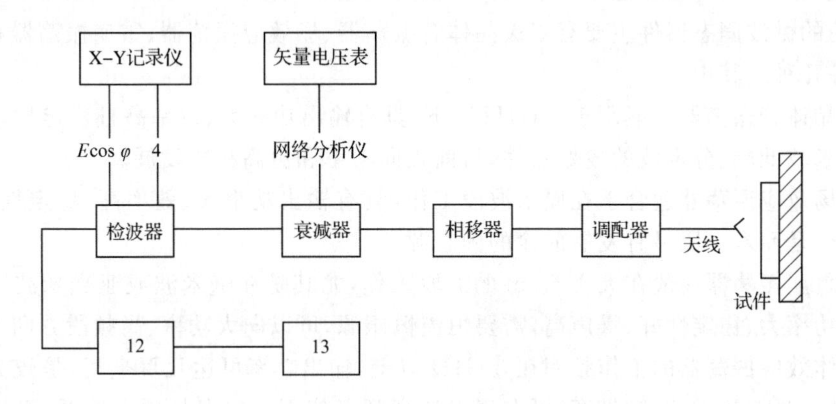

图 3-22 扫频连续波反射法测试计电路

5. 魔 T-桥式波导接头

魔 T 是一种微波的桥式波导接头，其结构如图 3-23 所示。如果没有臂 1，这种接头称为 E-T 接头，E 臂与臂 2，臂 3 是串联电路。如果没有臂 4，这种接头称为 H-T 接头，H 臂与臂 2 或臂 3 是并联电路。把 E-T 和 H-T 合起来，称为双 T 接头，或称魔 T。

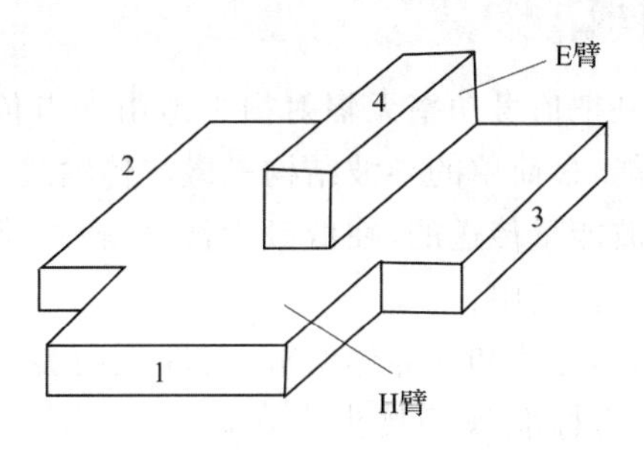

图 3-23 魔 T-桥式波导接头的结构

魔 T 的电路特性：

(1)E 臂输入，臂 2、臂 3 平均输出，并反相，H 臂无输出。

(2)H 臂输入，臂 2、臂 3 平均输出，但同相，E 臂无输出。

(3)臂 2 和臂 3 相等而反相输入时，E 臂有输出，H 臂无输出。

(4)臂 2 和臂 3 相等而同相输入时，H 臂有输出，E 臂无输出。

魔 T 的 H 臂和 E 臂，臂 2 和臂 3 是两对反向臂，反向臂的两臂间是彼此隔离。当臂 2 或臂 3 有一只臂输入时，E 臂和 H 臂都有输出，另一臂没有输出。

3.4.2 微波信号源(微波发生器)

使用微波技术进行测试时,微波信号源是关键元件。

这类信号源的优点是,它们的输出频率可以在宽阔的范围内改变。

微波信号源可以分为电真空器件和固态器件两种。电真空器件的功率范围大,固态器件较电真空器件的优越之处在于:电源简单、方便、不需加热,可以在较宽的范围内进行电调谐和机械调谐,输出频率可以在宽阔的范围内改变,稳定性好、耐冲击振动、寿命长等。因此,近年来,固态源已在中小功率方面取代电真空器件。

常用的微波固态器件主要有双极晶体管振荡器、场效应振荡器、雪崩振荡器和体效应振荡器等几种。其中:

(1)晶体管振荡器一般用于 4 GHz 以下,具有输出功率大、效率高且稳定性较好等特点,是厘米波低端、分米波的较好器件,目前正向功率和更高频段发展。

(2)场效应振荡器适合于在厘米波段工作,具有输出功率大、效率高、稳定性好、频带宽等优点,是厘米波段最有发展前途的固态源。

(3)雪崩振荡器一般在大于 5 cm 的波段工作,尤其是在毫米波或亚毫米波频段工作时,输出功率大、稳定性好、噪声高,需要恒流恒压源,可以向大功率、高频段方向发展。

(4)体效应振荡器的工作频率在 3 GHz 以上,输出功率可达几百毫瓦,是较为成熟的固态器件。具有频谱纯、频带宽,可在毫米波高频段使用。缺点是效率偏低,可用做各种测试仪器的本振和发射源,是目前使用最广泛的固态源。

用于无损检测的多数微波设备工作在 10 GHz(X 频段)的频率,少数已用到频率低至 1 GHz 和高达 100 GHz,频率为 1～300 GHz 的固态源也被很好地用于微波无损检测。

3.4.3 微波传输线

微波电路的主要作用是把信号功率无辐射损失地由一点传送到另一点,这就要求满足传播波的形式输送电磁能,最简单的导波结构是微波传输线。

微波传输线是用于微波能量传送的,在低频微波系统中,常用的有双线、同轴线和带状线等几种,如图 3-24 所示。其中:

(1)同轴线是由同心的内导体和外导体组成,有软硬两类,常用的软同轴电缆是用聚乙烯和其他材料做介质,带有标准 N 型接头的电缆。

(2)在波长低于 10 cm 时,需用波导来代替同轴传输线。波导是一根空心金属管,是传输和导引电磁波最常用的传输线。根据波导横截面的形状,可分为矩形、圆形、脊形波导(图 3-25),这种情况类似在空心导管中传输声波的情景。若波导一端开口做成平滑的喇叭形状,则可以作为微波发送和接收天线。

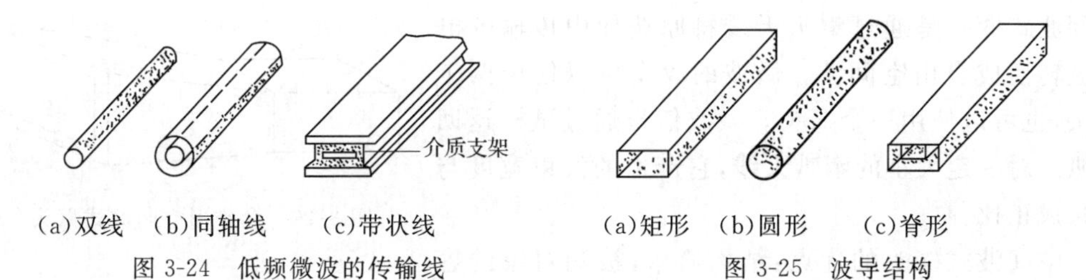

(a)双线　(b)同轴线　(c)带状线

图 3-24　低频微波的传输线

(a)矩形　(b)圆形　(c)脊形

图 3-25　波导结构

波导具有确定的“波形”,不同的波形有不同的场结构。波导只能传输色散波,即横磁波和横电波,且具有如下特点:

(1)色散,相速与频率有关。

(2)电场或磁场有纵向分量。

(3)有截止波长,只有波长短于截止波长的波才能传输。

(4)场结构与频率有关。

用传输线或波导把几个微波器件连接起来就可得到微波电路,如图 3-26 所示为一个典型的微波检测系统。

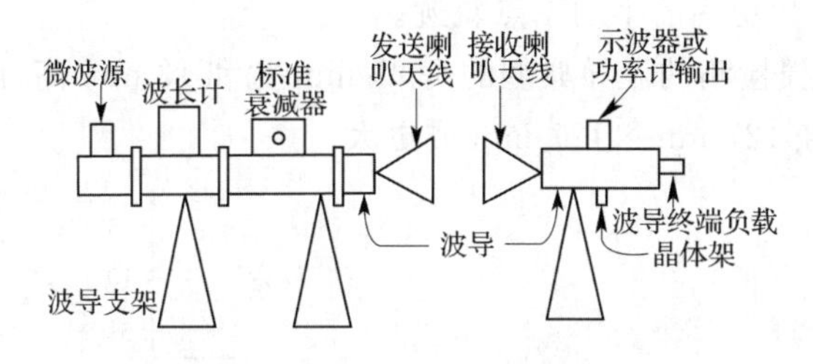

图 3-26　典型的微波检测系统

3.4.4　微波探头(微波传感器)

1. 作用与设计要求

微波探头又称微波传感器或换能器。它是整个微波测试装置的心脏。通过它发射微波信号、接收微波信号,并将带有被测对象信息的微波信号经过处理变成微波的幅度、相位和频率的变化量。因此,微波探头是电量和非电量互相转换的器件。微波探头的设计应满足:

①适应于被测对象的结构特点和具体工作方式。

②满足预定的测量要求(检测范围、分辨力、精度等)。

③检测的重复性好。

④探头的反射要小,减小对电路的干扰等要求。

实践证明,探头设计的好坏直接影响微波测试装置的精确程度。

2. 探头的类型

(1)空间波式探头

空间波式探头中最常见的是标准增益喇叭,用于辐射或接收微波波束,有圆锥形和角锥形,这种类型的探头通常又称为喇叭天线,其中角锥形空间波式探头如图 3-27 所示。

空间波式探头是通过喇叭天线将原波导中传输的电磁波转换成自由空间波。微波的收发可以使用两个探头,也可以使用一个探头。微波信号通过试样返回喇叭。对一定大小的喇叭天线,它产生的波束宽度与波长成正比。

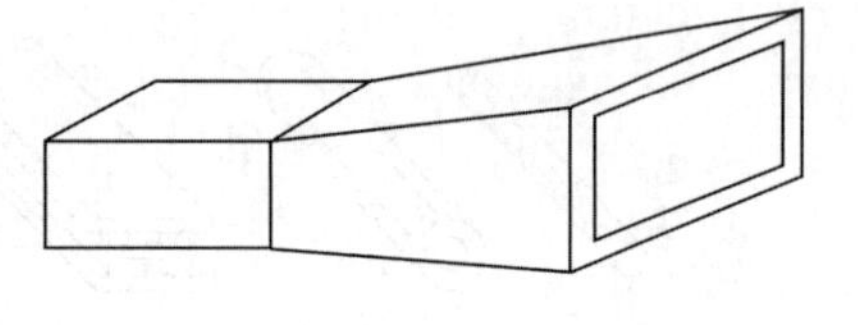

图 3-27 角锥形空间波式探头

空间波式探头的优点:结构简单,被测对象的容量可以很大,取样的代表性好,可以用来测量各种状态和大小的材料。

辐射图形的指向性是其以横截孔径的波长数为单位的孔径尺寸的函数。具有几个波长尺寸孔径的喇叭即能产生较好的指向性。图 3-28 示出了角锥喇叭孔径与波束指向性的关系。当使用角锥喇叭天线为传感器时,会产生波束扩散现象。显然图 3-28(a)(孔径大)的近场区大于图 3-28(b)的近场区;而图 3-28(a)的波束指向性(扩散程度)却比图 3-28(b)优越。为了改善微波辐射波束的指向性,可采用介质透镜,使波束扩散角减小,截面变窄以提高分辨力。图 3-29 示出了介质透镜对微波辐射波束的影响。其中,图 3-29(a)为波导口的情况,波束发散;图 3-29(b)是在喇叭前放置透镜后的情况,波束改善。图中虚线表示相对于最大功率的半功率点轨迹。

用于 10 GHz 无损检测的波导典型的是 25 mm 宽和 13 mm 高,而喇叭大小的范围是 25 mm×25 mm,孔径 127 mm×127 mm 或更大。

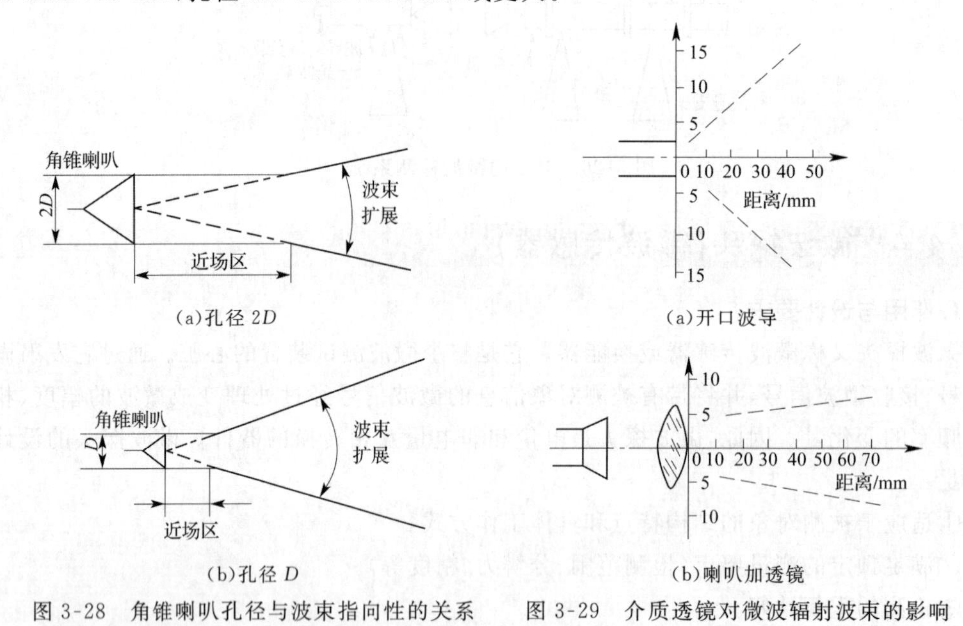

图 3-28 角锥喇叭孔径与波束指向性的关系　　图 3-29 介质透镜对微波辐射波束的影响

(2)波导式探头

波导式探头是一种矩形管,微波在中间传输,被测对象穿过波导,如图 3-30 所示。检测对象是一个扁状物品。在矩形波导上也可以开其他形状的口,用以检测液体和颗粒状物品,波导式探头也可以制成圆管形,以适应生产中待输送物材是圆管子的特点。

波导式探头的优点是电磁场集中、灵敏度高,缺点是体积小,容量少。受制于波导式探头体积小、容量少和波导内电磁场集中等原因,检测对象的形状、放置位置对测试结果产生很大的影响。

(3)谐振腔式探头

谐振腔式探头如图 3-31 所示,这种探头用于测量各种含微量水分的物料。

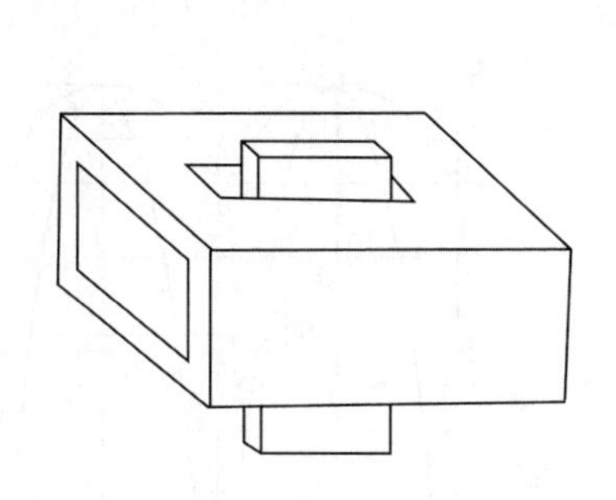

图 3-30　矩形管波导式探头

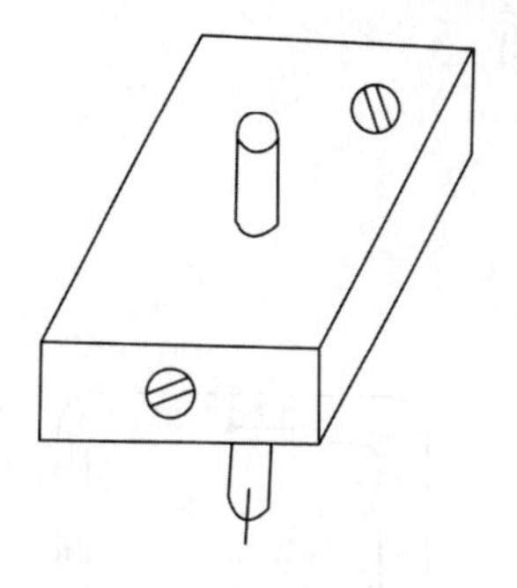

图 3-31　谐振腔式探头

(4)表面波式探头

如图 3-32 所示为表面波式探头。微波声表面波是微波频率的表面波,以声波表面波的速度传送,研究这种波在层状固体分界面上的传播特性,以解决多层胶接的质量控制问题。

在金属平面上涂敷一层高介电常数的介质材料,使波导传输过来的电磁波绝大部分可以约束在金属表面的一定距离内沿着平面传播。试样在平面固定的位置上,它的电磁场强度随距离平面高度增加而按照负指数规律减弱。

(5)微带线式探头

微带线式探头如图 3-33 所示。它的电磁场分布不像波导那样集中,并由于微带衬底与试样的介电常数不一样,根据传输特性的改变,可以测知缺陷的存在。

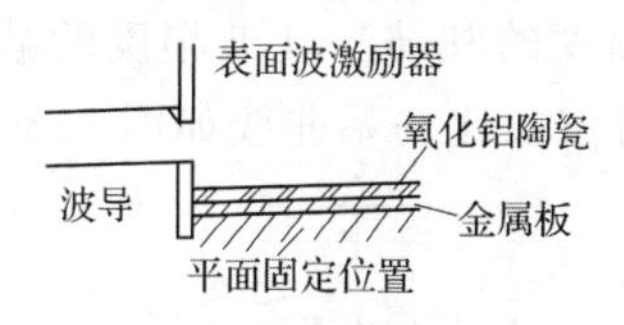

图 3-32　表面波式探头

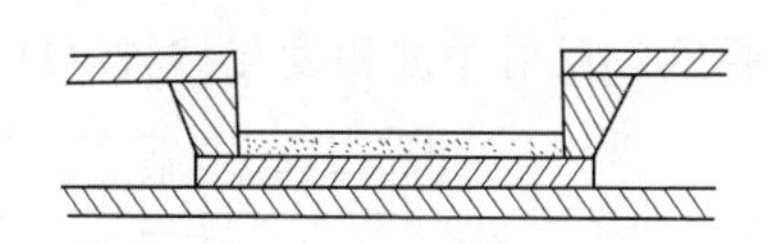

图 3-33　微带线式探头

3.4.5　典型的微波测试装置

1. 微波测厚仪

基于驻波技术,微波可用于金属或非金属的厚度测量。对于金属,采用两反射波,每一反射波均来自检测对象的一侧,如图 3-34 所示。图中 A、B 两臂在长度相差半波长的整数倍时,检测器输出为零。当微波入射到金属(电的良导体)上时,大部分的波被反射,只有少部分是穿透(折射)的。在金属第一趋肤深度内,穿透波的衰减很高。非金属(电的非导体)反射波远小于入射波,从而所形成的任何驻波均不会有大的幅度。

如图 3-35 所示,驻波的最小值之间距离等于一个半波长,即当检测器天线驻波移动一个半波长的距离时,幅度更迭一次。因此,反射仪厚度值可以用桥接树(标准微波器件)的检测器臂内形成的驻波测量。从发生器发生的波被桥接树分为两相等幅度的波,该两波的每一束波沿分立的波导器行进，从金属表面反射，而且通过波导器传回桥接树。然后，桥接树将两反射波再组合，导引它们进入检测器。当两波各自行进的来回距离之间差为一个半波长时，两波干涉，从而在检测器上读得最小电压。于是，检测对象的厚度就可以被计算得出。

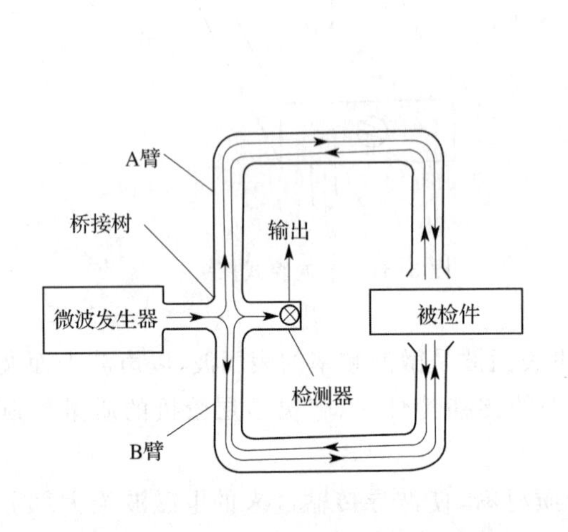

图 3-34 微波测厚的反射仪框图

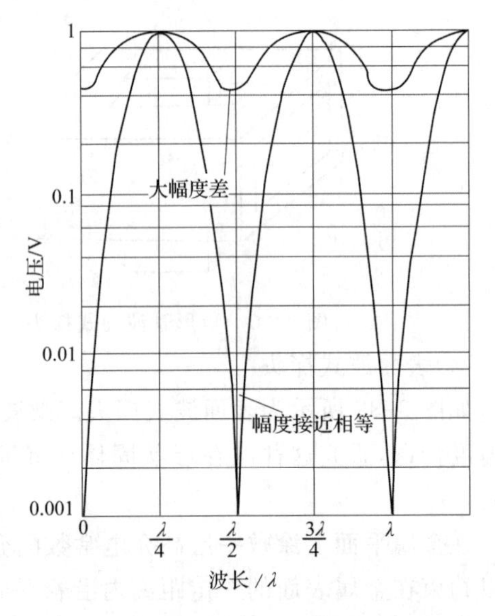

图 3-35 干涉路径对检测器幅度响应

如图 3-34 所示的反射仪也适用于测量一侧是涂覆导体材料薄层的非导电体材料的厚度。此时，两臂长度之间的差即等于非导体材料厚度两倍值的距离。如果材料内的波的速度和频率为已知的，厚度即可计算得出。如果要测量厚度的是介电材料，还有吸收存在，反射波的幅度将被减小，从而得到的是较小幅度的驻波。驻波幅度的减小，减小了最小位置测量的精度。反射微波幅度与材料厚度对波长比关系曲线如图 3-36 所示。

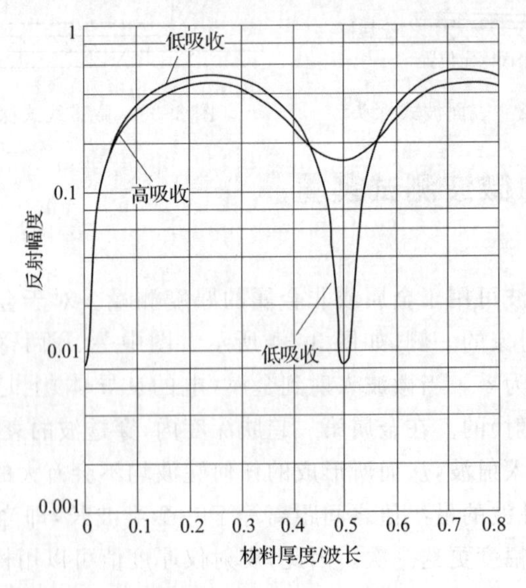

图 3-36 反射微波幅度与材料厚度对波长比关系曲线

被测材料的厚度接近于材料中微波波长 1/4 时，如图 3-34 所示的厚度仪的检测范围是单值的。如果厚度变化超过 1/4 波长，得到的是多值性结果。很多材料的标称厚度通常是可以估计的或已知的，制造误差内的值只在加或减 1/8 波长之内，所以它的多值性是可以分辨的。

另一种简单的微波测厚计示于图 3-37。这种单侧计直接波导至被测件一侧，被测件的背面必须被一薄的金属层覆盖，用以返回入射波。驻波实际上就建在波导内，而由波导本身的探头检测。

假定频率是恒定的，而探头是可动的，它将描绘出如图 3-36 所示的类似曲线。然而，实际上探头是固定的，频率是扫频的。插入已知厚度的材料，并将微波发生器的中心频率和频率扫描宽度调节到在示波管上观察到单一的半波长的驻波。微波发生器的锯齿波输出与瞬时频率成正比，所以示波管上显示的水平位置是与频率成正比的。

此外，还可在示波器上观察来自频率仪的输出信号，当振荡器的频率通过仪表设置的频率时，示波器上出现尖锋。这一吸附尖峰显示为如同一脉冲叠加在驻波上（图 3-38）。当设备设置恰当时，除了驻波的零位，尖峰是不会见到的，如图 3-38(a)所示。当已知材料被较薄材料代替时，尖峰出现在驻波上，其位置如图 3-38(b)所示。当已知材料被较厚的材料代替时，显示如图 3-38(c)所示。通过观察尖峰相对于驻波的移动，可以标定材料相对于已知厚度的厚度差。

微波厚度计在各种生产操作中的应用，已经证实它适于介电部件的无损检测和质量控制。

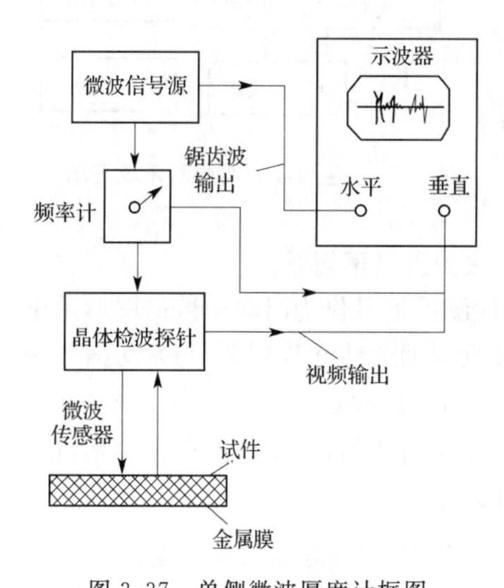

图 3-37 单侧微波厚度计框图

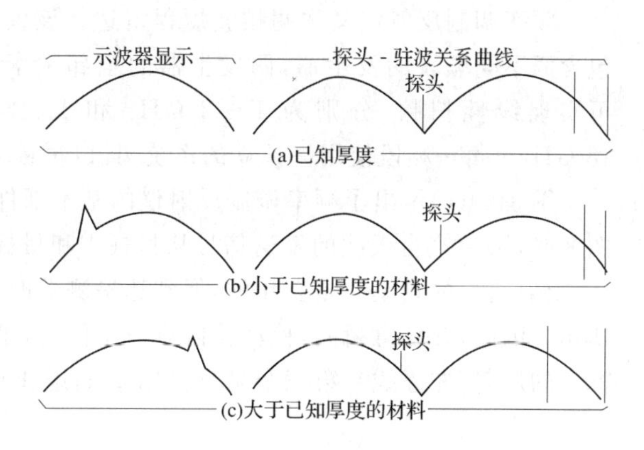

图 3-38 单侧微波厚度计示波器显示和驻波关系曲线

2. 微波探伤仪

诸如裂缝、气孔、分层、分离和夹杂等不连续缺陷能强烈反射和散射电磁波。无论这些缺陷呈现的材料之间的边界是较明显的或者是不很明显的，对电磁波的速度均有显著的差别。在这些通常比所用的电磁辐射波长要小的薄的界面上，电磁波被反射、折射或散射。只有当被检材料中不连续的最小线度大于入射辐射波长的一半左右，反散和散射辐射才具有明显的幅度。诸如偏离正常组分的疏松与疵病材料区不能产生强的反射或散射，它们造成对电磁波衰减的影响。当有吸收时，电磁波相对于行进的距离按指数衰减。

(1)连续波反射计

连续波反射计是在发/收结合的槽微波同轴传输线内用检测器测量驻波的幅度。它们可以用来检测诸如玻璃纤维固体火箭燃烧室部件的不连续，使用频率为12.4～18.0 GHz，来自内部不连续的反射改变被检测器测量的驻波幅度并给予输出的改变。当材料被扫查且反射仪的信号被强度调制笔录仪记录时，可以观察到不连续为亮区或暗区。这种C扫查形式，当其与电平灵敏设备相连接时，可以用来只记录高于或低于某一电平的变化，从而显示的只是不连续。

气孔测量的依据是气孔形成的不连续产生附加反射，引起进入天线的合成反射波的变化。图3-39所示系统可采用直接耦合器替代开槽测试线以改善上述测量，该耦合器能使输出信号只与反射信号的幅度成正比。例如来自火箭发动机燃烧室部件的反射信号，包括来自壳体外表面的大的反射，以及来自玻璃隔热层和隔热层与推进剂界面的较小反射。任何气孔和脱黏区附加反射的存在增加了进入天线的总反射。驻波可以被材料中的反射所建立，从而，在某些频率相隔1/4波长的反射存在着完整的抵消。由于这一可能，应该小心选择频率。通常采用几种频率以保证无完全抵消存在。

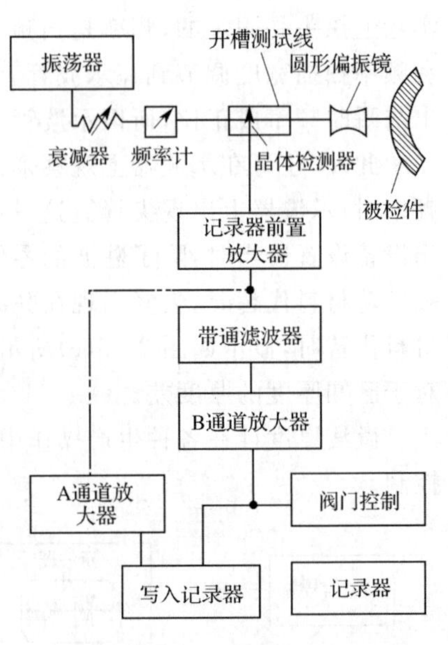

图3-39　连续波微波检测系统框图

(2)频率调制反射仪

频率调制反射仪又称调频波短程雷达。该仪器包含两不同频段的发生器，两发生器的全部频率均可实现线性扫频，分别为1～2 GHz和12.4～18 GHz。每一频段使用一独立的系统，且以每秒40次的重复率扫频。

图3-40(a)示出了频率调制反射仪的基本部件，检测器信号作为时间函数的图形示于图3-40(b)。来自天线的发送信号从目标1和目标2反射回天线和检测器，与发送信号一样，反射信号的频率亦是变化的，但到达检测器时，它们在时间域上被移位，如图3-40(b)所示。因此，在任意瞬间，检测器内有三个信号，第一个来自入射波(实线)，第二个来自目标1的反射(左虚线)，第三个来自目标2(右虚线)的反射。

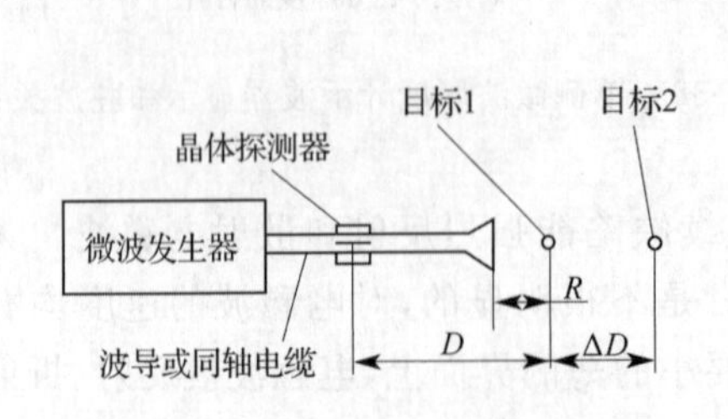

(a)频率调制微波反射仪的部件框图

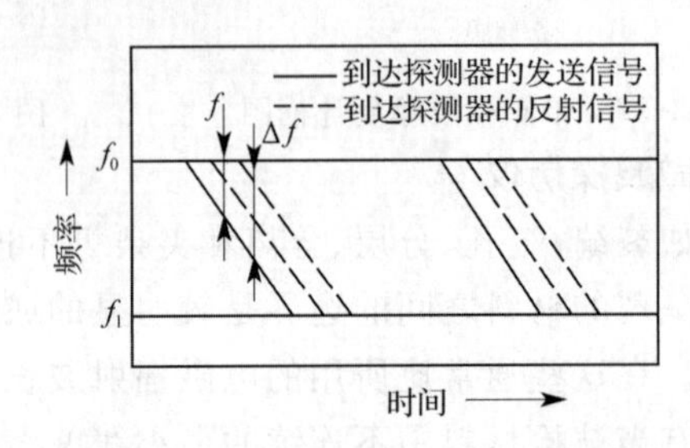

(b)检测器的发送信号和反射信号的路径

图3-40　频率调制微波测试

上述每一个信号对应的传播时间不同，频率是不同的，频率差 Δf 等于扫查率(Hz/s)乘以延迟时间(s)。反射信号的频率和相位都分别与各反射体的距离成正比，反射体位置上小的改变产生相位相对较大的变化，这转而又造成晶体探测器测得的信号的形状发生大的变化。当探测器移动通过相位偏移为 0°、90°、180°和 270°的距离时，探测器的输出 $e(\Delta f)$ 是频率差的函数，而形状的改变如图 3-41 曲线所示。

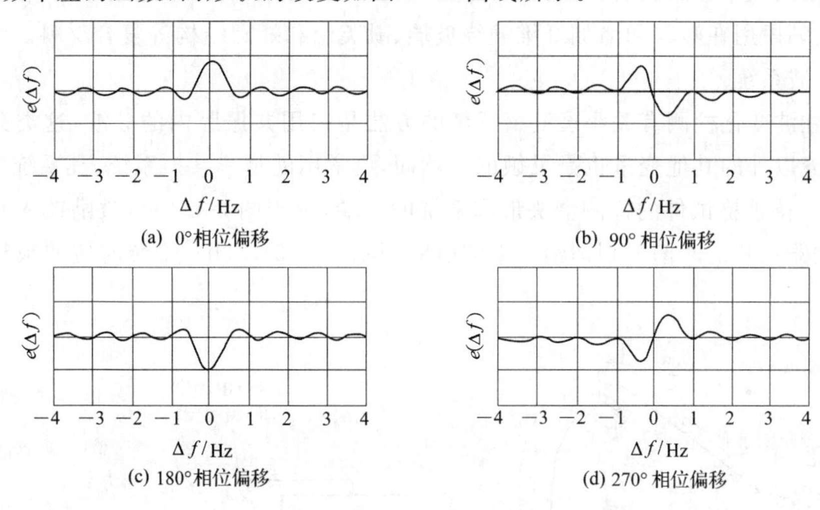

图 3-41 探测器输出与频率差关系曲线

采用 L 频段的频率调制微波反射仪的设备布置图如图 3-42 所示。在该装置中，使用发送和接收分开的天线。检测器感受的既有发送信号又有反射信号。二者在检测器内混频产生反射波频率，反射波频率为 f 减去扫频振荡器产生的参照频率 f_0。对每一反射信号得出一个独立的拍频，对两分离的反射体，晶体检测器的输出信号包含有各对应于一个目标的两种频率。

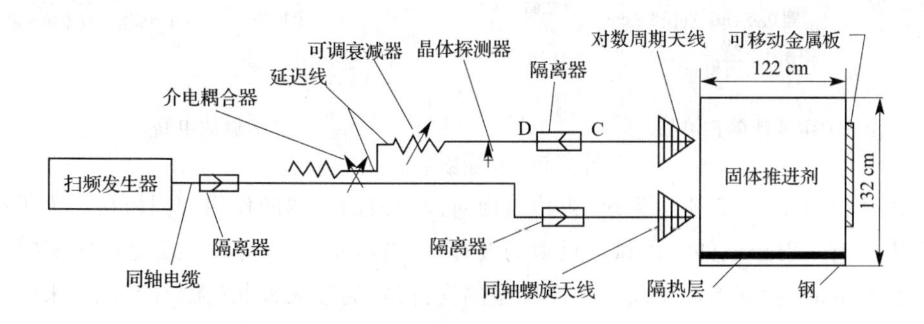

图 3-42 L 频段的频率调制微波反射仪的设备布置图

为确定反射目标的数目和它们的位置，来自检测器的信号通过相关的频谱分析仪。该信号处理器的输出是作为频率函数的检测器信号的幅度曲线。为完成这点，信号被分割为等间隔的很多线段。倘若这些线段的间隔对应于信号的频率成分之一，输出就形成。上述线段的间隔是通过长的锯齿波电压来改变的，因此，信号内的所有可能的频率均被扫频。从而，输出包含有一个相关于信号每一频率成分的电压，每一成分在示波器上显示为一个点。这个点的垂直位移是与积分器对该点特定频率在积分时间内所达到的幅度成正比。类似的，K 频段的设备布置图如图 3-42 所示，只是用波导替代了同轴电缆。现有的微波源的频率已超过 200 GHz，这就能产生高达 1 mm 的分辨力。这些较高频率的检测和测量的应用只是受到了微波源的相对较高价位所限制。

低频段的频率调制反射仪被用于穿透岩石、土壤和厚的固体推进剂样件；中频段用在混凝土；高频段用在塑料和诸如纤维缠绕玻璃、凯芙伦和蜂窝结构等复合材料。

(3)驻波系统

利用驻波变化检测有关小裂缝最灵敏的方法是采用共振腔内的驻波，这类共振系统对表面裂缝以外的其他变量也是灵敏的。然而，更常用的是非共振系统，其系统构成如图 3-43 所示。待被检试件的检测器头形成系统的一端，示于图 3-43(a)，激励馈入到两个槽内，而接收器从其他两槽得到馈给。微波电路图示于图 3-43(b)，安装时应使被检试件能旋转。

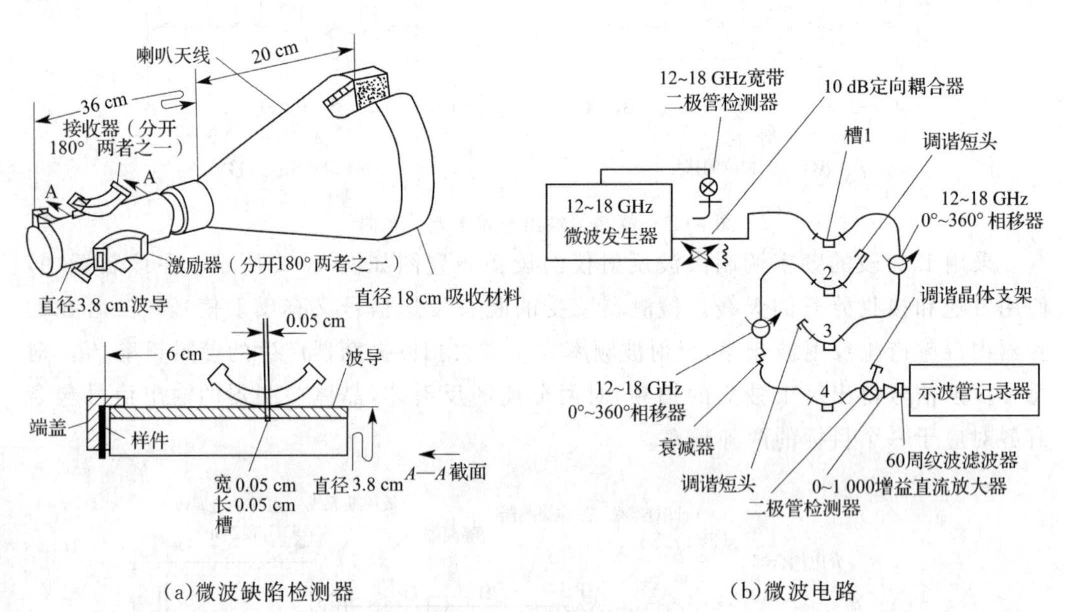

(a)微波缺陷检测器　　(b)微波电路

图 3-43　微波缺陷检测器

上面介绍的图 3-43 所示系统，被检表面对波导截面一端的作用如同短接。为了在导波截面内只有入射至试件和由试件反射的波存在，波导截面相反的一端是用匹配喇叭和吸收材料组成的，使其不产生反射。激励槽的安排是，通过从板状(无裂缝)试件来的反射波建立起柱形横向($TE_{1,1}$)驻波。

设计的目标是，当检测对象无裂缝时，无横磁($TE_{1,1}$ 或 $TE_{1,2}$)模式激励。当检测对象存在裂缝时，干扰了横向电模式所要求的端头内的电流流动，从而将激励较高阶的横向磁模式。由于这些较高阶的模式是明确地由端头板材内的裂缝引起的电流形成的，因此当端板旋转时，这些模式也将旋转通过接收器槽。就 $TE_{1,1}$ 模式来说，对于 360°旋转，接收器输出显示两个尖峰；对于 $TE_{2,1}$ 模式，一个完整的旋转可得到 4 个尖峰。裂缝正好在被检表面中间不能产生信号。

(4)表面阻抗测量仪

金属腐蚀趋向、腐蚀和腐蚀裂缝均与晶格不完整有关。错位、空隙、夹杂等不完整则可由表面电阻率的改变得到征兆。因此,表面阻抗已成为金属应力腐蚀测定的常用手段。

测量表面阻抗的微波方法,其基本原理示于图3-44,来自微波发生器的输出经过循环电路并经过耦合装置(例如天线)提供电磁波,入射到待测阻抗的表面上。入射波的一小部分传输进入材料的表面,其余部分被反射。反射波包含有关表面阻抗的信息。如果反射波既在幅度上又在相位上与直接取自微波发生器的参考信号比较,幅-敏相位检测器的输出将是有关材料表面阻抗的信息。在角频率为ω时,材料的表面阻抗含有复数的磁导率μ、电导率σ和介电常数ε。由于上述三项在微波频率中均可能为复数,阻抗也就成了既有实数部分又有虚数部分的复数。

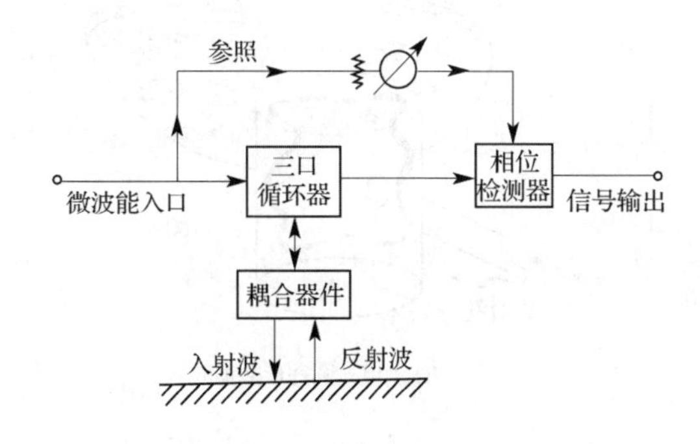

图3-44　微波表面阻抗测量原理

高灵敏度慢扫查测量表面阻抗的方法示于图3-45,微波源产生发送到系统的微波能,频率则由给出传统频率扫频方法的直流电压控制。精确的频率由频率计或波长计测定,同时用已校正的天线控制通过波导到谐振腔的能量。系统和源之间的隔离可以采用铁氧体隔离器(单向波导),它只允许功率在一个方向上通过隔离器。铁氧体三口循环器是用于这类测量的理想装置,它是宽吸收腔的,同时提供检测器与速调管之间的隔离。

图3-45简化方框图中的共振腔为吸收型共振腔,其特点是只有一个接口提供共振腔能量的进与出。另一种类型的共振腔在传输腔中占显著位置,具有两个耦合接口,通过传输腔输送能量。当应用吸收腔时,一端或一侧(依据共振腔是圆形或是矩形的)被待测的试件所取代。在这种方法中,试件的趋肤深度或电磁能的穿透深度与标准样件间的差可以用品质系数的变化来测量。频率能通过共振腔的中心频率扫频,而检测到的输出则记录在纸带记录仪或其他记录仪器上,直接测量与并联共振电路频率响应等同的曲线。定义品质系数为$Q=\frac{f_0}{\Delta f}$。

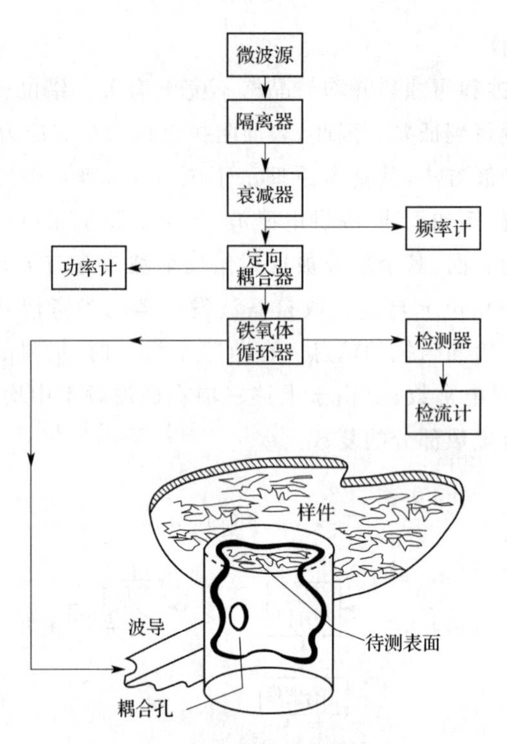

图 3-45　典型微波测量电路

式中　f_0——共振腔频率，MHz；

Δf——两半功率频带之间的频率差。

对圆形腔，一未知试样的趋肤深度用标准试件的趋肤深度和它们品质系数的差异来表示：

$$S_x = S + \frac{2V'}{S'_a}\left(\frac{1}{Q_x} - \frac{1}{Q_a}\right) \tag{3-7}$$

式中　S_x——未知样件的趋肤深度；

S_a——标准样件的趋肤深度；

Q_x——未知样件的品质系数；

Q_a——标准样件的品质系数；

$\frac{2V'}{S'_a}$——决定于共振腔和频率的恒量。

对良导体，趋肤深度 S_x 用频率、磁导率和电导率表示为

$$S_x = \sqrt{\frac{2}{\omega\mu\sigma}} \tag{3-8}$$

式中　ω——角频率，MHz；

μ——磁导率，H/m；

σ——电导率（σ=1/电阻率），S/m。

由于电阻率和电导率互为倒数，影响电阻率的夹杂密度也可从微波测量获得。必须强调的是，对于良导体，只是在靠近表面的电阻率能被测量，而这正是应力腐蚀开始的区域。

(5)网络分析仪

微波网络分析仪是一种多功能综合测试仪器，它使用了宽频带高方向性的定向耦合器和功率分配器以及精密衰减器等，还采用了双通道取样变频锁相技术和坐标变换技术。仪器由各种测量单元组成，按工作原理可分为微波测试单元和双通道接收单元两大部分。微波测试单元采用宽频带的功率分配装置和补偿电长度用的同轴延伸线，将微波输入信号分为测试和参照两路信号。双通道接收机是一种双通道的矢量比值检测器，接收机将微波信号经过二次变低频率后再转换成固定的中频信号，然后对中频信号进行幅度和相位测量。

网络分析仪具有下述特点：微波信号源既可在固定频率下工作，也能以扫频方式工作。它的测量系统和显示仪表有很宽的动态范围和较高的精度，例如测量微波信号的动态范围为 60 dB，精度为 0.1 dB；测量相位的动态范围为 360°，精度为 0.1°。它具有多种显示形式，既可用表头指示信号的幅度与相位，也可用 X-Y 记录仪记录频率响应曲线，还可用电传打字机直接打出测量数据的图表。

另一种标量网络分析仪(或称微波幅值频响仪)，只测量信号的幅值。这种仪器的显著特点是宽频带和大动态。

微波网络分析仪配合计算机构成自动网络分析仪，如图 3-46 所示。首先，将带有一个或多个高频插件的扫频发生器通过信号多工器进行频率和电平控制，使之按照预定程度进行“步进扫频”。扫频的范围和点数应配合适当，以便基本上保持连续扫频的优点，而每个跳频点都必须是可重复的恒定频率，且具有很高的稳定性，以便在某一个点频上进行校正后，下一步就在同一频率上进行测量和误差校正。因为某些矢量误差，当频率稍有改变时，其大小和相位便会有显著的变化。待测散射参数的选择也由计算机直接控制选择器进行变换。经过散射参数选择器输出的测试和参照两路信号仍加到两路采样变频器，输出 20.278 MHz 的中频。为了使中频保持恒定，振源由计算机控制的频率合成器充任，同时由中频电路对扫频源输出锁相信号。由变频器输出的两路中频信号加到网络分析仪主机，先经中放及自动增益控制电路，最后经过幅度及相位检波分别取得幅相信号。将它们经过 A/D 变换器变成数字信号，送到计算机进行误差修正，再通过 D/A 变换器送到原有显示装置显示；或经数据处理变换成其他形式输出参数，然后送打印机打出数据图表或在记录仪上绘成曲线。由于利用计算机按预定的程序进行自动测量、处理数据，并自动消除系统误差，从而使得宽频带检测实现了自动化，极大地提高了效率，整个检测过程可在几分钟内完成，不需要操作人员做任何分析计算工作。

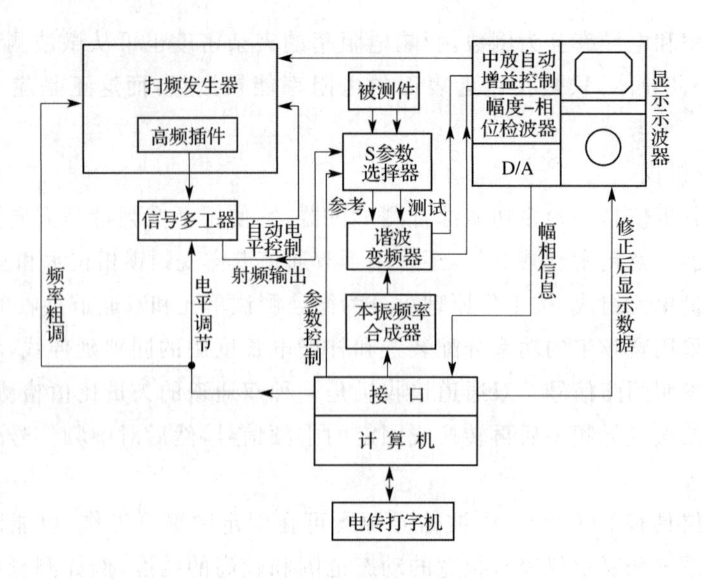

图 3-46 自动网络分析仪

主要符号说明

符号	单位	名称	符号	单位	名称
D_P	m	穿透深度	μ	H/m	磁导率
ε_r	量纲一的量	相对介电常数	ε_0	F/m	真空介电常数
$\tan\delta$	量纲一的量	损耗角正切	μ_0	H/m	真空磁导率
ε	F/m	介电常数	ω	MHz	角频率

第4章

激光全息检测技术原理与方法

4.1 激光全息检测技术概述

4.1.1 全息照相

1. 全息照相概述

在希腊文中，全息(Holos)是“完全”或“完整”的意思。全息照相就是“完全”记录被拍摄物体的表面状况或“完整”记录被拍物体投射到记录平面上的光波场，即不仅要记录光波场的振幅，还要记录其相位信息。简言之，全息照相就是同时记录光波场振幅(光强)和相位的照相技术。

2. 全息照相技术的发展

英国科学家丹尼斯·盖伯(Dennis Gabor)于1948年首先提出了全息术的思想，但由于缺乏理想的相干光源，全息术并未立即得到迅猛的发展。

1960年7月7日，美国物理学宋西奥多·梅曼(Theodore Maiman)研制成功了世界上第一台红宝石激光器。具有高度单色性和相干性的激光作为理想的光源为光学全息术的发展注入了新的活力，推动了光学全息照相迈入新的发展阶段，应用领域不断拓展。

1962年，美国密执安大学的利思(Leith)和乌帕特尼克斯(Upatnicks)提出离轴全息术，消除了观察全息再现像时共轭像与实像重叠对像质的影响，提高了全息再现像的清晰度。与此同时，苏联科学家丹尼苏克(Denisyuk)发明了反射式体积全息术，首次实现了全息图的白光再现。

1963年，范德拉·格特(Vander Lugt)发明了全息复空间滤波器。

1964年，利思和乌帕特尼克斯应用漫射照明制作全息图，成功地获得三维物体的立体再现像，标志着全息术的研究与应用进入了一个新的发展阶段。

1965年，美国学者鲍威尔(Powell)和斯特森(Stetson)在《美国光学学会会刊》上发表了他们采用时间平均全息照相方法检测三维物体振动的研究成果，标志着全息干涉计量术的产生。此后，两次曝光法和实时法的全息干涉计量术的研究成果也相继报道。

1969年，本顿(Benton)发明了彩虹全息图。

20世纪末，美国的Zebra Imaging公司发明了最新的数字式合成全息图，标志着全息术进入了一个新的发展阶段。

历经70多年的发展，全息术的研究与计算机技术、光电子技术以及非线性光学技术紧密结合，并在与当代前沿科学研究的结合和应用中，取得了一系列突破性的进展。作为一种高新技术，全息术已经扩展到医学、艺术、装饰、包装、印刷等领域，如全息存储、显示全息、模压全息、全息干涉计量等。全息产业的兴起正在形成日益广阔的市场，实用前景非常可观。

3. 全息照相的类别

全息照相有多种类别和称谓。

从成像原理而论，全息照相可以利用整个电磁波频谱内具有波粒等效性质的粒子辐射以及非电磁波辐射(声波)来完成。例如，应用可见光波的激光全息照相，应用微波波段电磁波的微波全息照相，应用超声波的声全息照相，等等。

按制作方法分，可以用物质波(机械波或电磁波)制作全息图的全息术和用计算机制作的全息图的全息术两大类。前者如光全息术、微波全息术、X射线全息术、声全息术等；后者并不需要对实物进行照射，因此可以制作并不存在的实物的全息图。

根据物光束和参考光束相对方向不同，光全息术可分为同轴全息图(与光束同轴的全息图)、离轴全息图和反射全息图等，如图4-1所示。图中假定由置于C点的点光源射出的球面光波为物光束，由上面入射的非散射光是平面参考波，位置1、2、3、4为照相底板的位置。其中，同轴全息图是当参考光束和物体光束的方向在同一直线上(位置1)时制得的；离轴全息图要求物光束与参考光束之间有一定的夹角，从被拍摄物的同侧照射物体(位置2、3)；反射全息图是使物光束与参考光束从物体的前后两侧照射物体(位置4)。

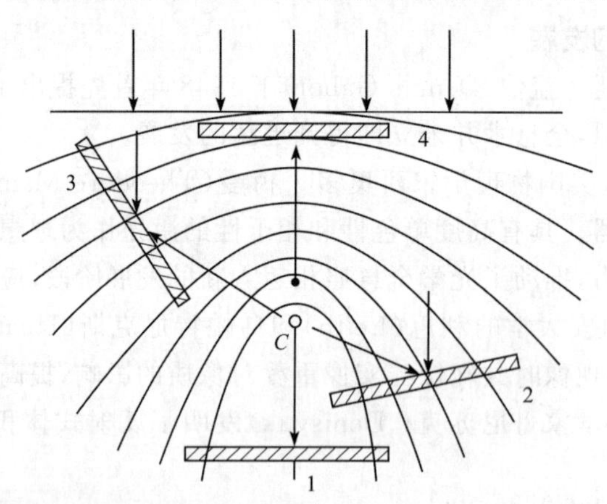

图4-1 同轴、离轴和反射全息图

根据成像装置的结构，全息图分为菲涅耳全息图和弗朗荷费全息图两种。若参考光源在无穷远而物体放在离照相底板附近的位置，则所得到的全息图叫作菲涅耳全息图。因这时照相底板接收的是按照菲涅耳衍射规律传来的物体反射(或衍射)光波。大多数激光全息图都属于菲涅耳全息图。菲涅耳衍射时，物体上每一点都与参考光束干涉，再现时出现一个虚像和一个实像。如果物体放在离照相底板的无穷远处或在物体和照相底板之间放置一个透镜，使物体在透镜的一个焦面上，照相底板在透镜的另一个焦面上，这样物体就等效于处在无穷远处。物体反射(或衍射)的光波按弗朗荷费衍射规律传送到照相底板上，所得到的全息图叫弗朗荷费全息图。发生弗朗荷费衍射时，物体上每一点都以平行光束射到照相底板上，再现时形成虚像和两个实像。

根据记录介质的厚薄不同，全息图又可分为平面全息图与体积全息图。当记录介质的厚度远小于条纹间距时，得到的是平面全息图，它是二维的衍射结构。平面全息图的再现对于再现光束的要求不是十分严格，偏离原来参考光束方向的再现光也可以得到再现像，只不过这时再现像有些畸变；而用不同波长的再现光束，也可以得到大小不同的物体像。当记录介质的厚度与被记录的条纹的间距相等或更大时，则得到体积全息图。它是一个立体的干涉图，它上面的干涉条纹间距依赖于物体光束与参考光束之间的夹角，如果这个角度在 $7°\sim8°$，条纹间距约为 2 μm 的数量级。照相底板乳胶通常的厚度为 $5\sim20$ μm，因此所有在照相底板拍摄的全息图，实际上都应看作是体积全息图。体积全息图在再现时，对光的衍射遵循布拉格反射方程 $2d\sin\theta=\lambda$，再现光束必须按原来入射的 θ 角，才能重现出物体象来。按照记录时物体光束与参考光束从记录介质的同一面入射还是从相对两面入射，体积全息图分为透射型和反射型两种。透射型的干涉条纹平行于两束光线夹角的平分线，反射型的干涉条纹几乎平行于介质的表面并且条纹特别密，反射型全息图可用白光再现出彩色象来。

此外，全息图还可分为振幅全息图和相位全息图等。

4.1.2　全息干涉计量技术

盖伯在发明全息术不久，就指出它在三个方面的应用前景，即全息光学元件、全息干涉计量和全息信息存储。随着激光器的问世，这三方面都获得了不同程度的发展，同时又扩展到全息立体显示、全息变换、特征识别等方面。目前全息术在科技、文化、工业、农业、医药、艺术、商业及军事等领域都得到了一定程度的应用。但由于种种技术上的原因，最有效的应用仍是全息干涉计量和全息光学元件制作。

当光学全息照相应用于对工件表面的观察时，所形成的目标三维图像用处并不大，而且对不透明的材料，光学全息照相被严格地限制在对表面的观察方面。为此，如果利用激光全息照相进行无损检测和评定，必须用辅助手段以应力或其他方法激励被检目标得到感兴趣的特征，形成表面显示。为了实现这一表面显示的测量，光学全息照相发展形成了光学全息干涉计量技术，作为全息照相的分支。

与常规的干涉技术相比，光学全息照相干涉技术是以检验波的波前与已知的干涉波前相比较，检验波前与主波波前的偏离形成干涉条纹的显示。常规干涉主波前是由合适的透镜和反射镜所形成的，全息干涉系统则是以全息照相记录的被检目标本身的干涉图像为主波，与目标在遭受(例如加应力)激发而形成的表面变形后曝光所得的图像相干涉。

4.1.3　激光全息无损检测

常用的全息无损检测方法有：

(1)激光全息照相，应用可见光波。

(2)声全息照相，应用超声波。

(3)微波全息照相,应用微波波段的电磁波。

激光全息无损检测是在全息干涉计量术的基础上发展起来的一种无损检测新技术,是全息干涉计量术在无损检测领域的具体应用,它是激光全息照相和干涉计量技术的有机结合。干涉计量术是用两个相位不同的光波互相干涉形成的干涉条纹图形,这些干涉条纹和反射表面的状态有关。激光全息干涉计量技术则是应用激光全息照相把这个干涉条纹图形记录下来并进行分析比较的技术,它可以检测出物体内部的缺陷。

1.激光全息无损检测原理

物体内部缺陷在外界载荷作用下会产生变形,使它所对应的物体表面产生与其周围不同的微差位移。激光全息无损检测是通过外界加载的方法,使缺陷在相应的物体表面造成局部变形,再依据激光全息照相原理,把物体表面的变形以明暗相间的条纹形式记录下来。它所形成的干涉条纹图形就带有内部缺陷的信息,通过观察、分析、比较全息图,从而判断物体表面或内部是否存在缺陷。当物体内部无缺陷时,这种条纹的形状和间距的变化是宏观的、连续的,与物体外形轮廓的变化同步调的,然而当被检物体内部有缺陷时,在物体受力的情况下,物体内部的缺陷在外部条件(力)的作用下,就在物体表面上表现出异常情况,而与内部缺陷相对应的物体表面所发生的位移则与以前不相同,因而所得到的全息图与不含缺陷的物体的全息图不同。在激光照射下进行图像重现时,所看到的波纹图样在对应与有缺陷的局部区域就会出现不连续的、突然的形状变化和间距变化,根据这些条纹情况,可以分析判断物体的内部是否有缺陷,以及缺陷的大小和位置等。对于不透明的物体,光波只能在它的表面上反射,因此只能反映物体表面上的现象。然而,由于物体的表面与物体的内部是相互联系的,在不使物体受损的条件下,若给物体一定的负荷,物体内部的异常(如有缺陷)就能表现为表面的异常。所以激光全息照相可以对不透明的物体(复合材料机构)进行内部缺陷的无损检测。

2.激光全息无损检测特点

与其他无损检验方法(如声学法、热力学法、射线法等)相比较,激光全息无损检测具有以下显著特点:

(1)激光全息无损检测的优点

①测量方便。常规的干涉技术严格地限制在对具有高抛光表面和简单形状目标的检验,而全息干涉计量方法则能对任意形状、任意粗糙表面的物体进行测量,无须对检测表面进行处理;实施全息干涉计量检测时,不需要对检测表面进行扫查,它克服了诸如因扫查带来的在动态或在线工序检测的阻碍;检测结果输出灵活;可以满足大量程范围测量的要求。

②检验灵敏度高。激光全息干涉计量检测是一种干涉计量术,其干涉计量的精度与波长具有相同数量级。因此,极微小(微米数量级)的变形都能被检验出来,具有光源半波长的理论检测灵敏度或约 125 nm 位移和变形的干涉灵敏度。

③检验效率高。由于激光的相干长度很大,因此,可以检验大尺寸的物体,只要激光能够充分照射到的物体表面,都能一次检验完毕。目前已有大小不同的“蜂窝夹层结构全息照相分析仪”可以按约 300 cm^2/min 的速度检验平面或曲面零件,检验轮胎的速度已达到每分钟一个。此外,由于该检测技术不依赖于逐点检测或扫查过程的数据接收,全息图

的再现像具有原物体光波的三维性质，全息干涉计量技术一次检验即可获得检测对象形变的三维条纹场图像，可以从不同视角通过干涉量度去考察复杂形状工件的形变。因此，一幅干涉计量全息图相当于一系列常规的二维干涉图，即一次全息干涉计量检测等同于多次的常规干涉测量和电测法测量，大大提高了测量效率，特别是对复杂形状工件的瞬态形变的测量就显得更为优越。例如，利用激光全息干涉计量可以对一个工件在两种不同时刻(两种不同程度的应力)的变形状态进行测量对比，因而可以检测工件在一段时间内发生的任何改变，并对不同时刻的改变量加以对比。进行这种差别的测量时，参考的基准通常是被检目标的未加应力或自然状况。

④适应范围广。激光全息检验对被检对象没有特殊要求，可以对任何类型的固体材料(铁磁的和非铁的，金属、非金属和复合材料，电或热的导体和非导体，光穿透的和不透明的)、任意粗糙的表面进行检验；既能检验金属材料和非金属材料的缺陷，也能检验诸如蜂窝夹层结构、叠层胶接结构、复合材料结构和橡胶轮胎制品的脱黏缺陷，以及薄壁管压容器的焊缝裂纹等缺陷；可用于检测几乎是任何尺寸、形状的目标，只要能对目标供应力存在的机械或用其他方法激励目标；脉冲激光技术允许所检测的目标处于不稳定或恶劣的环境中。

⑤像其他光学检测技术一样，它具有非浸染性和不要求与目标表面接触，且不像其他检测方法虽不要求接触，但要求检测设备靠近目标，全息照相方法只要求对目标表面目视可及。

⑥检测结果可永久保存，可以在过后的任何时间重建，以实施以前所记录的测试结果的三维重现。

上述这些优点使得全息干涉计量分析在无损检测、微应力应变测量、形状和等高线的测绘、振动分析、高速飞行体的冲击波和迅速流体的流速场描绘等多个领域中得到应用。

(2)激光全息无损检测的局限性

①虽然不要求对被检目标有表面接触，但为了相干光实现光的干涉，必须给被检目标提供应力源，全息照相检测操作技术的成功很大程度上依赖于固定装置和应力提供设备的恰当设计与实施。

②既要对缺陷区的相应表面提供足够大的位移，又不能使所加的应力造成被检目标刚体损伤等要求限制了被检目标的壁厚或整体厚度。

③对内部缺陷的检测灵敏度较低。激光全息检测对物体内部缺陷的检测灵敏度，取决于物体内部的缺陷在外力作用下所造成的物体表面的变形大小。如果物体内部的缺陷过深或过于微小，那么激光全息照相这种检测方法就无能为力了。对于叠层胶接结构来说，检测其脱黏缺陷的灵敏度取决于脱黏面积和深度的比值：在近表面的脱黏缺陷，即使面积很小也能够检测出来；而对于埋藏得较深的脱黏缺陷，只有在脱黏面积相当大时才能够被检测出来。

④除脉冲激光技术外，通常的全息照相对检测装置与试验环境的隔振要求严格。

⑤虽然全息照相干涉测量能精确定位正在检测的被检目标表面区域内的缺陷，但缺陷面的尺寸通常只能近似地确定，至于缺陷深度的信息则仅是定性的。

⑥由于干涉条纹的位置是在空间，而不是在被检目标的表面或目标的重建像上，因此

检测结果有时往往不能分析。

⑦实施全息照相检测的人员必须经适当培训。设备比较复杂,要求操作有较高的熟练程度。

⑧除了在全息照相等高线方面图的应用,全息照相干涉仪通常局限于差分检测,即以目标受到应力引起的改变与它未受应力时本身做比较。常用的以给定目标与标准目标对比的比较检测不适于全息照相干涉仪。

⑨对工作环境要求很高。激光全息检测目前多在暗室中进行,并需要采用严格的隔振措施,因此不利于现场检测。

4.1.4 激光全息无损检测的应用

作为超声、射线等常规无损检测方法的一种补充,目前,激光全息无损检测主要应用于航空、航天以及军事等领域,对一些常规方法难以检测的零部件进行了检测,如直升机旋翼后段、玻璃纤维胶结中锥雷达罩、碳纤维喇叭内壁纯金镀层、密封橡胶油垫、固体火箭发动机推进火药柱包覆层,运载火箭姿态发动机燃烧室、金属蜂窝结构、层合板、先进复合材料、航空轮胎等的缺陷进行检测。此外,在石油化工、铁路、机械制造、电力电子等领域也获得了越来越广泛的应用,如管道和压力容器的腐蚀和裂纹检测、印刷电路板焊接缺陷的检测、机械构件的疲劳裂纹检测等。

4.2 激光全息检测技术基础

4.2.1 激光的形成

1. 光与物质相互作用

物质是由各种粒子(原子、离子、分子等)组成的。根据光的微粒说,光是由光子那样的微粒子构成的,具有一定的能量。因此,光与物质的相互作用可以看作是粒子间的碰撞,粒子在碰撞过程中会因为能量转换状态的不同产生自发辐射、受激辐射和受激吸收等光学现象。激光是通过上述光学过程使工作介质发生粒子数反转并经过振荡放大而形成的。

激光的中文名叫作“镭射”“莱塞”,是它的英文名称 LASER 的音译,取自英文 Light Amplification by Stimulated Emission of Radiation 各单词的头一个字母组成的缩写词,意思是“受激辐射的光放大”,激光的英文全名表达了激光制造的主要过程。

(1)光的自发辐射

组成物质的原子(离子、分子等其他粒子也一样,下同)在某一运动状态下,具有一个确定的能量值。处于高能级(E_2)的原子总会自发向低能级(E_1)跃迁,跃迁时将产生光的辐射,辐射出频率为 ν,能量为 $\Delta E=E_2-E_1=h\nu$ 的光子。大量处于高能级的原子分别辐射出能量相同,但彼此不相关的光子。这些辐射光子被看作是独立的振子,形成的辐射光波除频率相同外,相位、偏振方向、传播方向均不相同,这种发光过程被称为自发辐射,如图 4-2 所示。

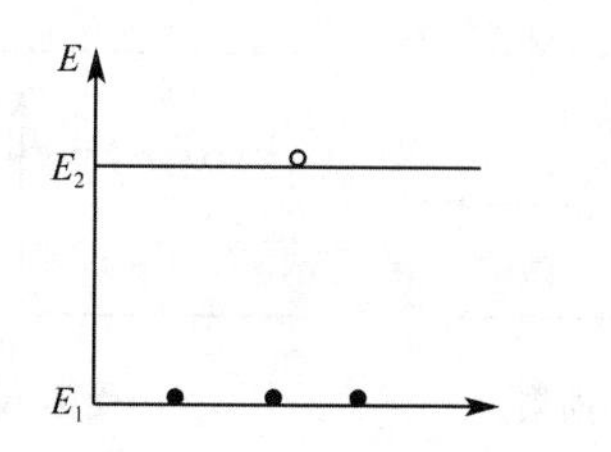

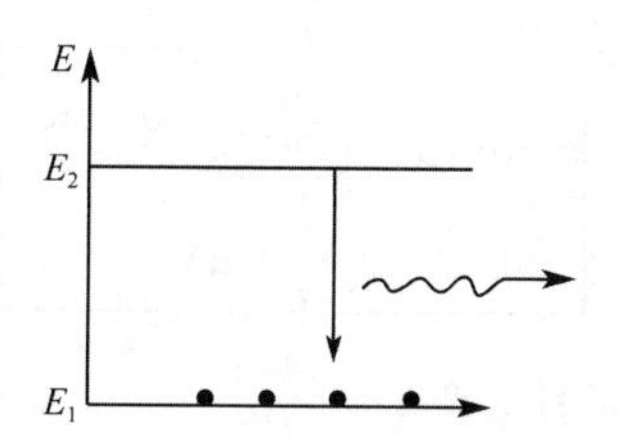

图 4-2　光的自发辐射

(2)光的受激吸收

外界条件作用使原子的运动状态发生改变,原子的能量也随之变化,即它的能级改变了。处于低能级 E_1 的原子受到能量为 $\Delta E=E_2-E_1=h\nu$ 的光子照射时,由于吸收光子原子会从低能级(E_1)跃迁到高能级(E_2)上的过程被称为光的受激吸收,其结果是使入射光减弱,如图 4-3 所示。

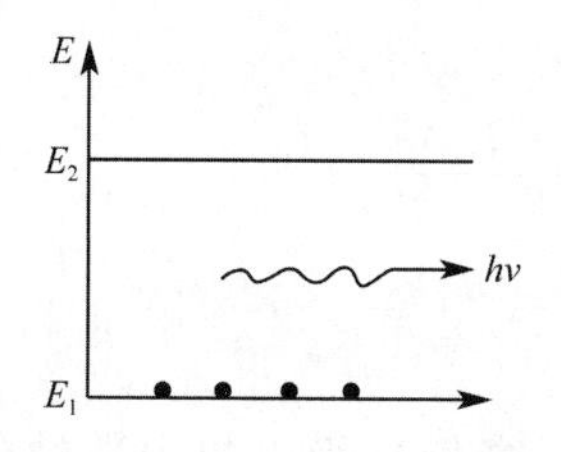

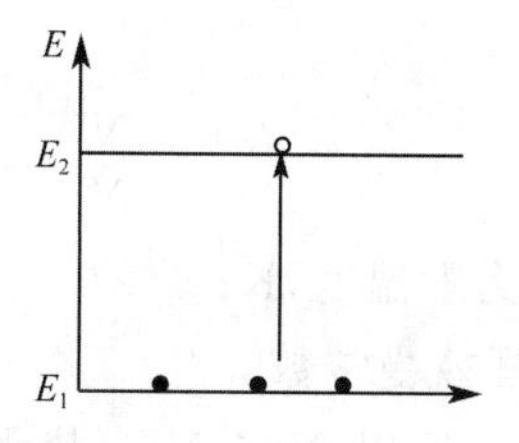

图 4-3　光的受激吸收

(3)光的受激辐射

受激辐射过程中,处于高能级(E_2)的原子受到能量为 $\Delta E=E_2-E_1=h\nu$ 的光子照射时,能够从高能级(E_2)向低能级(E_1)跃迁,并发射出一个与入射光子一模一样的光子的过程被称为受激辐射。这种受激辐射的光子具有如下显著的特点:频率、能量、传播方向、偏振方向及相位等均与入射光子完全一样。在受激辐射过程中,每入射一个光子,就会发射两个完全相同的光子。所以,光的受激辐射具有增加入射光强度的作用,本质上是一个光放大过程,如图 4-4 所示。

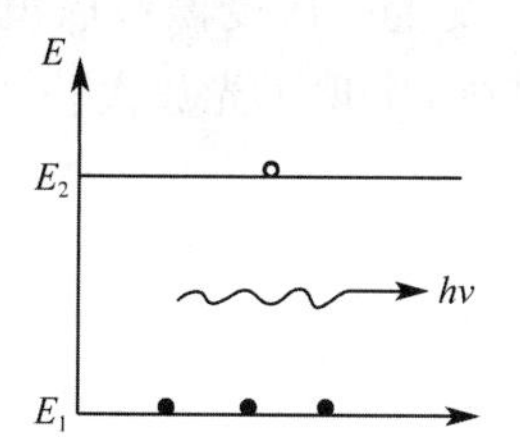

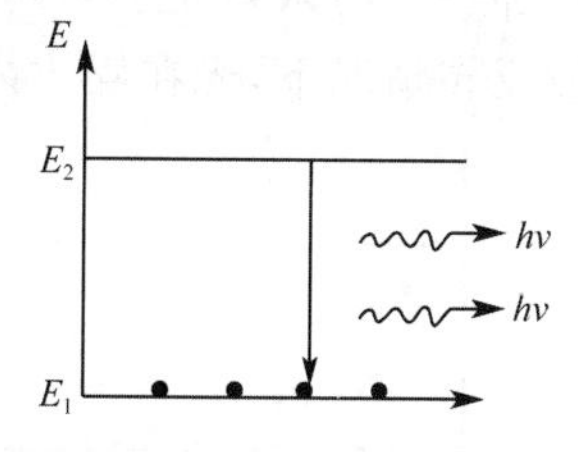

图 4-4　光的受激辐射

如果用光子来描述上述三个过程,那么自发辐射是原子从高能级 E_2 跃迁到低能级 E_1 并发出一个光子的过程,受激辐射则是外来光子作用下原子受激发从 E_2 能级向 E_1 能级跃迁,从而得到两个光子(一个激发光子,一个受激光子)的过程。受激吸收是由于外来光子被吸收而产生原子从 E_1 向 E_2 能级跃迁的过程。受激辐射和受激吸收的概率相同,如图 4-5 所示。

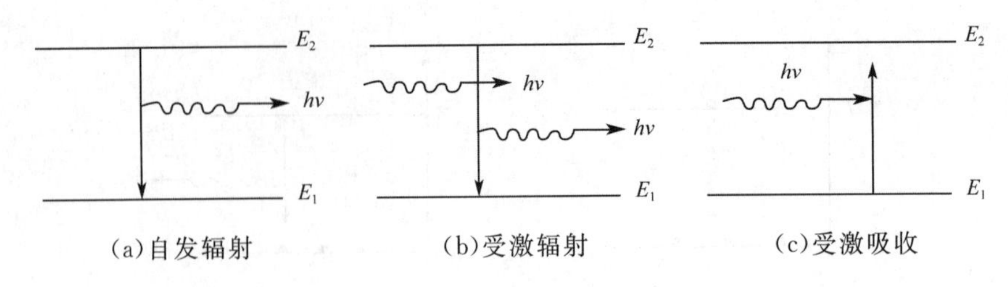

(a)自发辐射　　(b)受激辐射　　(c)受激吸收

图 4-5　常见的光学现象

(4)粒子数反转

媒质中的粒子在运动过程中，有的会激发到高能级，有的则处于低能级。著名的玻耳兹曼分布规律指出：处于某一能级 E 的原子数密度 N 随能级 E 的增加而呈指数规律递减，即 $N \propto \exp\left(\frac{-E}{kT}\right)$。玻耳兹曼统计分布分析表明：上、下两个能级上的原子数密度比为

$$\frac{N_2}{N_1}=\exp\left\{\frac{-(E_2-E_1)}{kT}\right\} \tag{4-1}$$

式中　T——热力学温度，K；

k——玻耳兹曼常数。

因为 $E_2>E_1$，所以 $N_2 \ll N_1$。热平衡状态下，高低能级上粒子数的分布总是服从玻耳兹曼分布规律，即处于低能级 E_1 上的粒子数 N_1 比处于高能级 E_2 上的粒子数 N_2 多，这时光吸收占优势，不会产生光放大，如图 4-6(a)所示。

媒质在受到气体放电或光照射等外界供给能量的激励时，热平衡被破坏，有可能使处于高能级 E_2 的粒子数密度 N_2 大大增加，超过了处于低能级 E_1 上的粒子数 N_1，即 $N_2>N_1$，此时，该物质的受激辐射作用大于受激吸收，就可以产生更多的光子通量而作为光放大器。我们把这种 $N_2>N_1$ 的特殊状态称作粒子数反转分布，如图 4-6(b)所示。此时，在入射光传播的同一段距离，发生受激辐射的次数多于发生受激吸收的次数。每发生一次受激辐射就增加一个与入射光子一模一样的光子，发生一次受激吸收就减少一个入射光子。在粒子数反转情况下，光在媒质内部将越走越强，实现了光放大。

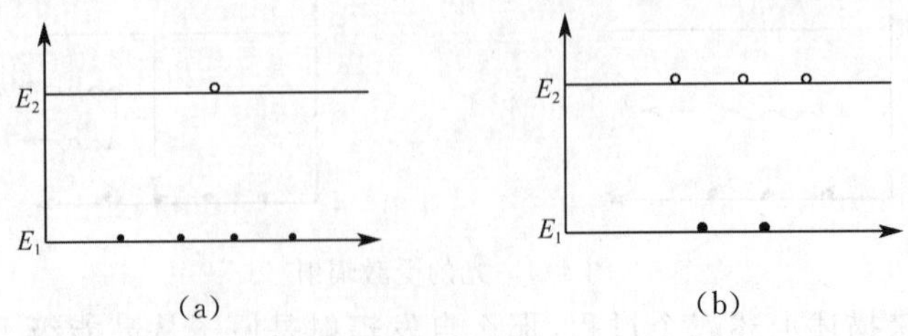

(a)　　(b)

图 4-6　粒子数分布及反转

2. 光学谐振腔

(1)光学谐振腔及其作用

光学谐振腔是采用一定的光学反馈装置，在一定的粒子数反转程度和工作物质长度下，使一定方向的光子多次往返于工作物质之间，使光子多次放大，并得到雪崩式增大的

装置，是实现光放大和光振荡的器件。

光学谐振腔的作用表现在两方面：

①对振荡光束的方向和频率进行限制，以保证输出激光的高方向性和高单色性。

②提供光学反馈能力以形成受激辐射的持续振荡。

在光学谐振腔中，与反射镜轴向平行的光束能在激活介质内来回反射，诱发新的受激辐射，于是光被放大。通过光在谐振腔中来回振荡，造成连锁反应，获得雪崩似的放大，最后形成稳定的强光束，从部分反射镜输出。而那些偏离轴向的光线，或者直接逸出腔外，或者经过几次来回，最终反射出去，它们不可能成为稳定的光束保持下去。因此，谐振腔对振荡光束的方向具有选择性，使受激辐射集中于特定方向。

不仅如此，将工作物质填充在谐振腔内，光在两个反射镜之间反射时，会多次通过工作物质，每通过一次就放大一次，光强增加一次。光强的增加是高能级原子向低能级受激跃迁的结果。也就是说，光放大是以粒子数反转的减少为代价的，发出的激光越强，工作物质的粒子数反转就越少，直至不能实现光的受激辐射放大为止。此时，谐振腔内的振荡也就停止了。

(2)光学谐振腔的工作过程

激光在光学谐振腔中的形成过程可用如图 4-7 所示的光学结构来说明。它由两块相互严格平行的反射镜组构成，其中一块反射镜是全反射镜，另外一块是部分反射镜，只允许少部分光透过去。其工作过程如下：

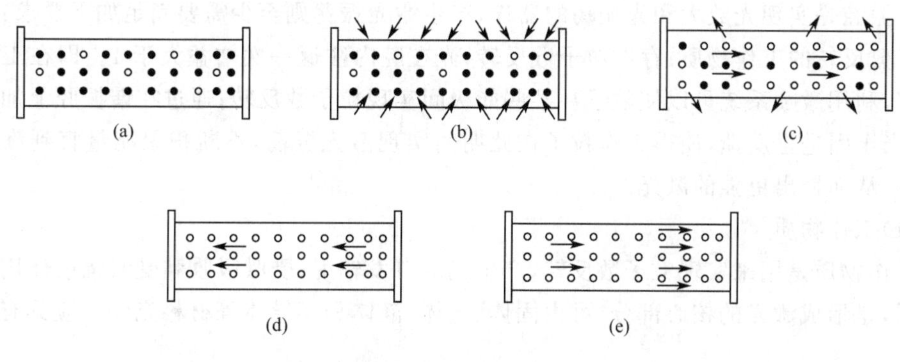

图 4-7　激光在光学谐振腔中的形成过程

①常温下，绝大部分工作粒子处于低能级，少数粒子处于高能级。

②在外界激励下，工作物质发生粒子数反转。

③一部分处于高能级的粒子发生自发辐射，只有沿轴向传播的光与谐振腔内的其他粒子碰撞，产生受激辐射而不断得到放大，其他方向的传播光束则很快离开谐振腔。

④光遇到谐振腔两端的反射镜以后，被反射回来，传播方向仍然是轴向的，不断与腔内其他粒子发生碰撞，继续得到光放大。

⑤光在谐振腔内多次来回反射。若在来回反射过程中，放大作用克服了各种衰减作用，就形成稳定的光振荡。

⑥由于谐振腔一端的反射率是接近 100%，另一端的反射率稍低些，例如 98%。从这块镜面就可以透射出一小部分光，这就是激光发生器输出的激光。由于光子是严格按照轴向碰撞得到的光放大，因此形成的激光严格沿着谐振腔的轴线方向传播。

(3)光学谐振腔的增益

在激励系统作用下,谐振腔内的工作物质从低能级跃迁到高能级后,其受激辐射的放大作用并不需要从外部输入特定的信号,而依靠工作物质内部的自发辐射光子作为引发信号。自发辐射通过工作物质本身时,因受激辐射而获得光放大,这种放大作用除与粒子数反转程度成正比外,还和通过的工作物质长度成正比。

假设媒质内部 O 处的光强度为 I_0,Z_1 处的光强为 I_1,$Z_1+\mathrm{d}Z_1$ 的光强为 $I_1+\mathrm{d}I_1$,如图 4-8 所示。光强的增加值 $\mathrm{d}I_1$ 与距离的增加值 $\mathrm{d}Z_1$ 和光强 I_1 成正比,即 $\mathrm{d}I_1=GI_1\mathrm{d}Z_1$,或者 $G\mathrm{d}Z_1=\frac{\mathrm{d}I_1}{I_1}$,$G$ 称为增益系数,它相当于光沿着 Z 轴方向传播时,在单位距离内所增加的光强度的百分比,单位为 cm^{-1}。将上式积分 $\int_{I_0}^{I_1}\frac{\mathrm{d}I}{I}=G\int_0^{Z_1}\mathrm{d}Z$,得到 $I_1=I_0\mathrm{e}^{GZ_1}$,这说明在粒子数反转状态下,频率为 ν 的光子在媒质内部传播时,光强度 I 随着传播距离 Z 的增加而增加,这就解释了为什么激光发生器的长度愈长,功率愈大。

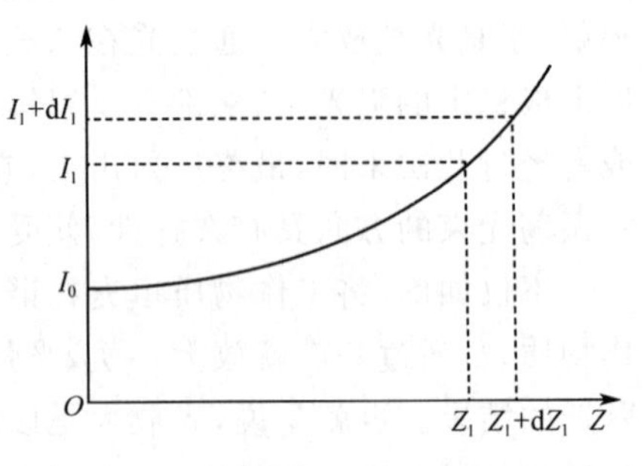

图 4-8　光学谐振腔的增益

3. 激光形成条件

谐振腔是实现光放大和光振荡的器件,产生激光振荡则至少需要满足如下要求:可实现粒子数反转的工作物质;存在粒子数反转;光在腔内往返一次增益大于 1。即在工作物质内部,利用激励系统可以使粒子在某些能级间实现粒子数反转;通过在谐振腔上加反射镜,相当于引进正反馈,使得工作粒子在此期间实现激光振荡,不断积聚能量直到满足阈值条件,从而输出更强的激光。

(1)工作物质

工作物质是用来实现粒子数反转,产生光的自发辐射、受激吸收和受激辐射作用的物质体系,是形成激光的核心部分,可由固体、气体、液体和半导体等材料充任。应具有如下特点:

①易于使工作粒子有效地激励。

②在高能级上易于积累或集居。

③处于低能级上的粒子能尽快离开。

(2)粒子数反转阈值条件

粒子数反转是指在外界激励作用下,高能级粒子数远大于低能级的状态。需要指出的是,这些能级一般不是单个能级,而是一组十分靠近的多重能级或者几组这样的多重能级。工作粒子在这些能级上集居并积累到一定程度后,才会实现粒子数反转。

粒子的终止能级一般是在基能级之上的某些较低能级,也可以是基能级本身。完成受激辐射作用后到达低能级上的工作粒子,应该能够以一定方式(非辐射跃迁、自发辐射跃迁、碰撞弛豫等)尽快离开该能级,以维持粒子数反转,这个过程称为激光低能级上粒子数的去空或消激发过程。图 4-9、图 4-10 是实现粒子数反转的三能级、四能级结构简图,图中方框表示工作粒子的激励能级。

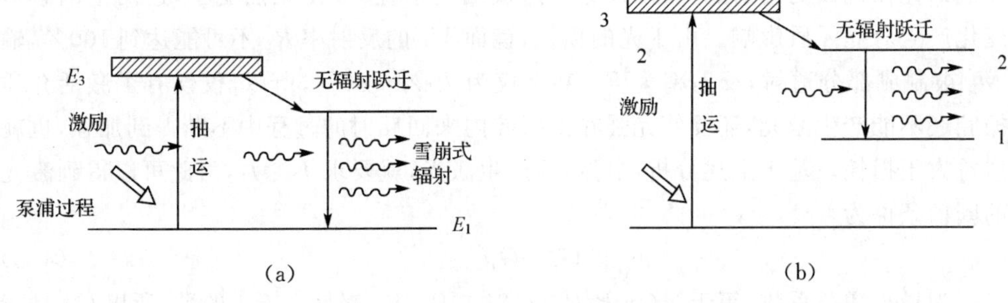

图 4-9 三能级结构的粒子数反转系统

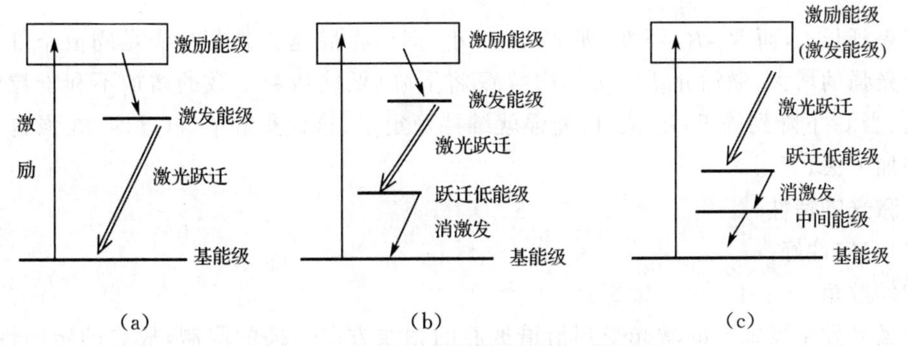

图 4-10 四能级结构的粒子数反转系统

阈值条件指的是在粒子数反转过程中，工作粒子受到外界激励在高能级上不断集居并积累，当高能级粒子数与低能级粒子数的差值大于某值时就能产生激光，这个差值就称为产生激光的阈值条件。以公式表示为

$$N_2 - N_1 g_2/g_1 \geqslant \Delta Nc \tag{4-2}$$

其中，N_2 和 N_1 分别为高能级和低能级的粒子数；g_1 和 g_2 分别为高能级和低能级各自的兼并度；ΔNc 为临界粒子数反转或阈值粒子数反转。

选择适当的能级结构，使得工作物质在粒子数反转过程中，高能级粒子数与低能级粒子数的差值大于此阈值，粒子数反转才能产生激光。

(3)激光器内形成稳定光强的过程

假设谐振腔长度为 L，从镜面 M_1 发出的光强为 I_1，到达 M_2 时的光强变为 $I_2 = I_1 e^{GL}$；经过 M_2 反射后，光强为 $I_3 = R_2 I_2 = R_2 I_1 e^{GL}$；在回来的路上，经过激活介质的放大，光强增加为 $I_4 = I_3 e^{GL} = R_2 I_1 e^{2GL}$，再经过 M_1 反射后，光强将为 $I_5 = R_1 I_4 = R_1 R_2 I_1 e^{2GL}$。至此，光束往返一周，完成一个循环，如图 4-11 所示。

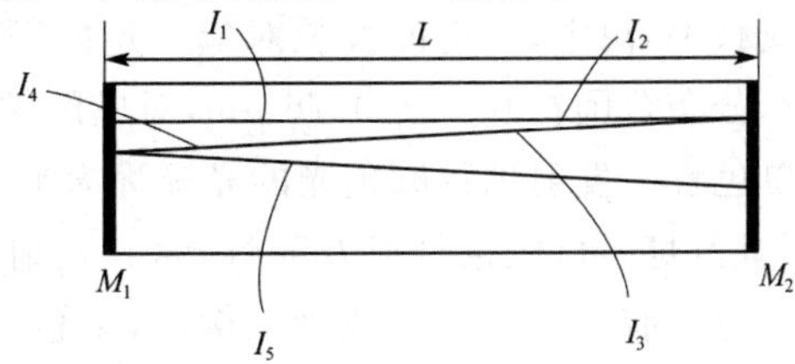

图 4-11 激光器中稳定光强的形成过程

光在谐振腔来回反射的过程中，一方面，激活介质中光的增益使光强变大；另一方面，谐振腔端部光在镜面的衍射、吸收以及透射造成的光损耗，又使光强变小，这两个因素对光强变化产生对立矛盾影响。由于光的损耗，镜面 M_1 的反射率 R_1 不可能达到100%，输出端 M_2 被制成部分透射，反射率为 R_2，甚至仅为70%～80%，所以，仅仅有了激活介质和谐振腔还不能产生激光，还要使光强在谐振腔内来回反射的过程中不断得到加强，也就是使增益大于损耗。基于上述分析，显然，要产生激光，就要求 $I_5 \gg I_1$，由此可以得到激光形成的阈值条件为

$$G \gg G_m \tag{4-3}$$

其中，G_m 为最小增益系数，等于 $-(\ln R_1R_2)/(2L)$，R_1，R_2 都是小于1的数，所以 G_m 是正值。

如果延长 L，而 R_1，R_2 不变，那么 G_m 减小，即谐振腔越长越容易满足阈值条件。因为随着光强的增大，激活介质的实际增益 G 将下降（低能级粒子数的增加不利于粒子数反转）。当 G 下降到等于 G_m 值时，光强就维持稳定了，这使得在 $G>G_m$ 时，光强也不会无限增加下去。

4. 激光的特性

(1)定向性好

①发散角

从激光发生器输出的激光受到沿谐振腔的轴线方向传播的限制，故它的定向性好。激光的定向性可以用其发散角描述，激光光束的发散角 2θ 很小。除半导体激光器外，一般激光器输出的激光光束发散角 2θ 的数量为毫弧度（1弧度＝57.296度，1毫弧度＝1×10^{-3}弧度≈3分26秒）。

②立体发散角

在空间传播的激光束，其发散情况还可以用立体发散角 Ω 来评定。立体发散角等于激光束的照射面积 S 和照射距离 R 的平方之比，即 $\Omega=\dfrac{S}{R^2}$。

当发散角 2θ 很小时，有

$$\Omega=\frac{S}{R^2}=\frac{\pi r^2}{R^2}=\frac{\pi(\theta\cdot R)^2}{R^2}=\pi\theta^2 \tag{4-4}$$

其中，r 为照射面积的半径，当 θ 为 1×10^{-3} 弧度级时，Ω 为 $1\times10^{-6}\pi$，这说明激光器输出的激光光束立体发散角 Ω 的数量级非常低，这和普通光源的光辐射时朝着空间各个方向发光的情况不相同，可见激光的定向性是非常好的。

(2)单色性好

光的颜色由其波长（或频率）决定，一定的波长对应一定的颜色。太阳光的波长覆盖从紫外线到红外整个波段，分布范围在0.40～0.76 μm，对应的颜色从红色到紫色共7种颜色，所以太阳光谈不上单色性。发射单种颜色光的光源称为单色光源，它发射的光波波长单一。常用的单色光源有氪灯、氦灯、氖灯以及氙灯等，只发射某一种颜色的光。单色光源的光波波长虽然单一，但仍有一定的分布范围。例如，单色性较好的氪灯，只发射红光，单色性很好，被誉为单色性之冠，波长分布的范围仍有 1×10^{-5} nm，因此氪灯发出的

红光，若仔细辨认仍包含有几十种红色。相比之下，激光器输出激光的波长分布范围非常窄，颜色极纯，其单色性比这个单色性之冠还好许多倍。以氦-氖激光器为例，其输出激光的波长分布范围可以窄到 2×10^{-9} nm，是氪灯发射红光波长范围的 2×10^{-7}。光辐射的波长分布区间越窄，单色性越好。由此可见，激光器的单色性远远超过任何一种单色光源。

激光的单色性归因于：工作物质的粒子数反转只发生在数目有限的高、低能级之间，激光振荡只发生在一条或有限几条荧光谱线处，且由于谐振腔的波形限制作用，只有一些分立的共振频率才能起振，相对整个荧光谱线宽度 ν，每个共振频率的谱线宽度 $\Delta\nu$ 要窄得多，这样输出激光的单色性（用$\frac{\Delta\nu}{\nu}$来表示）可达到非常高的程度，为 $1\times10^{-13}\sim1\times10^{-10}$ 数量级。所以，激光器发出的全部光辐射只集中在较小的频率范围内。

(3)相干性好

激光的频率、振动方向、相位高度一致，使得激光光波在空间重叠时，重叠区的光强分布出现稳定的强弱相间现象。这种现象叫作光的干涉，所以激光是相干光。而普通光源发出的光，其频率、振动方向、相位均不一致，称为非相干光。激光的相干性可以用时间相干性和空间相干性描述。

①时间相干性

一个光源在 t_c 时间内发出的光，经过不同路程后在空间会合，尚能发生干涉，称这两部分光具有时间相干性。t_c 称为相干时间，它的大小单纯由光束的频谱结构所决定。设光束频谱宽度为 $\Delta\nu$，则 $t_c=\frac{1}{\Delta\nu}$。

由于激光辐射的单色性很高，$\Delta\nu$ 值很小，因此相干时间 t_c 很长。时间相干性还可用纵向相干长度 L_c 来表示，即

$$L_c=ct_c=\frac{c}{\Delta\nu} \tag{4-5}$$

L_c 的物理意义：沿光束传播方向上，在小于等于 L_c 的距离范围内的空间任意两点间的光场振动都是完全相干的。

②空间相干性

空间相干性是描述垂直于光束传播方向的平面上各点之间的相位关系的。如在波前垂直于光束传播方向的面上任意选择两个点，它们之间的相位差都是相同的，则称此光波具有空间相干性。空间相干性由横向相干长度 D 来表示，它是由光束的平面发散角 θ 确定，即 $D=\frac{\lambda}{\theta}$。横向相干长度的平方称为相干截面 S，即

$$S=D^2=\frac{\lambda^2}{\theta^2}=\frac{\pi\lambda^2}{\Omega} \tag{4-6}$$

由于激光辐射的发散角很小，因此激光的横向相干长度和相干截面大，也就是说它的空间相干性非常好。

激光具有良好的时间相干性和空间相干性。当同一光源分成两束光，在空间再度会合时就能产生干涉而形成明暗相间的条纹。激光的单色性很好，所以它的相干长度很长。

例如，特制的氦-氖激光器输出的光束相干长度达 2×10^3 km，但普通光源辐射的相干长度很短。以具单色性之冠的氪灯发射的红光来说，其相干长度也只有 38.5 cm。

(4)其他

除具有良好的定向性、单色性和相干性外，激光还具有亮度极高，闪光时间很短以及光脉冲宽度很窄等特点。

4.2.2 激光发生器

1.激光发生器研究发展史

爱因斯坦在 1917 年提出了受激辐射概念，直到 1958 年，美国两位微波领域的科学家汤斯(Townes)和肖洛(Schawlow)发表了著名论文《红外与光学激射器》，指出以受激辐射为主的发光可能性，以及实现"粒子数反转"这个必要条件。这激发了在光学领域工作的科学家极大的工作热情，各种实现粒子数反转的实验方案纷纷被提出，开辟了崭新的激光研究领域。

1958 年苏联科学家巴索夫和普罗霍罗夫发表了论文《实现三能级粒子数反转和半导体激光器建议》。1959 年 9 月汤斯又提出了制造红宝石激光器的建议。1960 年加州休斯实验室的梅曼(Maiman)制成了世界上第一台红宝石激光器，获得了波长为 694.3 nm 的激光。梅曼是利用红宝石晶体做发光材料，用发光密度很高的脉冲氙灯做激发光源。实际他的研究早在 1957 年就开始了，多年的努力终于生成了历史上第一束激光。1964 年，汤斯、巴索夫和普罗霍夫由于对激光研究的贡献分享了诺贝尔物理学奖。

中国第一台红宝石激光器于 1961 年 8 月在中国科学院长春光学精密机械研究所研制成功。这台激光器在结构上比梅曼的设计有了新的改进，尤其是在当时我国工业水平比美国低得多，研制条件十分困难，全靠研究人员自己设计、动手制造。在这以后，我国的激光技术也得到了迅速发展，并在各个领域得到了广泛应用。1987 年 6 月，1×10^{12} W 的大功率脉冲激光系统——神光装置在中国科学院上海光学精密机械研究所研制成功，这为我国的激光聚变研究做出了巨大贡献。

2.激光发生器的基本组成

激光发生器的基本组成包括光学谐振腔、反射镜、工作物质和激励系统四部分。

(1)光学谐振腔

①光学谐振腔的类型

在激光器系统中，当激光工作物质和激励条件一定时，标志激光束质量的一些参数如定向性、亮度、光子兼并度等均由光束发散角决定。设谐振腔长为 L，两反射镜的曲率半径分别为 R_1 和 R_2，得到光学谐振腔的因子参量 g 为

$$g_1=1-\frac{L}{R_1},g_2=1-\frac{L}{R_2}$$

按照因子参量不同，光学谐振腔可以分为三大类，见表 4-1。对谐振腔的质量评价主要表现在它对波形限制能力的大小或输出光束发散角的大小上。

表 4-1　三类谐振腔特性对比

类型	特点	适用对象
稳定谐振腔（$0<g_1g_2<1$）	损耗小，对调整精度要求低，对振荡波形的限制能力较弱，输出光束发散角较大	工作物质的增益较弱、通光孔径较细或腔长较长的各类气体激光器系统
介稳谐振腔（$g_1g_2=1$ 或 0）	损耗较大，对调整精度有一定要求，对振荡波形的限制能力较强，输出光束发散角较小	增益不十分低的各种类型的激光器系统
非稳谐振腔（$g_1g_2<0$ 或 $g_1g_2>1$）	损耗大，对振荡波形的限制能力强，输出光束发散角相当小	高增益、大口径的高能钕玻璃激光器或二氧化碳激光器

②光学谐振腔的作用

光学谐振腔具有如下两个方面的作用。

a. 提供光学反馈能力

谐振腔提供了光学反馈作用，使振荡光束每行进一次，除了腔内损耗和向腔外透射输出引起的光束能量减少外，还保证有足够能量的光束在腔内做多次反射往返，使工作物质的受激辐射能不断放大和持续振荡。光学谐振腔的反馈作用由谐振腔两端反射镜的反射率和组成方式决定。反射率越高，反馈能力越强。反射镜组成方式为稳定腔时，因为损耗小故反馈能力强；介稳腔时损耗中等，反馈能力亦中等；非稳腔时的损耗大，谐振腔的反馈能力就最小。

b. 对振荡光束的频率和方向产生限制

在腔内多次往返的光，只有沿着一定的光路范围行进才能持续下去形成振荡。若不在此范围内，则往返几次就会偏析出腔外不能形成振荡，并且只有波长和频率满足共振条件时才能形成实际振荡。反之，能在腔内形成振荡的光束，它的频率和方向一定受到限制。

(2)反射镜

激光发生器中能形成激光的一种重要组成是反射镜。

①反射镜的作用

为使光放大作用能够增加得很快，必须使反射镜的吸收和散射尽可能低。理想情况下，激光系统反射镜的反射率应该是百分之百。为了保证反射镜在光放大过程中的效果最大，必须注意反射镜材料的选择并保持两端反射镜的绝对平行。

②反射镜的材料及结构

反射镜的材料不能采用普通反射镜的铝和银。因为它们的吸收很强，而要采用涂膜结构。

以硅作为涂膜的基片，在上面交替淀积具有高、低折射率的介质材料的膜层。通常第一层沉积的是高折射率材料，而最后一层也必须是高折射率的材料。每层厚度控制为四分之一波长，所以多层介质膜反射镜都必须是奇数层。这种厚度的膜层，在相邻两介质间从第一表面反射的光与从第二表面反射的光就能同相。因为两束反射光相长干涉、增强了反射光强，而多层介质膜的各层表面都能反射更多的光，加强第一次的反射，因而能得到很高的反射率。

为了得到超过99%的最高反射率，膜层往往要涂21～25层。用折射率为2.2～2.3的硫化锌层和折射率为1.38的冰晶石相互交替组成软镀膜。用折射率为2.2的氧化钛层和折射率为1.75～1.8的氧化硅层相互交替组成硬镀膜。硬镀膜的抗损伤能力强，但沉积较难。

③反射镜平行度的调整

进行激光器两端反射镜平行度调整时，需要在激光器一端反射镜外侧放置一块划有黑线网格的透明塑胶的受照栅网，另一端的反射镜前放置一张白卡片，在卡片上画一个十字，十字中心穿一针孔，通过针孔顺激光的轴向望去，能够看到靠近的一块反射镜的背面出现受照栅网和十字的反射像。当调整所靠近的一块反射镜直至十字的反射像中心与栅网重合时，即表示靠近的一块反射镜光轴已和激光器的光轴重合。在激光器的另一端同样调整另一块反射镜的光轴和激光器光轴重合。这样在激光系统内就能获得最佳放大作用的激光输出。

(3)工作物质

①工作物质的作用

激光工作物质是组成激光发生器的核心部分，用于实现粒子数反转和产生光的受激辐射，是获得激光的必要条件。现有工作物质近千种，可以是气体、液体、固体或半导体，可产生的激光波长从真空紫外到远红外，非常广泛。

②工作物质的特点

用于形成激光的工作物质应具备如下特点：

a.可以在特定的高低能级间实现较大程度的粒子数反转。

b.在受激辐射和工作物质的粒子数反转实现后，应能使粒子数反转继续保持下去。

③工作物质的类型

用于激光发生器的工作物质有很多种，包括固体、气体、半导体和液体等材料。

a.固体工作物质：以晶体或玻璃为基体，将具有适当能级结构和发光能力的杂质金属离子掺入而形成。这些杂质金属离子通常为过渡金属或稀土金属，起着光的受激辐射作用。一般用来产生激光的固体工作物质有红宝石、钕玻璃和掺钕钇铝石榴石等。

b.气体工作物质：可以是原子气体、离子气体或分子气体；可以由单种气体组成，也可以由多种气体混合组成，其中一种成分的气体粒子起粒子数反转和产生受激辐射作用，其他成分的气体粒子对实现和维持上述工作粒子的粒子数反转起有益的辅助作用，如激励能量的传递和低能级上粒子数的消激发作用。用作气体工作物质的有原子状态的氦和氖气体，有离子状态的氩离子和氦镉离子，还有分子状态的二氧化碳和氮分子。

c.半导体工作物质：可以是面结型半导体材料，也可以是单晶型块状半导体。依靠一定的激励方式，在半导体材料导带与价带的特定区域间，实现非平衡载流子粒子数反转和受激辐射产生激光。常用的半导体材料是砷化镓。

d.液体工作物质：分为无机液体材料和有机染料液体两类。前者是将特定的金属化合物溶于适当的溶液中，这些掺入的特定杂质金属离子产生了受激辐射作用；后者是将有机染料溶于适当的有机溶剂中，有机染料分子产生受激辐射作用。常用的无机液体材料有掺钕离子的氧氯化硒加四氧化锡和掺离子的三氯氧磷，有机染料材料有碳花青、若丹明和香豆素等。

(4)激励系统

为了使工作物质中发生粒子数反转,必须采用一定的激励方式和激励装置去激励工作物质,使处于高能级的粒子数增加,这就需要激光发生器的激励系统。电激励依据气体放电的办法,利用具有动能的电子去激发工作介质;光激励用脉冲光源来照射工作介质;还有热激励、化学激励等。各种激励方式被形象化地称为泵浦或抽运。为了不断得到激光输出,必须不断地"泵浦"以维持处于高能级的粒子数比低能级多。根据工作物质所用材料的不同,激励方式和激励系统也不尽相同。常用的激励系统有如下几种:

①光学激励

a. 光学激励原理

光学激励是利用另外的光源对工作物质进行照射,使工作物质由于外加的光能而实现粒子数反转,这种方式又称为光泵。在光泵的作用下,工作物质基能级上的粒子被抽运到有较强吸收谱线能力的激励能级上,当光泵作用到一定程度时,在一定能级间的工作物质就能实现粒子数反转,并产生受激辐射。光学激励适用于固体激光发生器、液体激光器以及个别的气体激光器和半导体激光器。

b. 光学激励系统组成

光学激励系统一般由激励光源和聚光器两部分组成。激励光源发光能力较强,可以是连续的发光光谱,也可以在连续光谱的基础上附加有分立的较强的发光谱线。常用的激励光源有高压氙灯、氪灯。除了激励光源外,为了使空间各向分布的光尽可能集中地照射到工作物质内部,还需采用适当形式的聚光器,如椭圆柱聚光器(单椭圆柱、双椭圆柱和四椭圆柱)、圆柱聚光器(单圆柱、双圆柱)、球面和旋转椭球面聚光器、紧包式反射聚光器和浸反射聚光器等,应根据使用条件和激光器的目的要求来综合考虑。

原则上,也可以用一种激光器发出的激光去激励另外一种激光器的工作物质产生激光。因激励激光具有高亮度和高定向性,可以不需要聚光器,但这种激励方式只适用于对较窄的和强吸收谱线的工作物质进行激励。

②气体放电激励

a. 气体放电直接激励

在气体放电作用下,有一部分气体被电离产生自由电子,这些自由电子在激励电场作用下获得较大的动能而高速运动。它和工作粒子碰撞后,工作粒子得到能量而跃迁到较高能级实现粒子数反转。但这种直接激励的效果是有限的,常见的是采取气体放电间接激励的方法。

b. 气体放电间接激励

自由电子先碰撞辅助粒子,使辅助粒子跃迁到较高能级,然后辅助粒子再和工作粒子碰撞,把激发能量传递给工作粒子,这种过程称为能量共振转移过程。这种激励过程比电子直接激励过程更占主要地位,如氦-氖气体激光器就是利用氦气和氖气混合进行气体放电。自由电子先激发氦原子,再由氦原子转移给氖原子形成共振转移激发。此外还有直接激发氖原子的,这两种激发方式使氖原子建立了粒子数反转,但直接激发显然比共振转移激发的速率低得多。

c. 气体放电激励系统类型及组成

气体放电有脉冲放电、直流放电、交流放电和高频放电等多种形式，也有从外部直接以电子束注入气体工作物质中进行激励的特殊形式。气体放电激励装置一般由放电电极和放电电源两部分组成。

③化学反应激励

化学反应激励用于气体工作物质，它能使一定条件下的工作物质内部发生化学反应，化学反应产生的粒子在化学反应过程中获得能量而处于激发状态；反应生成物粒子也可以通过能量共振转移作用使工作粒子获得能量而处于激发状态。这两种激发状态都可以使工作物质处于粒子数反转状态和产生受激辐射作用。由于能量的获得来自化学反应过程本身，所以化学反应激励原则上不需要外界能源的输入，并且产生激光运转的效率也较高。但是化学反应需要通过诸如光泵、放电和化学方式来引发，引发所需能量很小。

④其他激励方式

除上面提到的常用激励方式外，还有其他一些激励方式正在发展中，其中有可能在实际生产中应用的有热激励和核能激励两种方式。

热平衡状态下，高能级上的粒子数总是小于低能级的粒子数。如果采取突然升温或降温，使物质处在非平衡状态就可以实现粒子数反转，这就是热激励。

用核反应产生的裂变碎片、高能粒子或放射线来激励工作物质，使某些气体工作物质实现粒子数反转和受激辐射，这就是核能激励。由于核材料质量轻，体积小，使用期限长，因此具有较大的发展潜力。

3. 调 Q 和 Q 开关

(1)品质因子 Q

在脉冲激光技术中，常采用品质因子 Q 来描述谐振腔的质量。

Q 值定义为

$$Q=2\nu\pi=\frac{2\pi nL}{\lambda\delta} \tag{4-7}$$

式中 ν——激光频率；

n——折射率；

L——谐振腔长；

λ——真空中波长；

δ——在谐振腔内走一单程能量的损耗率(包括输出的能量)。

如果谐振腔的 Q 值高、损耗小、阈值低，谐振腔易于起振；如果谐振腔的 Q 值低、对应器件的损耗大、粒子数反转量小、阈值高，谐振腔不易起振。

(2)调 Q 技术

损耗率 δ 取决于反射损耗、吸收损耗、衍射损耗、散射损耗和输出损耗的大小。调 Q 技术就是用某种方法控制这些不同类型的损耗，使谐振腔的 Q 值按照规定的程序变化。

在激光器开始工作时，让谐振腔处于低 Q 值状态。由于阈值高，激光振荡不易产生，使处于亚稳态的高能级上的粒子数可以不断积累到很高的水平，即在激光能态上积聚反转粒子数很大。这时候谐振腔的 Q 值得到增大，谐振腔以极快的速度起振，在短时间内高能级上储存的粒子发生受激发射，释放大量的能量，此时谐振腔的输出端会产生一个强的称为巨脉冲的激光脉冲。

(3)Q 开关

对谐振腔进行调 Q 处理时，就好像在谐振腔内布置了一个快门，先使谐振腔不振荡，在激光器抽运到一高值后，很快打开快门使谐振腔起振，产生受激辐射的巨脉冲，这种使谐振腔 Q 值改变的装置就称为 Q 开关。

常用的 Q 开关有转镜 Q 开关、染料 Q 开关、电光 Q 开光、爆破薄膜 Q 开关等。

4. 工业激光发生器

20 世纪 60 年代初期出现第一台激光器——红宝石激光器后，激光器的发展迅速，已制成商品供应的工业激光发生器就有好几种。无论哪种激光器，它的核心都是一个可以使粒子数反转的物质(原子、离子或分子等)体系，这种体系我们称为激光器的工作物质。根据工作物质的不同，激光器可以分为固体激光器、半导体激光器、气体激光器和液体激光器等。根据激光输出方式的不同又可分为连续激光器和脉冲激光器，其中固体激光器一般连续功率可达 100 W 以上，脉冲激光器的峰值功率可达 1×10^9 W。此外，还可以按照发光频率和发光功率大小进行分类。下面简要介绍在激光全息无损检测中常用的一些激光器。

(1)固体激光器

①组成

固体激光器由工作物质、激发能源和光学共振腔三个部分组成，其工作方式可以是脉冲式，也可以连续输出。通常，固体激光器具有器件小，坚固，使用方便，输出功率大的特点。

图 4-12 是脉冲固体激光器框图。其中：

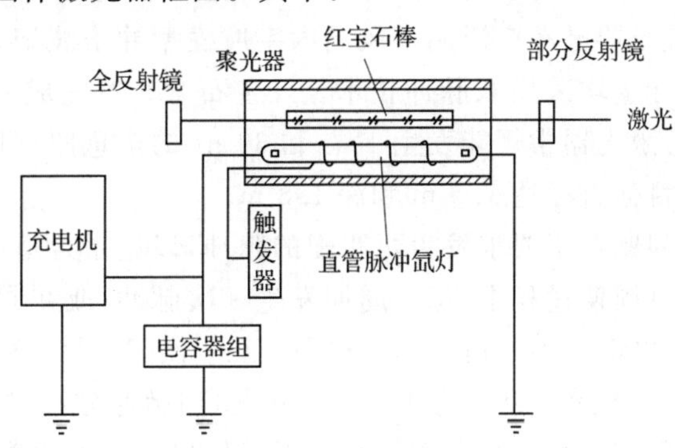

图 4-12　脉冲固体激光器框图

a. 工作物质是经过抛光(光洁度不低于 3 级)的两个端面相互平行(误差不超过 10 s)的晶体或玻璃棒。激光晶体和激光玻璃现有几十种，性能好而且最常用的有红宝石、掺钕的硅酸盐玻璃(钕玻璃)和掺钕的钇铝石榴石，其中红宝石发射的是可见红光，波长 0.694 μm；钕玻璃和钇铝石榴石发射的激光是不可见红外线，波长均为 1.06 μm。

b. 激发能源几乎都用光照激发方式称为光激发或“光泵”，常用的是氙灯。

c. 工作物质的两端各装有一个平面反射镜，组成光学共振腔。其中一个反射镜是全反射的，另一个则是部分反射部分透过的。两个反射镜严格平行形成光学共振腔。

②工作方式

工作时由触发器供给脉冲高压使氙灯管内形成火花，使电容器中的电能量释放，使氙灯点燃发光。氙灯的闪光激发工作物质产生粒子数反转，经光学共振腔的放大，从部分透过的反射镜一端输出激光。

③红宝石激光器

红宝石激光器的工作物质是红宝石晶体。红宝石是含有少量(一般含量为万分之五)氧化铬(Cr_2O_3)杂质的氧化铝(Al_2O_3)。Cr^{3+}在晶体中通常占据Al^{3+}的位置，这些铬离子使晶体呈粉红色，铬浓度较高时，则晶体呈红色。在红宝石中，铬离子提供了形成激光的能级，相应的波长为0.694 μm。激励介质是用毗连红宝石棒的氙闪光灯光泵激励。红宝石要求高能输入以激励激光，所消耗的热能不能很快地去除，以致不能维持连续输出。为此，红宝石激光器往往以脉冲方式工作，它所发出的是脉冲激光，脉冲时间在毫秒数量级，功率不大。因此，人们用Q开关将激光能量在极短时间释放出来，以获得功率很大的激光。红宝石激光器的峰值输出功率超过10 MW，使用时应格外注意安全防护。

红宝石激光器由于工作物质的光学性能较为优良，同时红宝石的生产工艺日趋完善，目前已能制成直径为20 mm、长度为1 m以上的红宝石棒，因此红宝石激光器能制成大功率的激光器。此外，由于红宝石是一种比较便宜的固体激光物质，所产生的激光波长为0.694 μm的红色可见光，使用方便，而且又有很灵敏、高效率的光敏元件作为它的接收器件。因此，这种激光器在生产、科研和国防上仍被广泛应用。

由于红宝石的粒子数反转效率较低，钕激光器的效率高，所以红宝石激光器正被钕激光器所代替，但需要可见光输出和高脉冲功率的全息照相技术还是应用红宝石激光器。

为全息照相开发的红宝石激光器，随着记录运动目标全息图的需要已经有了显著的进展。例如，红宝石激光器已经广泛用于风洞内宇航模型冲击波记录。很多以红宝石激光器实现的全息干涉计量均采用双脉冲技术。红宝石激光器完成的工作是氦-氖激光器所不能完成的，红宝石激光器常规能发生1 ns和30 ns的全息照相优质脉冲和相对较长相干长度的光。照射目标直径达1.5 m和深1.8 m。

红宝石激光器的问题在于要求发生两匹配的脉冲，以记录合适的干涉条纹。很多激光器能在两顺序闪光灯周期过程中，每一周期发生一次脉冲；或在同一闪光灯脉冲内，用Q开关产生两次脉冲，以记录不同速度的干涉图。在一次闪光灯(Q开关)脉冲模式内，脉冲分离时间达1 ms。由于激光腔内的动态热工状况，当脉冲分离时间超过200 ms，要产生两匹配的脉冲就很困难。结果是图像带有调制了位移条纹的轮廓条纹，因此模糊了所要观察的信息。

红宝石激光器的操作，当改变脉冲分离时间或能量时，要求能调节闪光灯的电压、闪光灯触发时间、Q开关电压以及系统温度，这些条件随着激光器使用时效而变化。调整系统要求很多检测条纹达到稳定的性能。简言之，激光器的操作要求较高的操作技能。再则，这些系统的高性能要求保持光学部件的清洁。尘土的堆积会烧毁昂贵的光学部件上的涂层。必须有计划地周期性替换承受高应力的电和光学部件。为了数据检索，氦-氖或氪激光器通常需要重建红宝石记录全息图。记录与重建波长之间的差别引入重建图像的像差和放大率的变化。

④掺钕钇铝石榴石激光器

脉冲式掺钕钇铝石榴石激光器的构成类似于红宝石激光器。然而,代替红宝石棒的是掺钕钇铝石榴石棒。掺钕钇铝石榴石较红宝石系统效率更高,但它工作于 1.06 μm 波长的近红外区内,近似 50%效率的双频晶体用以产生波长为 0.532 μm 的更有效的绿光。所有用红宝石系统可以获得的脉冲模式用掺钕钇铝石榴石均可获得。由于某些较优的热性能,连续波掺钕钇铝石榴石可获得的功率超过 50 W(多模式),但它们在全息照相中的应用却十分有限。

(2)半导体激光器

①半导体激光器的特点

各种半导体材料都有激光特性,只是光有强有弱。半导体激光器以半导体材料作为工作介质,激励方式有光泵、电激励等。这种激光器具有体积小、质量轻、结构简单,可以直接用电源调制和效率高等特点。如砷化镓注入式激光器的内芯,只有长度零点几毫米,厚约为 0.1 mm 的内芯;激发它的脉冲电源,也只有像收音机那么大的体积和质量。半导体激光器可将电能直接转换成光辐射,所以效率比其他激光器都高,特别适于在飞机、车辆、宇宙飞船上使用。在 20 世纪 70 年代末期,由于光纤通信和光盘技术的发展大大推动了半导体激光器的发展。

但是半导体激光器存在发散角比较大、受环境温度影响较大和输出功率较小的缺点。如果用电流脉冲激励的激光器其发散角达 7°。当环境温度升高时,激光器输出功率会降低并且波长会发生变化。目前的半导体激光器的连续输出功率在室温下只有几十毫瓦,脉冲工作时室温下的输出功率一般也只有几瓦到几十瓦,所以半导体激光器适用于测距和污染检测,或用于不要求光束有较小的发散角的地方。

②半导体激光器的工作原理

半导体激光器产生的激光,同样也是粒子数反转的结果。但不同的是在半导体中代表电子能量的是由一系列接近于连续的能级所组成的能带,粒子数反转是在各能带之间跃迁而不是在分立的能级之间跃迁,所以跃迁能量不是定值,并且使激光器的输出波长是展布在一个很宽的范围。

半导体中产生激光的方法有 P-N 结注入式、电子束激发、光激发和雪崩击穿等几种。目前,较为成熟的是用 P-N 结注入式。

目前较成熟的是砷化镓激光器,能发射 0.84 μm 的激光。另有掺铝的砷化镓、锑化铟、硫化铬、硫化锌等激光器,它们发出的波长在 0.3~14 μm。

(3)气体激光器

①气体激光器的特点

气体激光器是目前应用最为广泛的一种激光器。它们大多能够连续工作,效率高,波长选择范围宽,受环境条件的影响比较小,能够输出接近于理想的相干光源。气体激光器的单色性比其他激光器都好,并能长时间稳定地工作。和固体激光器相比,气体激光器具有结构简单,造价低廉,操作简单,工作介质均匀,光束质量好以及能长时间较稳定地连续工作的特点,这也是目前品种最多、应用最广泛的一类激光器,市场占有达 60%;不足之处在于输出功率不高。

②气体激光器的类型

依据工作气体跃迁机理的不同，可以分为原子气体激光器、分子气体激光器和离子气体激光器三类，见表 4-2。

表 4-2　三类气体激光器

类型	工作物质	输出激光	典型设备
原子气体激光器	惰性气体原子	可见光或不可见光	氦-氖气体激光器
分子气体激光器	双原子分子或三原子分子	可见光或不可见光	二氧化碳激光器
离子气体激光器	惰性气体或金属蒸汽的离子	可见光	氩离子激光器

③气体激光器的工作原理

气体激光器的激发方法有气体放电激发、光激发、化学激发、热激发和核能激发等，目前用得最多的是气体放电激发。气体放电时，加在放电光管两端电极上的电压把电子加速，使电子获得一定的动能。具有足够能量的电子与原子或分子碰撞时，就会把自己的动能转交给对方，原子或分子接收此动能后转变成自己的内能，即被激发到某一高能级上。当存在两种混合气体时，则除了电子和原子之间碰撞而交换能量之外，处在激发态的原子或分子和处在基态的原子或分子之间碰撞也能交换能量，因而使粒子数反转更加容易实现，氦-氖气体激光器就是根据这个原理设计的。

④氦-氖气体激光器的组成及功能

氦-氖气体激光器的工作物质由气压约为 3 Torr (1 Torr＝133.322 Pa)的 5 份氦气、1 份氖气的混合气体组成。根据反射镜和放电管的相对位置，氦-氖气体激光器分为内腔式、外腔式和半内腔式三种结构形式，主要的区别在于共振腔两端的两个反射镜和放电管是固定在一起、分开的，还是一段固定一段分开。

图 4-13 是氦-氖气体激光器的结构示意图。氦-氖气体激光器包括电极、放电管、共振腔和激励电源几个部分。电极是产生气体放电的主要元件，要求能发射较大量的电子，常用镍、钼、铝等材料做成圆筒形以减小溅射效应。放电管一般都采用硬质玻璃管，当有特殊要求时，采用石英玻璃管。外腔式玻璃管的两端各贴有一块为减少反射损失的镜片，它和放电管形成的倾角称为布儒斯特角，大小和镜片的材料与激光的折射率有关。共振腔是使工作物质的受激辐射放大和维持继续振荡的元件，在固体激光器中，一般采用平行的平面共振腔，而在气体激光器中则常用球面共振腔。在共振腔的两端有两块曲率半径相等的球面反射镜，一块是反射率为 99.5%的 23 层的介质镜，另一块是透射率为 1%的 9 层的介质镜。氦-氖气体激光器的激励电源可以用直流、交流和射频电源激发。

这类激光器可以在可见光和红外光区域里连续输出多种波长的激光，激光束的方向性、单色性和相干性都极好，输出功率和频率控制得很稳定。氦-氖气体激光器属于一种低效率的激光器，其电-光转换效率约为千分之一。氦-氖气体激光器的输出功率不大。长度为 10 cm 的激光管，其输出功率约为 0.1 mW；长度为 50 cm 的激光管，输出功率约为 10 mW。实用上最大输出功率为 100 mW。20 mW 的氦-氖气体激光器在稳定的系统中能方便地记录目标直径达 0.9 m 的全息图。这样一台激光器消耗 110 V(或 220 V)电源的电功率为 125 W，其不维修运行时间超过 5 000 h。5 mW 激光器能记录直径为0.46 m 的目标，不维修运行时间超过 10 000 h。此外，这种激光器还有寿命长、结构简单、价格低廉和使用方便等

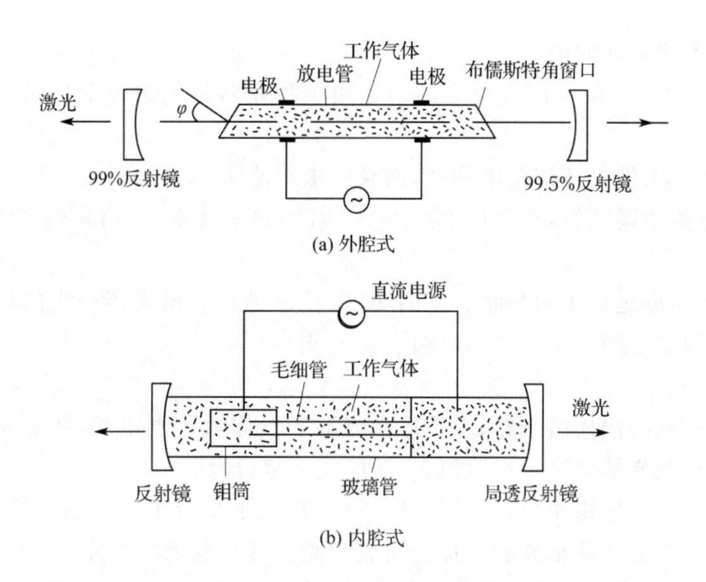

图 4-13　氦-氖气体激光器的结构示意图

优点，所以氦-氖气体激光器是目前应用最为广泛的一种激光器。

⑤氦-镉(He-Cd)激光器

氦-镉激光器近似于氦-氖气体激光器，只有下列几点不同：

a. 寿命较短(1 000～2 000 h)。

b. 发射可见光波长 0.422 μm，较氦-氖约短 30%，使其增加灵敏度，且允许使用对蓝光灵敏的记录介质。

c. 有紫外线波段(0.325 μm)的输出，是氦-氖气体激光器波长的一半，可使位移测量灵敏度提高一倍。

d. 产生的波长更短，对眼睛的危害更大。

⑥氩离子(Ar^+)与氪离子(Kr^+)激光器

氩和氪离子激光器依照单位输出光的价格可能是耗费最少的全息照相源。1 mW 的激光器输出可得到 9 m 的干涉长度。然而，低功率氩激光器的价格则比氦-氖气体激光器高。

a. 氩离子激光器

氩离子激光器利用激光管中气体放电过程，使氩原子电离并激发，实现粒子数反转而产生激光的。这种激光器发射出的激光谱线很丰富，分布在蓝绿区域内，其中以波长为 0.515 4 μm和 0.488 0 μm 的光谱为最强。氩离子激光器是目前在可见光区域内连续输出功率最高的一种激光器，其连续输出功率一般为几瓦，最高可达一百多瓦，并且还可以脉冲方式工作。这种激光器用途较广，可用作激光彩色电视、彩色全息照相、水下探测和微型切割等光源。

b. 氪离子激光器

以氪代替氩，结构与氩激光器相似，其输出波长较氩激光器长而功率较低。一台 2 W 的氪激光器在其最强光(0.514 μm)内产生 0.8 W 输出，同样的激光器装置填充氩时，在 0.647 μm产生 0.5 W 输出，而总量减至 1.3 W。以氩和氪混合物做工作物质，可以给出订制的覆盖范围波长的输出。

输出范围在1～4 W并配有校准器的氩离子激光器是优越的全息照相光源，具有如下特点：

第一，氩激光器消耗几千瓦电功率，而且要求水冷。

第二，用电弧激励气体，在部件上产生高电压与高热负载，使可靠性与稳定性低于氦-氖气体激光器。

第三，输出功率远高于对眼睛有害的功率，特别是在氩激光器产生的短波波长段，所以对氩激光器的安全防护必须更加严格。

(4)其他激光器

除了上面提到的固体激光器、半导体激光器和气体激光器以外，还有光学激光器、液体激光器和燃料激光器尚在研究阶段，广泛应用尚未普及。

光学激光器的工作物质可以是气体或液体，在光学反应中建立粒子数反转而产生受激辐射。光学激光器能够把光能直接转换成激光。其特点是激光波长可以自由选择。因为能级分布较散，激发能利用较低，所以输出功率不够高。光学激光器有氟-氢激光器和氟化氘激光器等。

液体激光器是利用液体作为工作物质产生受激辐射的。优点是激光器内部不会产生气泡或裂纹，能够保持一定的工作温度，使用过程中效率不会降低，价格便宜，制备简单，输出激光的波长可以连续调节。缺点是液体热膨胀性大，折射率变化显著，所以在静态工作时会影响激光特性。最早研究的液体激光器是螯化物激光器，它由稀土离子与某些分子结构的有机集团相结合而构成，没有实际应用价值。近来研究的是无机液体激光器，如掺钕离子的氧氯化硒加四氯化锡和掺钕离子的三氯氧磷都是掺有稀土离子的无机液体激光器，它们的发散角小(一般为毫米弧度)、增益高和阈值低，输出功率使用调 Q 装置后峰值可以达到数十兆瓦。无机液体激光器的激发方式与装置和固体激光器相同。有机染料激光器以碳花青、若丹明等有机染料为工作物质，将其溶于乙醇、丙酮、水等溶剂中，或以蒸汽状态工作，建立粒子数反转而产生受激辐射，原理与装置和固体激光器类似。采用巨脉冲的激光器或闪光灯来激发的，输出的激光波长非常宽、发散角较小，只有0.5 mm弧度。利用不同染料可获得不同波长激光(在可见光范围)，激光波长随染料浓度和液槽长度而变动。当同类型的染料溶液相混合时，输出激光的波长就介乎两种染料溶液的中间，所以染料激光器的波长是连续可调的。染料激光器一般使用激光作泵浦源，例如常用的有氩离子激光器等，且覆盖面宽，使它也得到了广泛应用。

4.2.3 激光全息照相

1. 激光全息照相基础

激光全息照相是两步成像法，由照相记录和图像再现两过程组成。照相记录过程应用光的干涉，而图像再现过程中则应用光的衍射。

(1)光的干涉

①概念

光波在空间因叠加而形成明暗相间的稳定分布的现象叫作光的干涉。根据电磁波理

论，表示光波中电场 E 的波动方程为

$$E=A_0\cos(\omega t+\varphi_0) \tag{4-8}$$

式中 A_0——光波的振幅；

ω——光波振动的角频率；

φ_0——光波振动的初始相位。

波是可以叠加的。两列波长相同的光波相互叠加，当它们相位相同时，叠加后所合成的光波振幅增强，如图 4-14(a)所示；如果它们的相位相反，那么合成光波的振幅就相互抵消而减弱，如图 4-14(b)所示。这就是光的干涉现象。

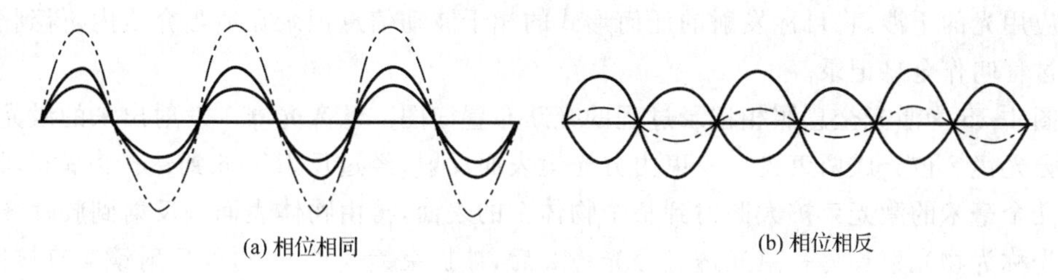

图 4-14 光的干涉

②相干波

能产生干涉现象的两束光波叫作相干波。

相干波必须满足以下条件：

a. 两束光波具有相同的频率和固定的相位差。

b. 两束光波在相遇处所产生的振幅差不应太大，否则与单一光波在该处的振幅没有多大的差别，因而也就没有明显的干涉现象。

c. 两束光波在相遇处的光程差(即两束光波传播到该处的距离差值)不能太大。

由于实际光源发出的光波是一系列有限长的波列，因此，当两束光波在相遇处的光程差不大时，则两束光波中有固定相位差的波列同时作用于一点，能产生清晰的干涉现象；而当光程差很大时，一束光波的波列已通过，而另一束光波相应的波列尚未到达，两个相应的波列间没有重叠，产生不了干涉现象。要进行全息照相，必须有好的光源，以产生光的干涉现象。如前所述，激光具有良好相干性、稳定的方向性和单色性，所以可以用作全息成像。

(2)光的衍射

光波在传播过程中，碰到障碍物时能绕过该障碍物的边沿而继续向前传播的现象被称为光的衍射。

2. 激光全息照相过程

普通照相类似于小孔成像的原理，在感光底板和物体之间的镜头起到小孔的作用，物体上每个点只有一条光线通过透镜发生折射到达底板形成每一点的像，于是整张底板就组成这个物体的像。

普通照相采用一步成像方法，通过照相机镜头一次成像于感光胶片上。感光底片平面将物体表面反射、散射或辐射出的光波的强度分布记录下来，经过显影、定影等冲洗工序处理后便直接获得物体的像。由于底片上的感光物质只能对光的强度有响应，对相位

分布不起作用，所以这个像是平面的。此外，由于在照相过程中把光波的相位分布这个重要的信息丢失了，因此在所得到的照片中，物体的三维特征消失了，不再存在视差，改变观察角度时并不能看到像的不同侧面。

不同于普通成像，激光全息照相是一种记录被摄物体反射（或透射）光波中全部信息的先进照相技术。激光全息照相时，不需要普通照相的镜头和镜箱，而是采取一种全新的“无透镜”两步成像过程。第一步是全息照相记录过程，即拍摄和制备全息照片；第二步是全息图像再现过程，即重现物像。

（1）激光全息照相的记录过程

应用光的干涉，将目标发射的任何形式的相干波动信息记录在适当介质内，得到全息图的过程叫作全息记录。

图 4-15 为激光全息照相记录过程的光路布置简图。从激光器 1 发射出来的激光束，经过分光镜 2 被分成两束光。一束由分光镜表面反射，经过反射镜 6 到达扩束镜 5，将直径为几个毫米的激光束扩大照射到整个物体 7 的表面，再由物体表面漫反射到胶片 8 上，这束光称为物光束。另一束光透过分光镜 2 后，被扩束镜 3 扩大，再经反射镜 4 直接照射到胶片 8 上，这束光称为参考光束。由于激光具有很好的时间相干性和空间相干性，这样当两束光相遇时，两束光的相位关系不变，保证干涉是稳定的。因此，参考光束和物体光束在空间的叠加区域内会产生干涉。利用光的干涉，产生了光的振动的增强和减弱现象。光的振动状态的变化是按照正弦形式不断改变着它的相位，两束光的相位相同时，振动就加强；两束光的相位相反时，振动就减弱。在同一时间内两束光的相位因位置的不同而异，所以增强和减弱也随着位置的不同而发生变化。那么，在将记录介质（如感光乳胶片）插在这一叠加区域的任意位置上，当这两束光波在胶片上叠加后，形成干涉图案。胶片经过显影、定影处理后，干涉图案就以明暗相间的条纹被显示出来，正是这些干涉条纹记录了物体光波的振幅和相位在不同区域的变化情况。光波的相位是随时间和传播距离而变化的，所以底板上干涉条纹的反差和条纹的间隔形式不但记录了物体光的强弱（振幅），而且也记录了这束物体光的相位。这样的全息照相记录了物体光所带来的关于物体情况的全部信息，经过曝光、显影和定影等冲洗过程处理后，这些干涉条纹就在录像材料上保存下来，这就是激光全息照相的全息图，或称为全息照片。

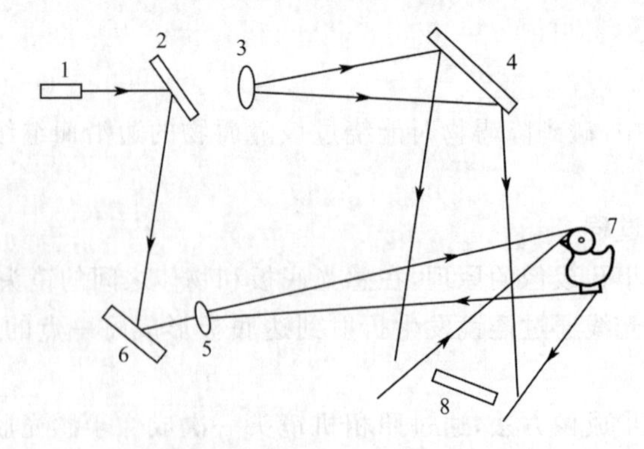

1—激光器；2—分光镜；3—扩束镜；4—反射镜；5—扩束镜；6—反射镜；7—物体；8—胶片

图 4-15　激光全息照相记录过程的光路布置简图

从光的干涉原理可知，当两束相干光波相遇，发生干涉叠加时，其合成强度不仅依赖于每一束光各自的强度，同时也依赖于这两束光波之间的相位差。因此，干涉条纹的光强分布和形状与两个相干光束的振幅和相位是密切相关的。基于上述原因，进行激光全息成像时，来自检测对象上各点反射的物光，在振幅和相位上都不相同，这使得感光乳胶片上各处的干涉条纹也不同。振幅不同，条纹的感光程度不同；相位不同，条纹的密度和形状不同。可见，全息图实质上是一张干涉条纹图，并不能直接显示出被照物体的任何形象。在高倍显微镜下，能够看到浓黑程度不同、疏密程度不同的干涉条纹。尽管这些条纹形状与原物像没有任何几何上的相似性，但是，这些条纹却微巧妙地记录了物体光波波前的全部信息（振幅和相位），这就是波前的全息记录。

(2)激光全息照相的再现过程

图像再现过程需要应用光的衍射。当用一与参考光波相似的光波照射全息底板时，干涉条纹起到光栅衍射作用。光通过全息图产生衍射现象，衍射光波呈现出物体的再现像。

为了由全息图看到检测对象的像，就必须用相干光波（也称再现光波）去照射全息图。由于全息图是由许许多多明暗相间的干涉条纹组成，当再现光波照射到暗条纹处，光被挡住透射不过去，而照到亮条纹处就能透过，且由于干涉条纹分布极其细密，因此，全息图犹如一个极其复杂的光栅。当被再现光波照射时，光波就会产生衍射现象，出现许多衍射波。其中沿着再现光波照射方向传播的光波称为零级衍射波，在零级衍射波两侧有两列一级衍射波。此外，还有二级、三级衍射波等。由于它们的光强度很快被衰减，故无法看见。在这两列一级衍射波中，其中一列构成原来物体的初始像（通常称为虚像），另一列构成物体的共轭像（通常称为实像）。如果在实像处放置一个屏，就可以在屏上直接接收到物体的像，如图 4-16 所示。

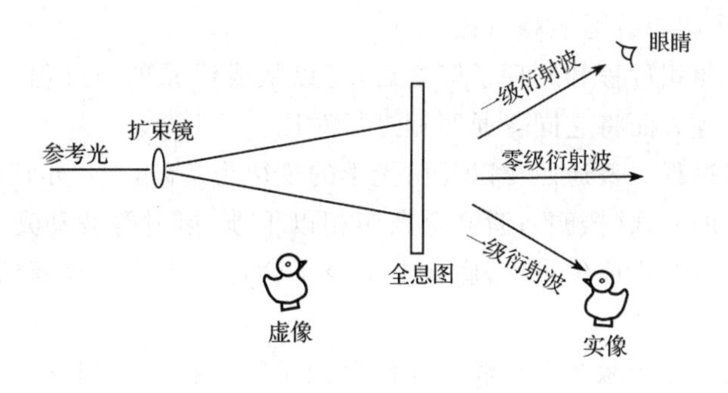

图 4-16　图像再现过程

如果再现时所用的相干光波是与参考光束的波长和传播方向完全相同的光束，那么再现的物体像（虚像）就会出现在原来记录过程中物体所处位置，和原来的物体光波完全相同，是一个三维的立体像，用眼睛可以观察到一幅非常逼真的原物形象（虚像），悬空地再现在全息图后面原来物体的位置上。

由于激光全息照相能够同时记录物光的强度分布和相位分布，即全部信息，所以全息图如同一个窗口，当人们移动眼睛从不同角度观察时，就好像面对原物一样看到它的不同侧面的形象，甚至在某个角度被遮住的部分也可在另一个角度看到它。因此，全息图再现的是一副完全逼真的立体图像。更加吸引人的是,如果挡住全息图的一部分,只露出另一部分,这时再现的物体形象仍然是完整的,并不残缺。即使激光全息图碎了,拿来其中的一块碎片,仍然可以使整个原物形象重建(再现)。这是由于全息照相过程中,感光底板不是通过针孔来接受光的,物体与底片是点面对应关系,即底板上每个地方都能够感受到全部物体表面漫散过来的光(或者说每一个物体点所发的光束都直接落在感光底片的整个平面上),反之,全息图每一局部都包括了物体各点光波的全部信息。所以全息图再现的是一幅逼真的立体图像。

3. 激光全息照相原理

(1)激光全息照相原理

激光全息照相是以光波干涉原理为基础的,把检测对象光波的全部信息(振幅、相位)记录在介质上,这就要求记录介质必须同时储存光波的振幅信息和相位信息,然而,现有的记录介质仅对光强有响应,而对相位变化无反应。因此,要记录光波的相位,就必须设法把相位信息转换为光强(振幅)变化。只有这样,感光介质才能把光波的全部信息记录下来。能够完成这一转化的理想方法就是干涉法,即把一个振幅和相位已知的相干波加到另一个未知的相干波上,使二者产生干涉,照射到记录介质上。此时,投射到记录介质上的总光强既取决于未知相干涉波前的振幅又取决于其相位,这就记录了检测对象光波的全部信息。

激光全息照相巧妙地利用了波的干涉原理,达到了同时记录包括光波相位和振幅在内的全部信息的目的。通过激光全息照相,可以对具有任意形状目标的漫散射建立完整的图像,由照相记录和图像再现两步组成:照相记录过程应用光的干涉,将目标发射的任何形式的相干波动信息记录在适当介质内,得到全息图;图像再现过程中则应用光的衍射,在稍后时间使波动通过相干束得到重建,恢复(重建)具有目标事实形状的图像。

(2)激光全息照相与普通照相对比

在对激光全息照相过程和原理了解之后,可以从成像原理与过程、成像形式、像的特点、像源、成像条件等方面将它同普通照相进行对比。

①成像原理与过程。普通照相以几何光学的规律为基础,为一步成像过程,底片上记录的只是物体各点的光强(振幅);激光全息照相以干涉、衍射等波动光学规律为基础,分照相记录和图像再现两步成像过程,底板上记录了物体上各点的全部信息,包括振幅、相位和频率。

②影像的形式。由于激光全息成像底板上记录的是物体光和参考光的干涉图,所以通过高倍显微镜能够在全息成像底板上看到浓黑程度不同、疏密程度不同的干涉条纹,而看不到普通照相时底板上所记录的物体的影像。其中,干涉图样的明暗对比程度反映物光波相对于参考光波之间振幅的变化,干涉条纹的几何特征(包括形状、疏密、位置等)反映物光波和参考光波之间相位变化。

③像的特点。普通照相得到的是物体二维的平面图像,记录了物体光波的强度、频率信息;全息照相时,尽管全息图或全息底片本身仍是平面的,其厚度内并没有信息图像,但通过图像再现过程,看到的是与原来物体一模一样的、非常逼真的立体像。此时,全息图本身仍为平面的光栅,相当于一个光栅结构,除了一个虚像外,在全息照片的观察者一侧

还会形成一个实像,即所成的像总是孪生的一对共轭像,这相当于光栅所产生的零级衍射波两侧的两个一级衍射波所成像。而且,这种立体像能和直接观察物体时一样,有明显的视差和纵深视觉效应,犹如从窗口去观察原来物体似的,当人们移动眼睛从不同角度观察时,可看到它的不同侧面形象,甚至在某一角度被物遮住的东西也可以在另一角度看到它。

④像的观察。激光全息成像时,要看到被摄物体的像,必须用一束同样的参考光束照射全息照片(全息图)进行再现。若用同一束激光去照射该照片,眼前就会出现逼真的立体景物。从不同的角度去观察,就可以看到原来物体的不同侧面。如果不小心把全息照片弄碎了,那也没有关系。随意拿起其中的一小块碎片,用同样的方法观察,原来的被摄物体仍然能完整无缺地显示出来。

⑤点面对应。普通照相过程中,物和像之间是点-点对应的关系,即一个物点对应像平面中的一个像点。激光全息照相过程中,物体与底片之间是点-面对应的关系,即每个物点的光直接落在记录介质整个平面上。反过来说,全息图中每一局部都包含了物体各点的光信息,因此,全息照片的每一部分,不论有多大,总能再现出原来物体的整个图像。就是说,一个全息照片的碎片仍能重现出物体的全貌,只是由于照片面积缩小了,像的分辨率受些影响,但通过全息照片的一个碎片仍能看到记录的全部图像。

⑥光源。普通照相是物体光波强度的记录,用普通光源就足够了。激光全息照相是干涉图像的记录,要求参考光束和各个物点的物光束都是相干的,即全息照相必须使用相干光源。全息照相设想自初次提出后的很长时间内进展十分缓慢就是由于缺乏相干的强光源。只有在20世纪60年代初激光问世后,这种设想才真正变成了现实,并得以迅速发展。为了拍摄合乎要求的全息照片,要求激光器满足如下要求:很好的单色性,相干长度要大于被摄物体的尺寸;单模工作;足够的输出功率,尤其是拍摄运动物体时,能保证在极短的曝光时间内,提供足够光能。常用的激光器有氦-氖气体激光器、氩离子激光器(适于拍摄彩色全息照片)、红宝石激光器。拍摄运动物体,常需采用调Q装置。

⑦拍照条件。要拍摄一张满意的全息照片(全息图),需要比普通照相更严格的拍照条件。如稳定的工作系统,分辨率较高的记录介质和适当的参考光与物体光光强之比等。

⑧底片储存信息容量。一张全息底片可以多次曝光,把不同物体或同一物体在不同状态下发出的光信息,以多组干涉图样重叠记录下来,而且每一个像也能不受其他像的干扰而单独地显示出来。再现观察时,为使不同物体的再现像能在空间分离开来,应采用不同角度入射的参考光束照射感光底板。因此,全息照片的储存信息容量很大,这是普通照相技术所无法比拟的。

⑨易于复制。如用接触法复制新的全息照片,即使原来透明的部分变成不透明的,而原来不透明部分变成透明的,用这张复制照片再现出来的像仍然和原来照片的像完全一样。

(3)激光全息照片的特点

不同于普通相片,全息照片具有以下特点。

①全息照片只是记录了一些干涉条纹,底片上的条纹与被摄物体无任何相似之处,需要在相干光束的照射下,才能如实地重现物体图像。

②再现像是立体的，具有三维再现性，且视差效应明显。由于全息照片记录了物光的全部信息，从不同的角度观察同一个全息照片，再现的物体是一个非常逼真的三维立体像，观察者如同观察真实景物一样。当观察者改变位置时，可以看到某些隐藏在物体背后的东西。若看远近不同的物体，必须重新调焦。一般照相机照出的照片都是平面的，没有立体感，得到的仅是二维图像，很多信息都失去了。

③全息照片具有可分割性。如果把普通照片撕去一块，就会丢失一部分信息；但全息照片打碎后，只要任取一小片，不论多大(或分割成小片)都能再现出原来物体的整体图像，犹如通过小窗口观察物体那样，仍能看到物体的全貌。这是由于全息照相不用成像透镜，全息照片上任何一点记录的干涉图像都是由物体所有点漫射来的光与参考光相干涉而成的，完整地记录了整个物体的信息(每个物点发出的球面光波都照亮整个感光底片，并与参考光波在整个底片上发生干涉，因而整个底片上都留下了这个物点的信息)。然而，由于受光面积减少，成像光束的强度要相应地减弱；而且由于全息图变小，边缘的衍射效应增强，这使得像的亮度、清晰度和像质会有所降低，视野稍有不同而已。

④全息照片可多次记录多个图像。一张全息胶片可以进行多次曝光，重叠数个不同的全息图。全息记录时，通过改变物光与参考光之间的夹角，或改变物体的位置，或改变被摄物体，等等，记录多个物体的图像，一一曝光之后再进行显影与定影；再现时，由于各个像再现在不同的衍射方向上，所以每一个物体的像都可以不受其他像的干扰而单独地显示出来。因此，可以在不同的方向上看到再现的物体像。

4.激光全息照相基本条件

为了实现全息照相，实验装置必须满足下述基本条件。

(1)稳定性较好的防震台

激光全息照相记录在感光底板上的不是物体的图像，而是一系列干涉条纹。由于全息底片上记录的干涉条纹很细，相当于波长量级，记录过程中极小的干扰都会引起干涉条纹的模糊，不能形成清晰的全息图，因此要求整个光学系统的稳定性良好，限制整个照相记录系统的振动。这里包括物体、感光底板、反射镜、扩束镜、分光镜、平台以及周围空气流动性等的稳定性，其中保证平台的防震是使系统维持稳定性的关键所在。

(2)物体光与参考光夹角的选择

从布拉格法则可知：条纹宽度 $d=\lambda/[2\sin(\theta/2)]$，由此公式可以估计条纹的宽度。当物体光与参考光之间的夹角 $\theta=60°$时，$\lambda=0.632\ 8\ \mu m$，则 $d=0.632\ 8\ \mu m$。可见，在记录时条纹或底片移动 1 μm，将不能成功地得到全息图。因此，在记录过程中，光路中各个光学元件(包括光源和被摄物体)都必须牢牢固定在防震台上。

从公式可知，当 θ 角减小时，d 增加，抗干扰性增强。因此，为了使条纹能够被记录下来，应使条纹宽度大些，这就要求参考光和物体光的夹角尽可能的小，一般以不大于 30°为宜，条纹宽度大了，限制条纹移动的半个条纹宽度值就增大了。另一方面，还要考虑到再现时使衍射光和零级衍射光能分得开一些，θ 角要大于 30°，一般取 45°左右。

(3)相干性好的光源

全息原理是在 1948 年就已提出，但由于没有合适的光源而难以实现。激光的出现为全息照相提供了一个理想的光源，这是因为激光具有很好的空间相干性和时间相干性。

因此，为了保证光源有足够的相干长度，在全息照相时，激光光源要尽量采用单模的。

(4)高分辨率的感光底板

普通照相时底片上每处只接受来自物体局部的光、整张底片才能显现出一个完整的物体图像。不同于普通照相，全息照相底板感光时物体光是不经过针孔的，物体图像的光照到底板全部面积上，底板上每一处都接收到整个物体漫射过来的光。此外，全息照相底板具有可分性，底板打碎后，每块碎片都可再现出整个物体的图像，这就要求全息照相的感光底板应具有分辨率高、灵敏度良好的特性。

一般采用条纹宽度 d 的倒数表示感光材料的分辨率。显然，分辨率越大，照相时物体光和参考光之间的夹角就可以大一些。普通感光底片由于银化合物的颗粒较粗，一般普通照相底片的分辨率为 100～200 条/毫米，每毫米只能记录几十至几百条，不能用来记录全息照相的细密干涉条纹。全息干涉条纹都是非常密集的，故全息照相底板的分辨率则要求在 1 000 条/毫米以上，天津感光胶片厂出品的 GS-I 型红光干板的极限分辨率为3 000 条/毫米。

值得一提的是，分辨率的提高使感光度下降，使得曝光时间比普通照片长，且与激光强度、被拍摄物大小和反光性能有关，一般需几秒、几十秒，甚至更长。

(5)具有线性记录特性的记录介质

从波前再现过程来看，记录介质应具有线性记录特性，即介质透射率与记录时相应的光强呈线性关系，全息照相的理想曝光量应该选在透射率-曝光量特性曲线(T/E 特性曲线)的直线部分靠近中点的位置，这可以保证再现观察时，全息照片在参考光束照射下能得到最大的衍射，使记录的干涉条纹能再现出亮度最大而失真最小的图像。

按光强在介质中所起作用的不同，全息照相所用的记录介质可以分为吸收型和相位型两类。如银盐全息干板是吸收型的记录介质，而光导热塑片则是相位型的记录介质。

全息照相如采用吸收型感光底板作为记录材料，因为曝光时间较长，所以需要在暗室中工作，这对操作是有不方便之处的。从实践来看，激光全息照相时对自然光也不要求完全隔绝，稍漏些自然光也是可以照出来的。但无论如何，进行激光全息照相时最好还是要求在暗室内，对感光底板只是要求有尽可能大的抗干扰的性能，并且曝光时间也要求能做到越短越好。用于氦-氖激光的全息底板对红光最敏感，所以全息照相的全部操作可在暗绿灯下进行，曝光后，显影、定影等化学处理与普通感光底板相同。

每种全息照相底板都有自己的 T/E 特性曲线，全息照相时，应按照 T/E 特性曲线来选定的。此外，对光谱灵敏度和光强灵敏度的选择也必须在一定的数值以上。

(6)合理的光路系统

进行全息照相时，对光路的一般要求是尽量减少物体光和参考光的光程差，一般控制在几厘米以内；参考光与物光的光强比一般为 4∶1～10∶1，为此需选取合适的分束镜。另外，选用光学元件数越少越好，可减少光损失及干扰。而且，在布置光路系统时，要分别检查物体光和参考光的功率和光强，因此需要遮挡一束光，对另一束光进行测量，所以遮光板是一个不可少的光学元件。遮光板是一个表面为黑色的不透明的屏，遮光板的高低可根据光路位置调节。在进行照相曝光前，也还要从感光底板处观察一下，除了物体光和参考光两束光之外，是否还有别的亮点。如有，就要用遮光板挡住，否则，以后在观察再现象时，这些再现的亮点会影响图像的质量。

(7)其他要求

因为物体的透明度各处不同或反差较大时，会使感光底板曝光不均匀引起记录失真和成像不清晰。所以在对透明物体或光亮的反射程度差别较大的物体进行全息照相时，最好使照射物体的那束物体光采用漫射照明。如采用毛玻璃、薄塑料纸等作为漫射器进行漫射照明时，可以使感光底板的记录介质面上的光强变的均匀，适当缩短曝光时间，保持环境安静都是有利于记录的。

当采用连续激光器、曝光时间较长，进行全息照相时尤其要注意整个照相系统的稳定性。

另外，要获得最终的全息图，充分了解和学习感光底片的显影、定影、冲洗等有关摄影的暗室技术知识也是不可缺少的。

5. 激光全息照相基本步骤

激光全息照相过程由光路布置、测量物光和参考光的光强、装夹干板、曝光、冲洗干板、再现观察等基本环节组成。

(1)光路布置

采用合适的扩束镜(可用显微物镜或透镜)充分而均匀地照明被摄物体表面，使其正确地反射到全息干板(记录介质)上，以便于全息干板接收到丰富的物光信息。

操作者要测量物光束和参考光束的光程(自分光镜处到干板中间的光波传播距离)，使得两束光的光程大致相等。

根据物体大小和表面反光性能来确定物体与干板之间的距离，保证物体各个部分的信息都能达到干板上。

根据记录介质的分辨率来确定物光束和参考光束的夹角。一般选择在 45°以内，不宜过大。分光镜、反射镜、扩束镜等光学元件应能方便地调整。

(2)测量物光和参考光的光强

除了保证在记录介质上接收到足够的物体光强外，还必须选择合适的物光和参考光的光强比。根据目前供应的全息干板，应选择在 1∶10～1∶2。为了达到这一要求，可以选用合适的分光镜、加衰减器和调整光路等方法来实现。

测量光强的器件可用 2CR 型硅光电池，并在 AC 型直流复射式检流计上读出其电流数值。

(3)装夹干板

装夹干板时不要让胶片表面受到污染(如指纹、灰粒等)，装夹时胶片表面的药面对着物光传播方向。在摄制静止物体的全息图时，可用简单的干板夹。如用实时法检测物体时，为了使全息图精确放回原位，可以采用特殊设计的干板夹。

(4)曝光

干板装夹完后，需要静待 1～2 min，让整个照相系统稳定以后，再打开快门曝光。根据物体光强和胶片的灵敏度进行曝光时间的选择，不宜过长。一般使全息图的黑度不超过 0.7 即可。曝光过程中要严格保证整个照相系统的稳定性，否则将得不到满意的全息图。

(5)冲洗干板

日前国内供应的记录介质多为银盐全息干板,需进行显影、停显和定影湿法处理,操作时应在规定的安全灯下进行。

曝光后的干板可采用Agfa80或D-19显影液显影,显影时温度为(20±0.5) ℃,显影时间不超过3 min,在显影过程中要不断搅动显影液。

从显影液中取出干板后应用自来水冲洗,将显影液冲洗干净后放入停显液中进行停显20~30 s,停显温度为19~20 ℃。

干板从停显液中取出后,即可放到F-5定影液中进行定影,定影液的温度为19~20 ℃,定影时间为2~4 min,在定影过程中应不断地搅动定影液。

定影后的底片应在18~21 ℃水中洗10~20 min,然后进行干燥。此外,还可以用50%、75%、90%的乙醇水溶液各浸泡1 min,以便加速底片阴干和提高其清晰度。

在配制上述溶液中,应按次序逐一加入化学药品。一种药品完全溶解后才加入另一种药品。

(6)再现观察

全息图干燥后,即可进行再现观察记录效果。再现光源按原参考光的方位照射全息图,在原来物体所在部位即可再现出物体像素。如果需要将再现的物体记录下来,可以用普通照相方法对虚像进行反拍,有时为了增大再现像的亮度,可以加强再现光束的光强。

4.2.4 激光使用的安全防护

1.激光对生物的作用机理

激光可以被金属和非金属材料所吸收。利用激光制作的激光炮可以进行空战、氢弹爆炸等。激光也可以用作加工手段对各种材料进行切割、钻孔和焊接等。激光的威力是非常大的,通过透镜聚焦能够达到10 000 ℃以上的高温,使材料前表面瞬间熔化或者汽化。试验证明,用能量为0.4 J的脉冲式激光器,800个脉冲可以将金刚石击穿1 mm深的孔。用能量为0.5 J的脉冲式激光器,1 μs一个脉冲就能够在未烧结的陶瓷上一次打一个孔。

激光对生物体的作用究竟有哪些?归纳起来可有以下几种效应。

(1)光效应:有机体吸收光后发生分解和电解,发生荧光并产生热量。

(2)热效应:由于激光在时空上的良好相干辐射,激光的热效应非常显著。在几微秒内能够使局部温度升高几百度,而温度的下降又很缓慢。热效应使生物有机体基因中的原子受到高能量的作用而改变位置,变成异构分子。

(3)压力效应:局部瞬间的热效应造成生物有机体组织的膨胀、汽化和变形,并产生次生冲击波压力;光压和次生冲击波压力合成总压力,引起有机体结构和组成的改变,并导致它们性质和状态的变异。

(4)电磁场效应:激光是高能量的电磁波。强大的电磁场可以使有机体组织的分子、原子离子化以及产生自由基,引起DNA分子中氢键的断裂和碱基的替换,使基因物质发生改变。当改变了的基因分子再复制其自身时,就会产生突变。

由于激光的作用强度各不相同,使有机体表现出刺激或抑制效应,其中激光的光效应是各种效应的基础，因而生物的肤色深对激光的吸收比肤色浅的严重。

通过试验表明，利用激光可以除去生物体中蛋白质或DNA分子，或者二者都除去。激光可以去除某些细胞，杀灭害虫；激光辐射可以导致植物代谢过程的中断，引起植株枯萎。因为激光使酶系统失活，而酶系统又是生物有机体生存必不可少的。由于酶系统的失活，抑制了主要氨基酸的内源合成。

生物有机体尤其是非光合作用的生物有机体对各种颜色的光作用不一样。红光的作用不大，紫光和氮离子激光器产生的蓝光则能够在一定程度上抑制生命活动力。

激光对生物有机体的作用形式是通过温度传递和吸收实现的，由此而产生超声激波和声激波，产生压力现象以及紫外发射、组织电离等，作用的大小受到激光能量密度、能量类型、激光波长和模式等参量的影响。

2. 激光对人体的伤害

激光对人体的伤害主要是对人眼和皮肤的伤害。

(1)激光对人眼的伤害

人的视网膜对可见光非常敏感，对激光同样十分的敏感，能够受到以光效应和热效应为主的各种效应的危害作用。当激光使用不当时，易造成视网膜的脱落。光谱可见区域的辐射在纤维组织上的最大允许功率密度是100 mW/cm^2。若假定大部分的可见激光束近于充满眼睛的瞳孔，则由于眼睛的聚焦作用，在视网膜上的功率密度要增大1×10^5倍。这表明任何产生大于0.1 μW输出的连续激光器，直指瞳孔就会损伤视网膜。事实上，即使是最小的连续激光器也要产生比此大得多的功率。用作激光全息照相的氦-氖气体激光器的最小功率为10 mW以上，这将是危险水平的1×10^4倍以上。

使用脉冲激光发生器，通常以能量密度来分辨是否达到危险水平。对正常脉冲工作，视网膜上承受的能量密度极限是1×10^{-8} J/cm^2。对于Q开关，这个极限还要降低1×10^{-9} J/cm^2。目前普遍使用的激光全息无损检测用红宝石激光器，每一脉冲能量提供达1×10^{-1} J/cm^2的能量密度，已远远超过了这个危险水平，而大多数其他的固体激光发生器所产生激光的能量密度要比1×10^{-8} J/cm^2高出许多倍，而钕玻璃固体激光器的能量密度是90 J/cm^2。人眼透过的波长范围为0.4～1.2 μm，二氧化碳激光器的波长为10.6 μm，因此二氧化碳激光器的辐射达不到视网膜，也不能被聚焦。所以二氧化碳激光器在红外区的激光比发出可见辐射的其他激光器安全得多，但它对眼睛前表面的角膜仍有加热效应，提高功率密度，同样可以严重损伤眼角膜，甚至穿孔。

(2)激光对皮肤的伤害

吸收率为98%的二氧化碳激光辐射进入未受损伤的皮肤时，其穿透深度不大于0.2 mm，但氩离子激光器的光辐射却能直接穿透皮肤的表层并被红色组织吸收，而又能够破坏血管。

激光辐射对皮肤组织的破坏称为热凝固坏死。这种热破坏即使是最低程度也会使伤口不愈合。热破坏越大，对伤口愈合的影响越大。此外，激光器发出的激光还能杀死动物。

3. 激光使用的防护措施

在讨论激光的安全使用过程中，最主要的判定标准是激光的能量密度。

使用激光时必须强调不要直接对着激光束或其反射光，在移动或调整激光系统中的光学元件时一定要注意激光的射出方向。

带上标准的塑料护目镜，此镜能够在相当长的时间内防止聚焦的激光。

使用激光时，限制功率密度的最大安全额定功率是 10 mW/cm^2。对于二氧化碳激光器，由于辐射的大多数是在红外区域，人眼不能观察到，最大安全额定为 1 mW/cm^2。

4.3　激光全息干涉计量技术

4.3.1　激光全息干涉计量技术的类型

按照所采用的检测技术、检测对象与参照图像相关的干涉技术，激光全息干涉计量技术在时间上可分为实时全息干涉计量（连续的）和双曝光全息干涉计量（瞬时的）。采用实时全息干涉计量可以对状态改变过程进行研究，而双曝光全息干涉计量可以对一个工件在两种不同时刻的变形状态进行测量对比，因而可以检测工件在一段时间内发生的任何改变，并对不同时刻的改变量加以对比。

1. 实时全息干涉计量技术

实时全息干涉计量技术是采用连续波激光器为光源，记录目标在自然状态或某一其他实用基准状态下的全息图，并且将重建的全息图实时地与被变形后的目标进行比较。以全息图作为观察窗口，用以观察其所记录的目标束（亦称储存束或冻结束）与变更了的实时束（有时称为活动束）干涉形成的干涉条纹，这时透过全息图观察目标时，不仅可以看到目标本身，而且可以看到呈现于目标表面的一组干涉条纹。改变外界条件（如应力、热变形等），光程发生变化，干涉条纹也随之改变。因此，可以采用改变应力等方法使实时条纹发生变化来研究目标的变形或状态，探测或检测目标内部的缺陷。

实际操作时，首先拍摄物体在不受力自由状态下的全息图，冲洗底片，然后把全息底片精确地放到原来拍摄时的位置上，并用拍摄全息图时同样的参考光束作为再现光照射全息图，则全息图就再现出物体的三维像（物体的虚像），再现的虚像完全重合在物体上；这时对物体进行加载，使物体表面产生微差位移，在受载后的物体表面光波和再现的物体虚像之间产生了微量的光程差。由于这两个光波都是相干光波（来自同一个激光源），并几乎存在于空间的同一位置，因此，这两个光波叠加就会产生干涉条纹（又称波纹图样），可以当时直接观察到。

假如物体内部没有缺陷时，这种干涉条纹的形状和间距的变化是连续均匀的，是和物体外形轮廓的变化同步的。然而，当物体内部有缺陷时，在受载情况下，相应于内部有缺陷的物体表面部位的变形就比周围的变形大。因此，再现物光波和变化后的物光波之间便产生干涉条纹当与再现虚像的波阵面相互干涉时，在对应于有缺陷部位的地区，就会出现不连续的突变的干涉条纹。条纹的形状、疏密和位置分布，就反映了物体的形变和位移大小，由于物体的初始状态（再现的虚像）和物体加载状态之间的干涉度量比较是在观察时完成的，所以称这种方法为实时法。

这种方法的优点是只需要一张全息图就能观察到各种不同的加载情况下物体表面状

态，从而判断物体内部是否有缺陷，简单迅速，确切的确定出物体所需加载量的大小。可以对任何形状的物体在不同条件下的状态变化进行实时地监测，能够探测出波长数量级的微小变化。因此，这种方法既经济又能迅速而确切地确定出物体所需加载量的大小。

主要问题：

①在这一方法中，必须将冲洗好的记录了目标全息图的全息底板精确地复位到原记录时的位置，同时保持全息照相系统中的光学元件位置严格不变，并用原参考光再现这张全息图，以此在原来目标的位置出现一个目标的虚像。这样，才能与实时束相干涉，形成所需的干涉条纹。这就需要有一套附加机构以保证全息图精确地放回到原来的位置时，以便使全息图位置的移动不超过几个光波的波长。

②由于全息干板在冲洗过程中乳胶层不可避免地要产生一些收缩，当全息图放回原位时，虽然物体没有变形，但仍有少量的位移干涉条纹出现。由于乳胶层在冲洗时不可避免地产生一些收缩，使全息图复位后，物体没变形，仍会有少量干涉条纹出现。

③显示的干涉条纹图样不能长久保留。当时观察法只能“当时”观察，下一次就观察不到了，所以全息图没有保留价值。

2. 双曝光全息干涉计量技术

双曝光全息干涉计量技术既可用连续波激光也可用脉冲波激光，将物体在两种不同受载情况下的物体表面光波拍摄在同一张全息底板上，记录同一物体变形前后的两个状态的全息图，该两幅全息图均做全息照相记录在同一张全息底片上。重建过程中，应用与记录时参考光束入射方向一样的再现光波照射全息图时，两个状态下的物体再现光波将发生干涉。这时，所看到的再现象，除了显示出原来物体的全息像外，在两种不同状态下的目标光波因存在光程差而相互干涉，所以，在再现像上还可观察到一组因变形而附加的干涉条纹。这种条纹表现在观察方向上的等位移线，两条相邻条纹之间的位移差约为再现光波的半个波长。若用氦-氖气体激光器做光源，则每条条纹代表大约 0.316 μm 的表面位移。通过对这种干涉条纹的形状、分布的分析和计算，来判断物体内部是否有缺陷，确定物体的形变和位移。

双曝光记录方法的一个重要的特点是记录过程采用两个角度分离的参考光束，每次曝光使用一个参考束。当形成的全息图被任何一个光束单独重建时，由于重建的只有单一的相应的物光束，从而在一阶衍射中的图像不包含干涉条纹。用双参考束照射全息图，重建图像显示如同常规的用单一参考束两次曝光所能获得的图像。

双参考束两次曝光技术的优点是，能够独立地重建相干涉的两图像，又能通过改变一个重建光束相对于另一光束的相位或其频率，使所观察到的条纹能以有利于条纹测量精度接近 1/1 000 的定量判读方式移动。

双曝光技术是激光全息干涉计量中应用最广泛的一种办法。此外，双曝光技术还可用来做瞬态现象的干涉记录，诸如应力波传播或突发冲击那样高速扰动均可用大功率固体脉冲曝光技术与脉冲激光做光源进行检测。由于基准状态和检测状态的图像均被全息照相记录，大功率固体激光器能在较短时间内（纳秒或更短）发射大量的能量，如几纳秒的脉冲激光源就足以“冻结”目标的运动状态，因此可以用来研究目标受冲击后应力波的传递过程。

双曝光法是在一张全息片上进行两次曝光，记录了物体在产生变形之前和之后的表面光波，这不但避免了实时法中全息图复位的困难，克服了在实时法中，必须把处理后的全息图严格精确放置在原拍摄位置上的缺点；而且也避免了感光乳胶层收缩不稳定的影响，因为这时每一个全息图所受到的影响是相同的。同时，由于它能将物体形变前后的状态"冻结"在全息图，就可以永久保存下来，即使没有原物时也能再现这种变化。这对于文物保管工作尤其有应用价值。其主要缺点是对于每一种加载量都需要摄制一张全息图，无法在一张全息图上看到不同加载情况下物体表面的变形状态，这对于确定加载参数来说是比较费事的。

双曝光技术和实时技术一样在研究目标两种状态之间的变化时，其变化量不能太大，也不能太小，要在全息干涉分析的限度之内（几个至几十个波长）。若变化太大，全息图再现的干涉条纹太密，以致目视无法分辨，等于没有产生干涉条纹。若变化太小，干涉条纹太稀，无法准确测量，因此选择合适的变化状态是双曝光技术应注意的问题。

双曝光技术干涉条纹的产生由两个因素决定：一是两次曝光之间目标状态的变化；二是两次曝光时，光波频率的变化。后一因素属干扰因素，往往使问题复杂化。有时频率变化甚至达到使干涉条纹无法形成的程度。为了保证测量的可靠性，要严格控制激光器输出光波频率的稳定。

3. 夹层全息干涉计量技术

在全息干涉计量技术中，实时法可以用一张全息图来观察目标在各种载荷的作用下其表面状态的变化。但是，它有一个缺点，就是目标的载荷卸去之后，目标的变形状态消失了，全息图的条纹随之消失。双曝光法虽可将目标两种状态以"冻结"的干涉条纹的形式保留在全息图里，但一张全息图只能保留一种比较状态。如果用单张全息图把目标的一个状态记录下来，不同的全息图记录了目标的各种不同的状态，而后把这些状态直接进行比较，即可得出两相应状态的干涉条纹。这样，这种方法就具有了实时法和双曝光法的优点，既可以改变目标的变形状态，又无须保持原目标而得到各种不同状态下的干涉条纹的永久保存。夹层全息干涉计量技术就是基于这一设想而出现的，由于这种方法要求将两张全息底片的乳胶片放入一特制的夹层全息底片的框架中，从而命名为夹层全息。同实时法一样，这一方法也要求框架具有准确复位精度。实验方法是，当目标处于某一状态时使一对底片曝光，这对底片记录了这种状态下的目标光波，经显影定影处理后，其中任一张底片只要准确地放在原来曝光的位置，都能精确地再现原来的目标光波。如果把处理后的第一状态摄制的一对全息底片的前片和第二状态摄制的另一对全息底片的后片，精确地放回底片框架，使它们各自保持原来的曝光位置，再用原来的相干光照射它们，它们就分别再现原来摄制时的目标光波，即第一种状态和第二种状态的目标光波，这两种状态下的目标再现光波互相干涉，形成反映两种状态间变形量的干涉条纹。按此方法，摄制目标各种状态的多对夹层全息图，采用任意组合方式进行再现，可以得到很多不同状态下的双曝光全息图，这在实际应用中是有很多优点的。

4. 时间平均全息干涉计量技术

根据双曝光全息干涉计量技术的原理，可推广到多次曝光，而极限情况则是连续曝光，连续曝光的结果，产生了"时间平均全息干涉计量技术"。时间平均全息照相法是美国学者鲍戚尔(Powell)和史特孙(Stetson)于1965年首先提出来的,该技术对于稳定的周期振动分析非常有效,是迄今振动分析方法中最有效的一种方法。

时间平均全息干涉是对一个振动物体做连续不间断的全息记录,用于对振动物体的振形分析,提供了周期运动过程中对目标表面位移的描绘,故有时称为全息测振(连续曝光全息干涉技术)。通常,用连续波激光器来完成这一记录。由于全息照相的记录(曝光)时间远比目标振动周期长,因此,全息平面图上所记录的是振动物体各个状态在一段时间内的平均干涉条纹,它反映出试件振动的平均效应。

这种方法是在物体振动时拍摄全息图,在拍摄时所需的曝光时间要比物体振动循环的一个周期长得多,即在整个曝光时间内,物体要能够进行许多个周期的振动。但由于物体是做正弦式的周期性振动,把大部分时间消耗在振动的两个端点上,所以全息底片上所记录的状态实际上是物体在振动的两个端点状态的叠加。当再现全息图时,这两个端点状态的像就相干涉而产生干涉条纹,因此,在重建时形成的条纹场中,亮条纹对应于节点区(振幅为零或很小的区域)。条纹的等级(黑度)随其迫近反节点区域(最大幅度区域)而不断增加。通过应用合适的条纹分析技术,从干涉条纹的图样形态和分布,通过测定目标表面上的每一点的振动幅度来判断物体内部是否含有缺陷。由于条纹的对比度随运动幅度的增加而减弱,在这种方法中,被分析的位移幅度不应该太大。

这种方法可以在一张全息图上清晰地记录出物体的内部缺陷,但为了使物体产生振动就需要有一套激振装置;而且,由于物体内部缺陷大小和深度不一,其激振频率也不相同,所以要求激励振源的频带要宽,频率能连续可调,其输出功率大小也有一定要求;同时,还要根据不同产品选择合适的换能器来激振物体;此外,由于使用连续波作为照射源,必须应用隔振设备,以避免在全息照相曝光期间因周围带来的振动。这是因为随机的振动将使形成全息图的条纹图形解失去相关依靠。如果振动是正弦重复,条纹图形将与表面运动的极点相关。这是由于在极点的振动表面较之它们的中间历程占有较大部分的时间。单一的一次曝光可以设想为拥有三部分曝光历程:首先是当表面“休止”在最大位移幅度位置的曝光;其次是当表面“休止”在最小位移幅度的曝光;最后是表面很快地由一个位置至另一位置时的曝光。

4.3.2 激光全息照相干涉计量技术的加载

应用激光全息照相干涉计量技术检测材料或结构内部缺陷的实质是比较物体在不同受载情况下的表面光波,因此需要对物体施加应力(通称加载),使其表面产生微小变形,而这一变形又能指示所要寻找的材质缺陷。由于全息照相干涉计量技术对工件的离面位移最为灵敏,所寻求的加载方法应该是能通过全息照相干涉计量技术记录的可以检测到的离面位置变化。干涉图包含均匀间隔的明暗相间的条纹以及表征为缺陷的、可辨认的异常现象。加载方式可采用声、热、压力以及机械等能够在工件表面产生应力的任何加载方式。加载方式的选用应从:①工件的物理特征;②检测缺陷的类型;③工件的可达性(工件是可以被单独检测的,还是必须作为较为复杂系统的一个组成的零部件而被检测的)等方面进行选择。

值得一提的是,物体的加载只是为了使物体表面产生微差位移,应注意避免产生物体的整体变形，更不应该使物体受到损伤。一般使物体表面产生 0.2 μm 的微差位移，就可以使物体内部的缺陷在干涉条纹图样中有所表现，但是，如果缺陷位置过深，在加载时，缺陷反应不到物体表面或反应非常微小时，则无法采用激光全息检测。

常用的加载方式有：压力或真空加载法、热加载法、声振动法。现简要介绍如下。

1. 压力或真空加载

应用全息照相干涉计量技术对中空部件进行检测时，施加应力最为有效的方法之一是增压或抽真空，这种方法最容易实现。然而，它又不限于对这种形式工件的检测，对任何在大气压力下能制成表面与大气分离的结构，表面密封区抽真空，均可以使腔室和周围大气之间造成压力差。

通常很轻微的压应力（0～70 kPa）就足以产生能被全息照相干涉计量技术检出的表面变形。然而，某些情况（例如扩散连接、电子束焊与电阻焊的检测）要求 700 kPa 级的压差才可以产生全息照相干涉计量技术检测所需要的表面变形。

（1）内部充气法

这种加载方式主要用于空心物体，内部是互相连通的结构，如有孔蜂窝结构板、轮胎、压力容器、管道等产品。把四周密封住，向内部充入压缩空气时，每个蜂窝格子都成为一个气室，蒙皮在气压作用下向外鼓起。在脱胶处，由于蒙皮和蜂窝夹芯之间没有胶住，若干个蜂窝格子合起来成为一个气室，由于边界长了，该处的蒙皮在气压作用下鼓起的量就比周围大，形成该脱胶处相对于周围蒙皮有了一个微小变形，根据这个微差位移，用激光全息照相干涉计量技术把这微差位移导致的干涉条纹记录在全息图中。

在这种全息干涉条纹图中除了显示蜂窝的结构形状外，还在脱胶处出现封闭的环状图案。随着充气压力的增大，环状图案的干涉条纹数也相应增多。对于蒙皮厚度为 0.36 mm、蜂窝格子边长为 5 mm 的铝质蜂窝结构板，当内外气压差为 0.07 kg/cm^2 时就能够清楚地观察出蜂窝的结构形状和缺陷图案。另外，随着蒙皮厚度的增加，显示出结构内部缺陷所需要的气压也要增大。例如，当蒙皮厚度的增大到 1 mm 时，则内外气压差达到 0.4 kg/cm^2 时才能检验出蒙皮和蜂窝之间的脱胶区。

这种加载方式所拍摄的全息图很直观，加载方法很简便，在波纹图样中能够观察到蜂窝的结构情况，脱胶等内部缺陷区也容易被发现，检测效果比较好。

（2）抽气法（表面真空加载法）

对于无法采用内部充气的结构，如蜂窝格子之间互不连通的无孔蜂窝结构板、多层复合材料结构、泡沫夹层结构及钣金胶接结构等，可以将被检物放在密闭容器内，从容器内向外抽气，造成缺陷处表皮的内外压力差，从而引起缺陷处表皮变形。在所有缺陷处，表皮变形较大，因此，在干涉条纹图样中会出现干涉条纹的突变或呈现出环状图案。

由于抽气法所能造成蒙皮内外的压差不超过一个大气压，这就限制它的应用范围，对于蒙皮较厚、缺陷较深或较小的结构，这种加载方式的应用受到了一定的限制。例如，蒙皮厚度为 0.3 mm 的钣金胶接结构，5 mm 直径的脱胶缺陷，真空度只要大约 300 mm 汞柱就可以了。而当蒙皮厚度增大到 0.5 mm 以上时，直径 5 mm 的脱胶缺陷就无法检查出来了。

2. 热加载

这种方法是对物体施加一个急骤的和温度适当的热脉冲。物体因受热而变形，工件内欲测的不连续(缺陷或异常)由于受热膨胀的不同形成了表面变形的差异。例如，在以相同热传导率材料制成的两部件间的脱黏处，由于缺乏内部接触，从脱黏区散失热的速率就相应较低，从而作用于表面热膨胀，因此，造成在该处的变形量相应也大些，从而形成该处相对于周围的表面变形有了一个微差位移，用激光全息照相记录时，就在全息图中显示出突变的干涉条纹。通常，热加载形成的表面位移是随时间而变化的，因此最好与实时连续激光或脉冲激光全息照相技术一起使用。

热加载的方法很多，可以用碘钨灯或红外线灯在物体表面直接照射加热，也可以用电炉加热物体，热空气或液氮冷却也用来进行热加载。这种加载方式是比较方便的，其应用及其适用性取决于具体的应用条件。

除了稳态和瞬态加热方法之外，工件周期加热与实时全息照相成像系统的同步频闪观察仪组合，已经有效地应用在定位表面开口裂纹和类似缺陷的检测。

由于这种加载方式是对物体施加热脉冲，当加热刚停止时，物体中的温度梯度大。这时，物体内部的缺陷地区所造成的变形也大，最容易显示出缺陷图案来。但是，这时物体的整体变形也很大，因而所显示的干涉条纹之间的距离很小(干涉条纹稠密)，不便于对干涉条纹进行观察和分析。对蒙皮较厚的产品，只有让物体充分冷却后，使物体的整体变形消失，而物体内部有缺陷地区的变形由于有一些滞后现象，还来不及完全消失时，才能够对干涉条纹进行分析，揭示出缺陷来，这样不但影响了检验的速度，而且对于埋藏较深的缺陷也不易发现，直接影响了检验的灵敏度。通常，滞后现象只有在蒙皮厚度小于0.7 mm 的较薄的蜂窝结构板或多层结构板才存在。只能等产品冷却下来干涉条纹变得较疏时才能观察分析，这样影响了检验速度也影响到检验效果。

为了解决这个问题，可以采用干涉条纹控制技术，将干涉条纹局部放大和增大条纹间距而显示出缺陷来。

热加载的主要优点是：简单、方便。其缺点是对缺陷的显示不如其他加载方式清楚，也不容易确定缺陷所在的深度。另外，采用加热方法时，要防止由于冷热空气对流产生物体的振动，以免使得干涉条纹产生移动而影响观察或记录的效果。当检验不同膨胀系数的复合材料时，要采取措施防止因加热引起的物体弯曲。

3. 声加载

用于检测的声加载系统可通过电驱动黏于工件表面的压电换能器。必要时，换能器也可以黏于紧固工件的夹具上，换能器振动通过胶接层输入并引起工件弯曲位移。在这种方法中，用选择一合适的驱动频率使在检测对象中建立谐振的板波模式。用附加的换能器作为传感器帮助建立板谐振。这种激励技术具有产生一个相对宽阔频率范围的优点——从几百赫到几百千赫。该方法中所用的声应力在声频或中频超声频率(通常小于100 kHz)。该方法较常规的兆赫频率下超声检测的突出优点是，常规超声检测中存在的粒子散射、声衰减、表面粗糙度和形状复杂引起的效应都显著减小，这就增加了检测的可能性，允许一次检测较大的区域，而且避免了声耦合问题。

在要求较大幅度振动的场合，换能器可以通过指数喇叭形辐射杆(声变换器)机械地耦合于检测对象的一个单点上。在喇叭形辐射杆较大的一端固定一个压电换能器，较小的一端紧压于工件，驱动换能器至谐振以便耦合一较大的声能至检测对象。用压电驱动指数喇叭辐射杆向检测对象施加声应力的驱动系统通常限制工件在窄的频率范围内，试验频率为 50 kHz，在喇叭输出端可获约 10 μm 峰值位移；喇叭耦合激励省去了压电技术中所需的黏接工序，也是加高频声应力中最为实用的技术。这种单点激励方法还能够建立整个检测对象的谐振，所以允许一次检测全部表面。声驻波、声行波和表面波均可作为检测时的声加载。

4. 机械加载

在全息照相干涉技术检测过程中，通过机械力的作用也可以使检测对象变形。施加机械应力的方法有很多种，这要根据检测对象的形状和所要查找的缺陷类型来选择。已经发现，对工件振动分析中相对广泛接受的一种方法是采用机械振荡器。

5. 振动加载

除利用电驱动黏于工件表面的压电换能器实施振动加载，更常用的是用机械激振器将频率信号发生器发出的信号作用于检测对象上，根据材料的厚度和缺陷的位置，调节驱动电压来改变激振频率，迫使工件形成受迫振动。前者称为电声激振，后者称为电磁式激振，甚至可以用压电晶体贴在检测对象上，以某一激振频率迫使工件形成受迫振动。振动加载中，常用时间平均全息干涉计量技术摄取工件稳定振动的全息图，分析全息图的条纹分布，即可发现检测对象的缺陷。

振动加载方法显示缺陷有两种形式：一种是工件的整体共振；另一种是缺陷区对振动的响应。检测时，常用实时法确定工件的共振频率，共振时缺陷区具有最大振幅或条纹畸变。

随之用时间平均法记录共振时检测对象的全息图，以分析确定缺陷。

振动法的一个重要特点是它能够提供缺陷大小和深度的一种度量。因为一个脱黏缺陷区域被声信号策动时，它就会像一个鼓似的以它的共振频率振动，要确定这个共振频率，可用当时观察的方法，一方面增加策动换能器的频率，一方面通过全息图来进行观察。在达到共振频率时，马上就会出现干涉条纹的异常变化。基频振动公式如下：

$$f_0=0.934\,2h\sqrt{E/[\rho(1-\mu^2)]}/a^2 \tag{4-9}$$

式中 h——脱黏表皮厚度的一半；

a——脱黏处的半径；

E——杨氏模量，N/m^2；

ρ——密度，kg/m^3；

μ——泊松比，量纲一的量。

根据实时观察到的脱黏区域，可以确定 a 值大小，从而可以算出 h 值，即缺陷距表面的深度。

6. 冲击加载

冲击加载是用摆锤或自由落体撞击检测对象，撞击使工件中产生应力波并向周围传播。应力波传播到缺陷处，由于缺陷的作用，使得应力波波形变化。用双脉冲全息干涉计量技术记录应力波发生变化的干涉条纹图形，即可检测出缺陷。它常用于对涡轮叶片、钢板、铝板压力容器中缺陷的检测。

以上各种加载方式各有其特点，在应用时要根据产品的结构和缺陷性质来选择。

4.4 激光全息检测系统

为了摄制一张清晰的全息图，除了需要一个理想的光源外，还需要一套比较完整的全息检测装置。该装置一般由激光光源(激光器)、减振平台、光学元件及支架、光强测试仪器、部件固定器(固定被检物体的装置)和加载装置、干板架/照相底片架、干板冲洗设备和一些辅助器件(漫射器、光阑、遮光板等)几个部分组成。除了部件固定器是根据物体形状和大小临时选用外，现简单介绍其他必要的基本装置。

4.4.1 激光器(激光光源)

激光器是产生激光的器件，作为激光全息照相的光源，它主要由工作物质、激励能源和光学谐振腔三部分组成。在各种激光器中，最常用的是氦-氖气体激光器，其连续功率从几毫瓦到几十毫瓦，在无损检测应用上已够了。红宝石固体激光器在使用时，需要根据激光器的功率选配激发电源，使之输出 4 kV 以上高压的直流或交流电以点燃激光器。为了使电压保持恒定，还应装备一台稳压电源，输出 220 V 稳定电压供给激发电源，使激光器输出功率保持不变。双频钕-钇铝石激光器已日渐广泛地用于脉冲全息照相。

4.4.2 减振工作平台

全息图是记录在全息干板上的一系列干涉条纹。在记录过程中，如果干涉条纹移动半个条纹宽度，就无法将条纹记录下来，不能形成全息图。当条纹移动小于半个条纹密度时，全息图可以不损坏，但亮度却受到影响。显然，干涉条纹的间距越密，记录过程中条纹移动受到的限制就越大。前已提及，两束相干光波的相位差为 π 的奇数倍(即相差半个光波波长)，它们叠加后光强就互相抵消；如果相位差为 π 的偶数倍(即相差一个波长)，它们叠加后光强就增加为 4 倍(假定两束光的振幅相等)。或者说，只要两束光光程差改变半个波长，干涉条纹的亮度就会从最暗变成最亮。因此，在记录过程中，必须保证物体光束和参考光束之间相对移动的距离小于激光波长的八分之一。

为了减少外界振动的影响，可以把整个照相系统稳定地安装在减振工作台上，抑制外界传来的振动，不让地面和周围环境的振动影响光路系统，满足全息照相系统稳定性的要求。

一般要求减振平台的质量要大。减振平台的主体是一块铸铁平板，大小以能安排下全部照相装置的光路布置为前提，刚度系数 K 的选择视减振要求而定。平台下面的支撑要采用适当的多级隔振措施，如用硬橡皮、木块、砂子和水泥块等，也可用充气的橡胶囊、轮胎或空气减振器作为隔振装置。如果能将减振平台地基与周围地面隔开，则减振效果更好。

小的、价廉的全息照相系统通常用一个通用的隔振台支持。隔振台浮动于三四个橡胶充气气囊或小的内管道上，全息照相部件用螺栓固定，夹具夹持，磁吸附或简单置于台上的位置。这类系统在设备质量的长期作用下，由于压实、老化而弹性降低，影响减振效果。因此，考虑到全息照相系统尺寸、质量、使用时间的增加，需要更加注意维持其稳定性。空气支柱减振装置由于空气压力可以调整，所以减振性能比较稳定，这类减振器可以使减振系统具有较低的固有频率。目前常见的三种大型全息照相减振台为蜂窝台，厚板台和焊接台。

(1)蜂窝台

蜂窝台用蜂窝夹芯壁板制成，厚度为50 mm～1 m，其上蒙皮通常为铁磁性的不锈钢，但为增加温度稳定性，外蒙皮也可使用铁镍合金的不膨胀钢。蜂窝台面的质量小于同等刚度钢台的10%。它们可以用振动阻尼材料制成，以形成声的不灵敏性。工作台通常浮于三四个空气支架上。伺服阀输入或排出气缸内的空气以维持台腿的恒定高度以及当部件移动时保持工作台的水平。空气支架由于低的谐振频率(典型为1～2 Hz)的优点，具有优越的隔离性能。置于蜂窝台上的全息照相部件可以用磁夹具固定在上蒙皮中间按阵列钻孔并用螺栓紧周。

很多用于全息照相台面的平坦度应为0.025 mm或更小，而蜂窝台面(1.2 m×2.4 m)的平坦度为0.10～0.25 mm，这样一个差别不会影响多数全息照相系统的性能。

(2)厚板台

厚板台是大的激光系统最廉价的支承型式，它们通常是用钢或花岗岩制成并浮于隔振系统上。很多已建成的廉价实验室系统是用花岗岩或钢表面平板浮于一组轮胎内胎的阵列上构成，它们通常难以抑制到达台面的振动。正因为这样，当被检测的目标大和/或环境噪声水平高时厚板台的性能恶化。这个问题可以采用选择具有高阻尼容量特性的材料(例如灰铁)而使其减至最小。

很多装于三点支架上的部件不需要刚性地安装于厚板台上，但其他一些部件(特别是正在振动的或施加其他应力的被测目标)则必须刚性地安装以保证稳定。为了部件安装的方便，厚板上表面要求攻丝孔或涂以发黏的石蜡，或者将厚板改为用铁磁性材料组成。

(3)焊接台

用焊接牢固地联结框架和平板的防振工作台，通常是作为便携式或其他专用系统的部件用以分析非常大或不常检测的目标。焊接台通常用于厚板台或蜂窝台不适合的场合。

4.4.3 激光全息照相光学元件

1. 曝光控制器

很多全息照相系统用安装于激光器的机械的或电子的快门控制曝光，更为复杂的系统则在其光学系统中装有光的探测器以及能积分光的强度，并在当照相底片(或胶片)已经适当曝光时闭合快门的电子元件。要求全息照相系统能发出选通脉冲，激光束的调制速率达10 MHz以上，并具有85%效率的声-光调制器。应该注意的是：脉冲保持时间与周期时间之比为5%的选通系统，常称为5%的有效亮度(20 mW激光器有效的能量是1 mW)。

2. 光束分离器

光束分离器通称分束镜，分束镜是将激光器射出的一条光束分成两条光束的主要光学元件。根据激光全息照相物体光与参考光的光量比的要求，分束镜的反射光与透射光的光量比为 2∶8 或 3∶7，即反射率为 20%或 30%时使用时较方便。分束镜一般用光学玻璃经真空镀膜而成。反射镜的反射率则要求为 100%的全反射，也可用真空镀膜的光学玻璃或特制的镀汞镜制成。

只为记录用的生产型全息照相系统的分束镜，用一片平板玻璃即已足够。如果系统是用于记录与重建或实时分析，则有两种方法：

(1)耗资较少的系统可分离 20%～30%的光束到参考束的分束镜，并用一个可调的衰减器或滤色盘调整参考束至合适的光强度。

(2)较贵的方法是用可调的光束分离器，它由一个旋转时分离比为 95∶5～5∶95 的光盘组成。

除了上面提到的几种必要的光学元件外，根据工作需要，还需增加一些其他光学元件，如毛玻璃、折光板、照相快门等。

3. 光束扩展器与空间滤波器

(1)光束扩展器

光束扩展器通称为扩束镜，扩束镜就是一般用的光学放大镜，放大倍数由物体的尺寸决定，如 10×、20×、45×或 60×，以多准备几种规格为好。用狭窄的激光束照射被检测目标与全息照相胶片时，它是必不可少的。通常用于此目的的多为短焦距会聚透镜，当照射距离大于透镜焦距时最终形成了光束的扩散。对高功率脉冲激光源必须用扩散透镜，因为此时在会聚透镜的焦点会出现很高强度的光强，以致使空气发生介电击穿。

(2)空间滤波器

未经滤波的激光束一般显示有衍射环，以及由于光束处理的光学元件上外来粒子形成的暗点。这些衍射环与暗点将降低来自图像的目视质量，甚至可能使位移条纹图形模糊不清。对大多数连续波全息照相系统，激光器功率是很低的，可用空间滤波器清洁激光束。空间滤波器主要由一个短焦距的透镜和一个匹配的针孔滤波器组成。置合适尺寸的针孔于透镜的焦点，只有未被尘土与光学元件表面上的疵病所散射的激光能通过针孔，其结果是得到均匀的发散的照射光场。

好的空间滤波器使用一个高质量显微镜上的目镜，一个在不锈钢或镍的薄片上的圆而均匀的针孔，能迅速使透镜及针孔稳定定位的安装架。对最佳针孔尺寸的分析应包含光束直径、波长和目标上功率等诸因素。如果针孔过小，光的传输易受损失。当针孔尺寸增加时，准直将成为容易达到与保持。当针孔过大时，偏心的散射光能够通过，其结果是，发散光束将包含散射环与伴随污垢与尘土的其他不均匀散射光。针孔随之将开始传输构成粒子散射场的信息。这并不妨碍全息图的记录，它只能产生不需要的光强变化。通常的规范是目标放大率乘以针孔直径(μm)，数值为 200～300。

针孔的位置应调整在激光功率水平低于 50 mW 处。未准直的针孔若处于高功率水平则可能被光的强烈点所烧毁。高放大率的空间滤波器对此应格外小心。当激光器输出功率乘以目标放大率不超过20时，具有合适准直的标准针孔对光束能量将不会有降低的作用。

4. 反射镜

全息照相的反射镜是前表面涂层的，常规的次表面涂层的镜子，由于在前表面处存在着损耗和小的反射会在光场内产生干扰图形，故通常不能满足要求。用于全息照相的反射镜并不需要超精平整。610 mm的价格不贵的前表面涂层反射镜是易于购得的。通常，金属涂层的镜子最便宜，但它们会引起15%反射光的损失；电介质涂层的镜子具有大于99.5%的反射率，但比金属涂层的镜子要贵得多，而且对反射角很敏感。所有反射镜与其他光学元件一样，要求保持清洁。某些场合应用的反射镜正是由于其清洁度要求非常严格，以至于在应用中倒不如使用便宜的金属涂层的镜子，以便于周期性地更换。因为反射镜是反射光而不是传输光，它们在全息照相系统中是特别敏感的光学元件，必须牢固地固定，而且不应大于实际需要的尺寸。

5. 透镜与光具座

(1)透镜

透镜是某些全息照相系统所需要的。如果透镜的功能是发散或是会聚光束，几乎任何质量的透镜都能满足；然而，如果要求精密、可重复控制，则透镜的衍射必须受到限制。选择全息照相系统的透镜，一般是通过反复试验或用最为可信的部件实践，而不是通过繁杂的数学计算选择。

如果有必要或有要求，透镜可以加涂抗反射涂层。例如，在脉冲红宝石系统中，用于发散未经处理光束的透镜，应是带高功率抗反射涂层的熔硅负透镜。然而，某些低功率红宝石激光系统，用无涂层透镜已经能满足要求。

(2)光具座

全息照相光学元件所用的光具座或其他固定件都必须认真选择。要求调节的装夹具应该尽可能少，所有固定的装夹具应用螺纹连接或焊接于工位上。必须重视装夹具材料的选择，例如，铝通常是好材料，但由于它具高热膨胀系数，在给定的应用中，用一些替代的材料会更合适，应选择坚固的而且是刚性组合的装夹具。在实践中，全息照相部件的定位要尽可能靠近支持结构。

6. 光强测量装置

为保证全息照相系统中光路布置合理，需对各条光束(总光束、物体光束、参考光束)的功率和光强进行测量，使其达到一定的比值。测量功率的是专用功率计，氦氖气体激光器用的氦氖气体激光功率计有指针式和数字自动显示式两种。光强测量包括测量物体光、参考光(都经过扩束了的)的光强和测量感光底板上的光强，其中物体光和参考光的光强比可从1∶6到1∶2。

4.4.4 漫射照明设备

漫射照明是将具有特定方向的光束变成向许多方向散射的光束，这是在全息照相中经常采用的一种方法，磨毛的玻璃片或透明塑料薄膜均可作为漫射器。采用漫射照明后，可以使物体光波投射到记录介质平面上的光强变得均匀，这就可以降低对记录介质曝光特性的要求，使得反差极大的物体也容易被记录下来；此外，采用漫射照明物体，可以使记录介质接收到物体光波的信息大大地丰富。

全息照相时，要保证只有一条参考光束照射到记录介质上，可用遮光板挡住不必要的杂光。否则，就会在再现像中出现不必要的干涉条纹。

4.4.5 记录与再现像读出系统

1. 记录介质的主要特性

全息照相时，使用的记录介质应具有：对曝光所用波长具有高光谱灵敏度、高分辨力、高衍射效率、低噪声，调制传递函数为 1 且与空间频率无关，具有线性的振幅透射率与曝光量关系(τ-H)曲线，廉价且能重复方便使用等特点。

(1)灵敏度和光谱灵敏度

灵敏度是指记录介质受光作用后响应的灵敏程度。每一种记录介质都有各自的波长极限(红限)和吸收带。波长大于红限时，与乳胶不起光化学作用，只有在吸收带内的波长才能起化学反应。

全息记录介质的灵敏度 S 可表示为

$$S=\frac{\sqrt{\eta}}{VH_0} \tag{4-10}$$

式中 η——全息图的衍射效率；

H_0——曝光量，$\mu J/cm^2$；

V——曝光强度调制度。

在获得同一衍射效率的条件下，所需曝光量和调制度越小，记录介质的灵敏度越高。

(2)衍射效率

衍射效率 η 是指全息图衍射成像的光通量与再现照明光总光量的比值。衍射效率不仅与记录介质有关，还与全息图的类型、条纹的调制度、全息图的空间频率等相关。

(3)分辨率

分辨率是指记录介质所能记录的曝光强度空间调制的最大空间频率。记录全息图时，对记录介质分辨率的要求与记录光路布置中的目标、参考光束夹角相关。

(4)特性曲线

图 4-17 为全息图的振幅系数与曝光量(τ-H)的关系曲线，图 4-18 为全息干板的黑度与曝光亮(D-$\lg H$)的关系曲线，图 4-19、图 4-20 对应理想记录介质的衍射效率与曝光量($\sqrt{\eta}$-H)、与曝光强度调制度($\sqrt{\eta}$-V)的关系曲线。正确使用上述这些特性曲线对制成

一张理想的全息图很重要。

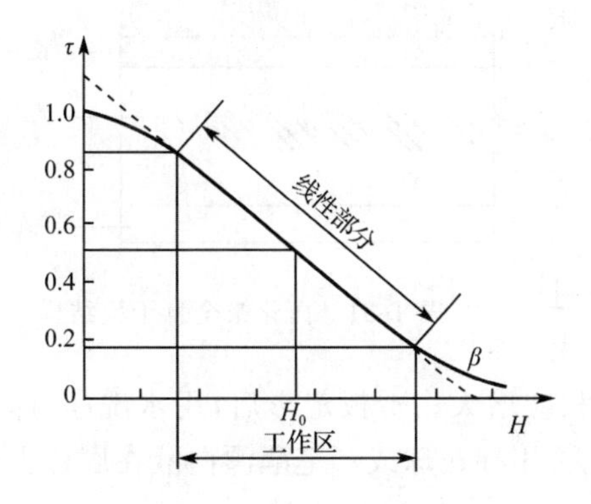

图 4-17　典型振幅系数与曝光量的关系曲线

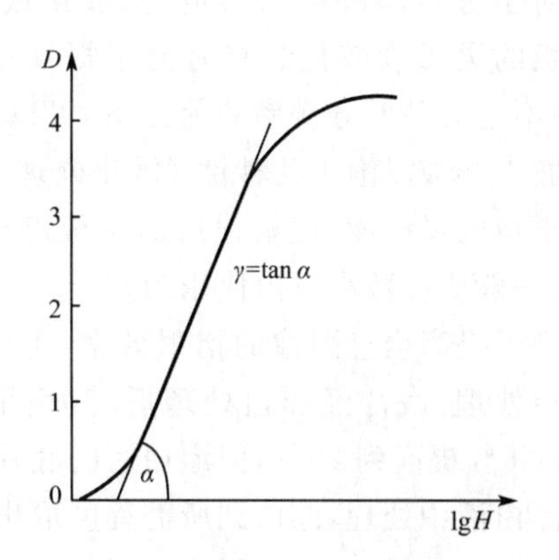

图 4-18　全息干板的黑度与曝光量的关系曲线

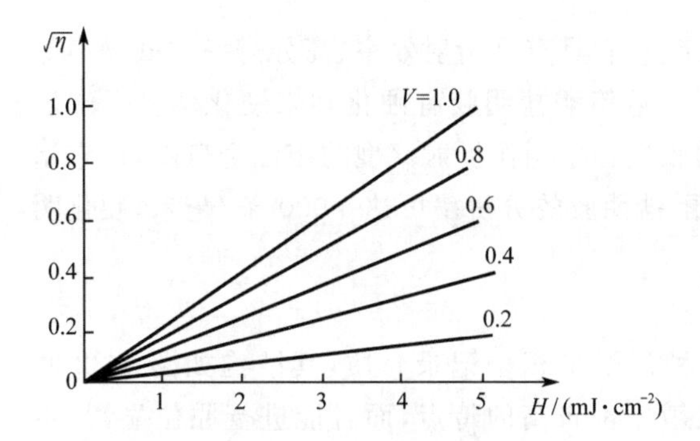

图 4-19　理想记录介质的衍射效率与曝光量的关系曲线

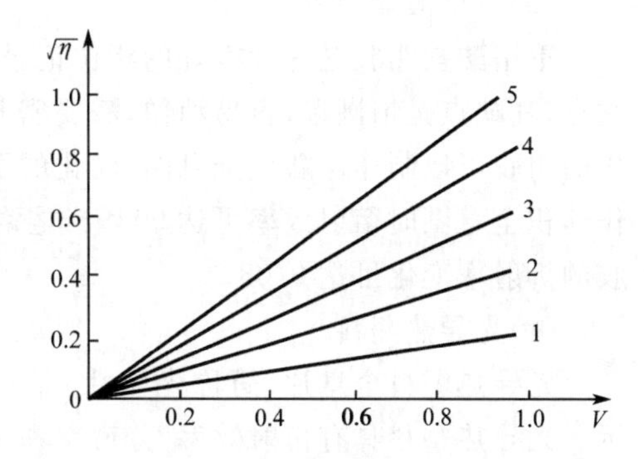

图 4-20　理想记录介质的衍射效率与曝光强度调制度的关系曲线

2.典型的记录介质

全息记录介质有多种，除了常用的卤化银乳胶和重铬酸盐明胶做记录介质外，利用热作用的热塑记录介质也可用于全息照相系统的在位显影。

(1)卤化银全息干板

卤化银全息干板是将颗粒极细(0.03～0.09 μm)的卤化银明胶乳剂涂在玻璃板上制成的，结构如图 4-21 所示。这种干板和普通照相用的胶卷比较，具有极高的反差和分辨率(解像力)。例如，一般照相胶卷只要有 100 条/毫米的分辨率就可以进行人像摄影，而全息所用的胶片，其分辨率至少要在 1 000 条/毫米以上，一般为 3 000～5 000 条/毫米。

从全息照相的再现过程来看，希望记录介质具有线性记录特性，即冲洗后的记录介质透射率(r) 与记录时的光强(E)呈线性关系，这就要求全息照相的曝光选择合适，一般选择在记录介质特性曲线的直线部分的中点(图 4-21)。这样，通过全息照片的光束具有最大衍射，使记录的条纹能表现出亮度最大且失真最小的图像。

由于每种干板都有自己的特性 τ-H 曲线，因此，必须根据干板的特性来选择参考光与物光的光强比，以满足上述要求。对于国产全息干板，此比值为 2∶1～10∶1。有时，因各批干板的参数稍有变化，可在上述范围内选择一种光强比来得到满意的结果。

对于分辨率极高的干板，其卤化银颗粒极细，故干板的灵敏度较低。有时为了提高干板的灵敏度，在不过分降低分辨率的前提下，可以用 5% 的三乙醇胺水溶液浸泡十几秒钟（敏化处理），就可大大提高干板的灵敏度，但敏化后的干板停放时间不要过长，一般应在数小时内使用为宜。

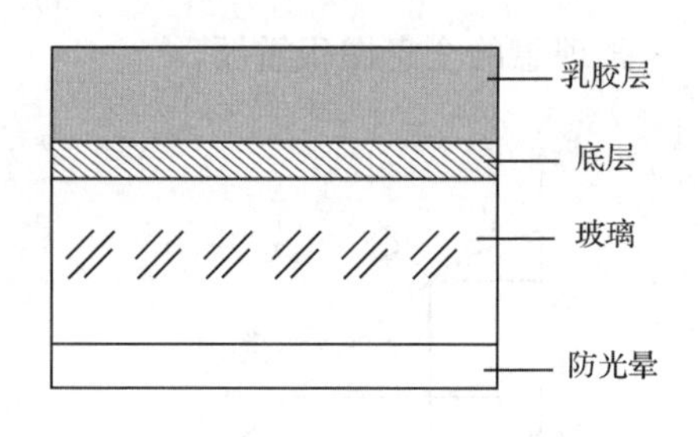

图 4-21 卤化银全息干板结构

为了提高全息图像的衍射效率，可以将底片进行漂白处理，底片经漂白处理后，其衍射效率可由原来的 6% 提高到 20%，但漂白后的底片噪声会相应增大。干板定影后，用水洗净，即可放入漂白液中处理，漂白到所需程度取出冲洗，也可用棉花球或彩笔蘸漂白液在底片上进行局部漂白，再用水冲洗干净。

(2)重铬酸盐明胶

重铬酸盐明胶是一种很好的相位记录介质，它具有高衍射效率、高分辨率和低噪声等优点，其缺点是怕潮湿，容易消像，需要密封。重铬酸盐明胶有硬化和未硬化两种。未硬化的明胶可以制作浮雕型全息图，硬化的明胶适合于制作折射率型的相位全息图，用它制作体积全息图时衍射效率可达 90%。重铬酸盐明胶的分辨率可达 5 000 条/毫米，硬化明胶的折射率变化可达 0.08。

(3)光导热塑料

光导热塑料全息片（简称光塑片）是一种浮雕型相位记录介质，其结构如图 4-22 所示。光导热塑料具有衍射效率、分辨率和灵敏度都较高的特点，而且能进行原位显影（不需要长时间地进行显、定影化学处理，可以用点脉冲加热显影，几乎瞬间即可完成。它对所有可见光都具有较高的光敏性）。这种记录介质还能重复使用，光塑片的不足是分辨率较低，制造高质量的薄膜困难。这类系统的商品至少有两种类型。一种常用系统允许热塑胶片以刚好低于 1 min 的周期时间消除和再曝光，这种底片至少能再曝光 300 次。此外，光致聚合物（干膜）能快速生成全息图，而且价格便宜，作为批量生产的记录介质是很有前途的。对光敏聚合物胶片，其光致聚合物受到的是较银乳胶片高得多的能量水平（$2\sim5\ mJ/cm^2$，银乳胶片为 $20\ \mu J/cm^2$ 或更小）。曝光后的全息图易于使用。然而，为防止在观察过程中的进一步光学反应，需固定全息图紫光灯的闪光。

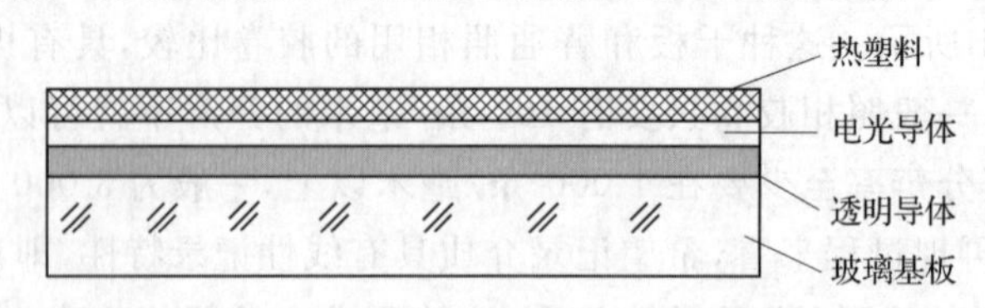

图 4-22 光导热塑料的结构

光塑片的使用操作过程分充电（敏化）、曝光录像、再充电、加热显影和消像还原（擦除）五个步骤，如图 4-23 所示，可采用 GRQ-光导热塑全息录像仪来实现上述各个步骤。

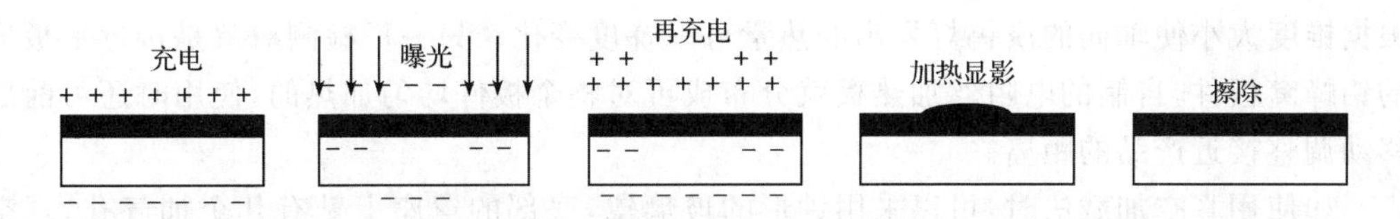

图4-23 光导热塑料的记录与擦除过程

3. 记录支架及在位处理

记录介质支架的基本要求与上述光具座的要求相同，用磁性座或螺旋牢固地将其固定在平台上，并调整和锁定机构。按照不同用途大致可分为下述三类：

(1)简易支架，配备装片夹，装卸方便。

(2)实时法用底片支架，配备精确复位装置。可采用自动或手动在位处理方法，同时还要求底片支架及在位处理的防腐蚀性，通常应采用耐酸碱的不锈钢材料制造。

(3)采用气体自行显影的非液体处理感光片。这是一种有发展前景的方法，可使底片支架更为简化。

当取下底片在普通冲洗装置(盛放显影剂、停影液和定影液的各个搪瓷盘)中冲洗时，照相底片架要求能精确地让冲洗后的底片重复定位，因此结构较为复杂。因为照相底片架经常与冲洗药液接触，所以材料采用不锈钢。全息底片靠四角上的不锈钢弹簧片压紧在底片夹中，底片夹插入底座时，左右、前后的位置由弹簧钢球及螺钉始终压向基准面。上下位置靠底片夹本身质量在底座槽内定位。使用此照相底片架时，为了使底片夹能起精复位作用，底片夹和底座必须保持清洁，防止灰尘和其他杂物掉入。

当底片在原位冲洗，这时的照相底片架就可以简单化。用一个千分表底座，把底片吊夹在上面就可以了。但这时的冲洗装置要设计成三个药液盘可以前后移动和上下升降的复杂结构。当底片感光后，把冲洗装置移动到底片架下，摇动摇臂，依次进行显影、停影和定影处理。

4. 照相底片架和底片冲洗装置

在全息照相时要应用到实时观察法，由于采用底片冲洗方式的不同，设计的照相底片架和底片冲洗装置也不同。

5. 再现像读出系统

对再现像进行无损检测分析时，必须将显示的缺陷真实地描绘在被检目标的表面上。通常，还必须对再现像进行翻拍，一般用普通的135照相机即可。为了得到优质的翻拍照片，应配广角和中、长焦距变焦镜头，放大机及印相机等必要的照相设备。若要对全息记录干涉图像做进一步的定量处理，则应配备低照度的CD摄像机、电视监控器、光电扫查器、图像板、计算机等必要设备。

6. 加载装置

根据加载方式的不同应配置不同的加载装置。加载装置一般都是通用设备，如充气用的空压机、抽气用的真空泵、加热用的电炉和红外线灯，都是选用低压低功率的就可以了。至于振动法用的振源，则可选用小型线圈自己制作或选用现成振动装置。

当把加载装置用于具体产品上时，要根据产品的结构、尺寸和形状进行具体设计。如同样是加热法，某厂的产品是圆锥形的玻璃钢蜂窝夹心结构，用的溴钨灯热源是自制的，根据锥度大小使轴向的溴钨灯发出的热量可呈梯度变化。另一厂检测对象是接近平板形的铝蜂窝板件，自制的电阻丝加热板就分布成可对整个板件均匀加热的，使用时还可前后移动调整接近产品的距离。

如使用真空加载法时，可以采用钟形的玻璃罩，底部的罩座上钻有几个抽气孔，真空泵与罩座的管嘴相连。工作时产品放在真空罩内，真空罩与罩座是密封的，检测小尺寸产品很方便。也可以把真空加载设备设计制造成一个刚度很大的箱子，箱内空间很大，可检测 300×300 的大工件。

4.4.6 典型的激光全息照相系统

随着全息无损检测的发展，各种通用的或专用的全息无损检测系统已经在制造工业领域得到广泛应用。目前常用的有固定型和便携型两种。此外，根据光路布置的不同，激光全息照相系统又可以分为二维全息激光照相系统、三维全息激光照相系统、脉冲全息激光照相系统、反射型全息激光照相系统、彩色全息激光照相系统和散斑干涉全息照相系统。

1. 固定全息照相系统

固定全息照相系统通常用于对可移动的目标和相应的加应力装置做分析。固定系统一般要依靠有关的基建建筑设施，例如，要求压缩空气用于隔振系统；电源用于激光器及其他电子元器件；循环水用于处理全息图和冷却激光器。很多固定系统均设置于具有光控和空气控制的房间内，以便达到记录、处理和观察全息图所要求的高稳定度和高亮度。随着工作台尺寸的增加，要求的稳定度更难满足，固定系统的价格一般是随着待测目标的尺寸近似指数地增加。

固定系统用于下述情况：

①小工件的生产线检测。

②要求对检测对象的形状和尺寸适应性强的场合。

③不能用便携式系统全息照相大的或难处理的结构。

2. 便携全息照相系统

便携全息照相系统能移至被检目标，而且以最少安置时间实施操作。

反射全息照相系统是一种典型的便携式全息照相系统。在简单形式的便携式系统中，用一个三脚架安装激光器与空间滤波器，激光直接穿过全息照相底片投射在被检目标上。行经底片的光与从目标反射回到底片的光，二者之间的干涉形成反射全息图。在这一系统中，参考光束和目标光束从底片的相对两侧射到乳化剂上，形成由反射产生的虚像。这种构成与前面描述的全息照相系统不同。全息照相系统在重建过程中两记录光束是从同一侧射到底片上，虚像是由传输产生的。

在设计反射式全息照相系统中，一项重要的事项是反射全息图对全息照相乳剂的皱缩较传输全息图敏感。皱缩可能发生在冲洗和干燥处理过程。皱缩使在重建过程中形成的图像产生于较原记录略为短些的波长。除非重建光能匹配这一较短的波长，否则图像将是很模糊的。因此，在反射式系统中常用白光作为重建参考束以代替激光。

如上所述，胶片底片还作为分束镜，与检测对象安装在一起，反射全息照相系统对作为目标的工件振动不敏感。试验时，关键是要求目标与同定在一起的全息照相底片之间相对位置的稳定。如果乳剂收缩相当均匀且全息照相底片非常靠近被检目标，形成的图像将是亮而清晰的。然而，底片干燥必须很仔细，以免引起乳剂厚度变化，这种变化会形成图像颜色的改变。由于光的散射是随颜色变化的，颜色的改变将会造成轮廓不清与丢失分辨力。从目标到底片的距离越大，模糊得越厉害。

便携式系统可用于下述情况：

①现场检测。

②就被检目标的尺寸与构型而论，当把全息照相系统连到目标上更为方便和实际的时候。

③当被检目标在环境中或结构上被要求作为试验的一部分的时候。

便携式全息照相系统通常设计成检测特殊的工件或一定范围的小工件。

3. 二维全息激光照相系统

图 4-24 是二维全息激光照相系统的装置图。L_1、L_2 是两个扩束镜，使激光产生较大截面的准直光束，一部分变成参考光束，由棱镜 P 偏析到照相底板 H 上；另一部分照到物体上，在物体的前面有一块漫射板，使形成漫射照相，在物体和照相底板中间放一个棱镜 L_3，物体和照相底板分别在棱镜的前后焦面上，这样在照相底板上就记录下物体的二维全息图。

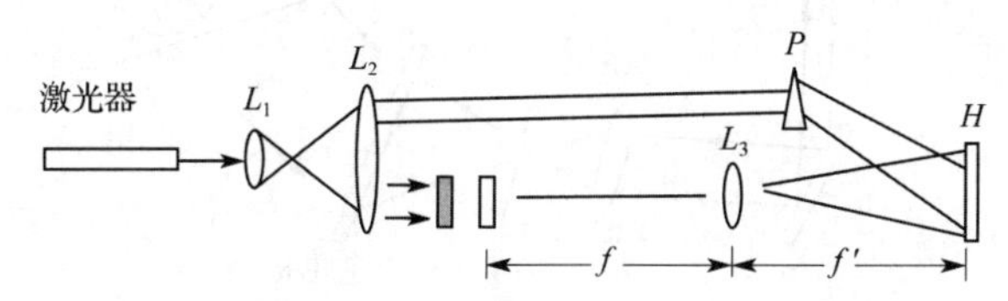

图 4-24　二维全息激光照相系统

4. 三维全息激光照相系统

图 4-25 是一个三维全息激光照相系统的装置图，照相底板上记录的干涉条纹是物体的三维全息图。

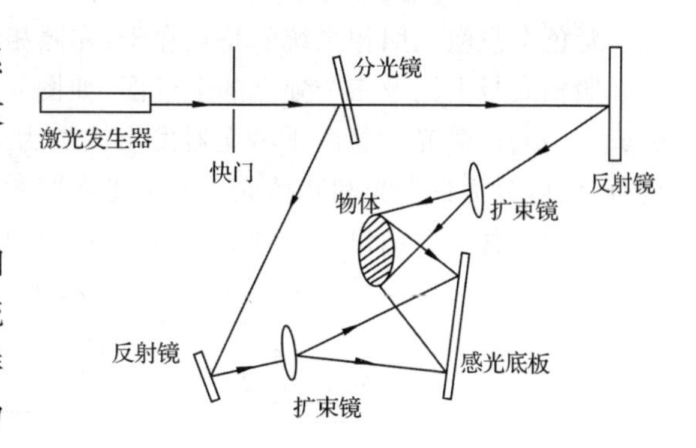

图 4-25　三维全息激光照相系统

5. 脉冲全息激光照相系统

图 4-26 是典型的脉冲全息激光照相系统的装置图。脉冲全息激光照相系统的结构与三维全息激光照相系统是一样的。但在元件的选择上有所不同。因为一般的脉冲式激光器具有较高的功率，在系统中进行扩展光束时，不能使用会聚透镜。因为在它的焦点上会得到更高的功率密度，而将大气击穿，所以在脉冲全息照相系统中扩展光束必须采用发散透镜。另外，一般的金属薄膜分光器，由于有较大的吸收，也不能用于大功率的脉冲全息照相系统中，它只能承受 10^6 W/cm^2 的照射功率。脉冲全息照相系统因脉冲时间短，还要求照相底板记录介质有较高的灵敏度。

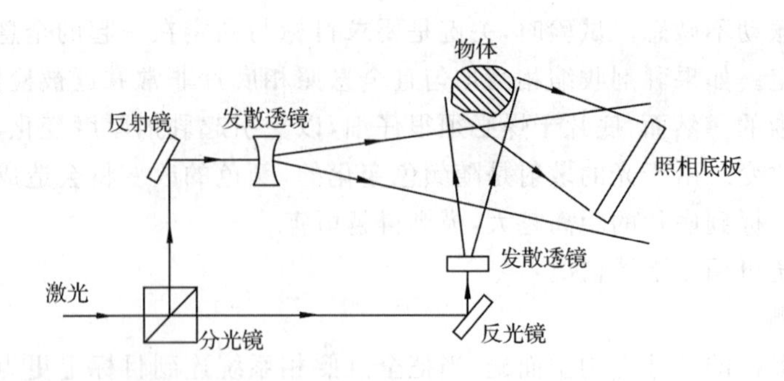

图 4-26　脉冲全息激光照相系统

6. 反射型全息激光照相系统

图 4-27 是反射型全息激光照相系统的装置图。因为反射型全息图条纹间距较小，所以对照相底板要求有较高的分辨率。由于干涉条纹平行于介质膜的表面，所以在照相过程中要特别注意外界振动对照相系统的影响。此外，因显影时乳剂膜容易产生收缩，也会影响全息图的质量，所以需要把照相底板放在三乙醇胺溶液中进行敏化处理。

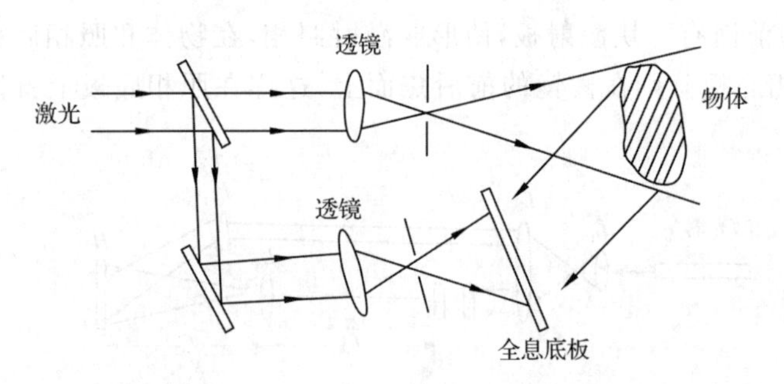

图 4-27　反射型全息激光照相系统

7. 彩色全息激光照相系统

彩色全息激光照相系统的特点在于：在照相系统中同时使用三色光束，三个独立的波前在照相底板上记录三个独立的全息图，如图 4-28 所示。使用氦-氖激光器产生波长为 0.632 8 μm的激光和氩离子激光器发出波长为 0.488 μm、0.514 μm 的激光在分光镜处混合，然后分为参考光和物体光。两束光在照相底板上形成彩色的全息干涉图像。这类全息图的物像可以用白光再现多色波前，使用的照相底板要求乳化剂膜厚度要大些。

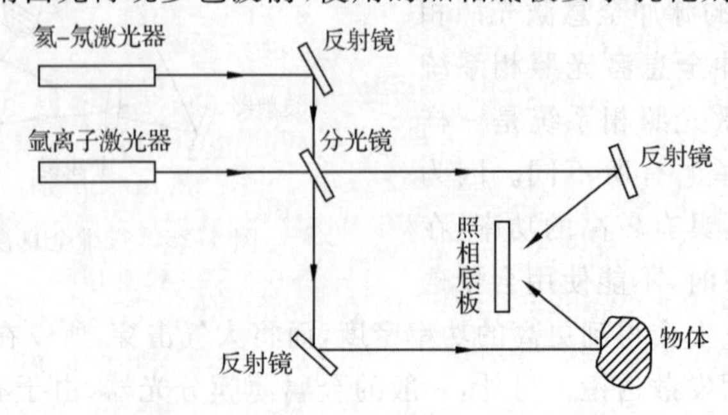

图 4-28　彩色全息激光照相系统

8. 散斑干涉全息照相系统

当激光照射到一般物体表面上时，由于物体表面有一定的粗糙度，从物体表面漫散的光好像无数的小点光源所发出的光，它们相互产生干涉，于是在散射光的空间场形成了无数随机分布的干涉相长的亮点和干涉相消的暗点，这些亮点称为激光散斑。由直接散射形成的散斑称为客观散斑。如通过眼睛观察或通过透镜成像、观察或记录到的散斑称为主观散斑。

大小不同的散斑实际上都是由物体表面对应的电所产生，所以当物体表面的某一点发生面内的微差位移时，必然引起对应的散斑发生相应的移动。因此，当照明情况和局部表面结构不发生变化，应用照相的方法以二次曝光法将表面产生的微差位移前后的散斑记录在同一张录像材料上时，就可以测知物体表面有了位移或求得它的位移量。

散斑干涉全息照相的光路布置如图 4-29 所示。激光扩束后照射到物体表面，用照相机准确聚焦记录表面漫散后形成的散斑和物像，位移前后各曝光一次，两次曝光记录在同一胶片上，经显影、定影后就可以得到带有位移信息的散斑图。

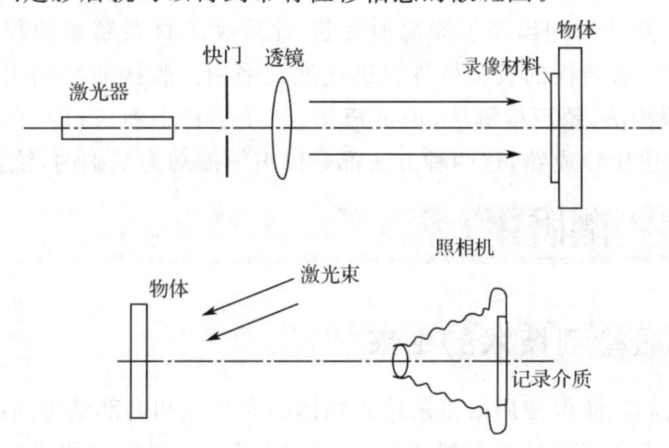

图 4-29　散斑干涉全息照相系统

激光散斑也可以不用照相机而直接记录在录像材料上。把录像材料固定在物体表面上，乳化剂面朝向物体。激光经过透镜后形成平行光束，透过录像材料照射到物体表面上，由物体表面散射的光互相干涉形成散斑，记录在录像材料上成为散斑图。激光散斑照相对被测表面的要求不高，工作简便。由于灵敏度较低，可以不需要严格隔振的减振台。它能用二次曝光法进行静态照相，还可以用时间平均法和实时法进行动态检测。

主要符号说明

符号	单位	名称	符号	单位	名称
E	N/m^2	杨氏模量	η	—	全息图的衍射效率
ρ	kg/m^3	密度	H_0	$\mu J/cm^2$	曝光量
μ	量纲一的量	泊松比	V	—	曝光强度调制度

第5章

声振检测技术原理与方法

声振检测技术是随着非金属和金属胶接工艺的广泛应用发展起来的。第二次世界大战期间，德国人在“蚊式”轰炸机上采用了以桦木制成的薄板为面板，以软木为夹芯的夹层结构。20世纪40年代后期出现了蜂窝形夹芯，此后夹芯材料制成的胶接构件便被广泛地采用。与此同时，板与板的胶接构件也迅速地被采用。胶接质量的无损检测方法有很多种，如X射线照相法、超声检测法、涡流声法、激光全息干涉法以及声阻法、谐振法等。其中声阻法、谐振法比较成熟，这两种方法都是以声学振动为基础的，统称声振检测。

5.1 声振检测概述

5.1.1 声振检测技术的由来

很久以前，人们就懂得使用敲击法检查物体的完整性和内部结构的成分，如对瓷碗进行敲击，根据它的声音判断是否有裂纹；对银币进行敲击，判定它的真伪。由于该方法简单易行，至今还有人采用敲击法检测胶接构件和复合材料。当被测件内部存在一定面积的脱胶或空穴等缺陷时，如果采用小锤叩击，脱胶区由于缺乏刚性支点，其振动频率要比胶接良好区低，因而产生的音响回声要比良好区低沉，检查者依此可以确定脱胶区。然而，敲击法易受主观因素的干扰；单凭耳朵听，灵敏度会受到影响，因而对某些胶接缺陷的检测并不敏感；此外，当被测件是大型构件时，逐点敲击的检测效率低，远远不能满足生产上的需要。在此背景下，声振检测技术应运而生。

同敲击法原理相同，声振检测是以机械代替手工敲击，激励被测件产生机械振动(声波)，以仪器显示代替人耳的听觉，通过测量其振动特征来判断产品质量的技术，具有经济易实现，不易受操作人员的主观干扰，工作效率高的特点。

从本质上说，声振检测是一种根据机械振动产生不同共振频率的测试方法，包括如下三个基本元素：

(1)振源

振源是指产生一定频率和振幅的机械振动发生器。敲击法中使用的是一把小锤，声振检测中使用的是音频振荡器、换能器、传声杆等仪器设备。

(2)检测对象

声振检测一般以非金属胶接件和复合材料为主,缺陷的选择以能够引起振动频率的显著变化为宜。物理学上幅度(振动的强弱)、频率(振动的快慢)和损耗(振动的持续时间)都可用来表示振动状态,而这些物理量都和检测对象的材料、结构和性能直接相关。所以,除频率外,幅度与相位在声振检测中也可用于表征检测缺陷。

(3)信息的接收和处理

敲击法全凭人的耳朵来接收和判断声音,声振检测则利用换能器的接收晶片、放大器、指示仪表、自动记录装置和报警器等对振动信息进行接收和处理,先进的检测设备还可以配备微机来扩大检测信息的处理功能。

5.1.2　声振检测技术的分类

声振检测是依靠构件振动特征来实施检测的,按照测量方法可分为整体声振检测和局部声振检测,见表 5-1。

表 5-1　声振检测技术的类型

分类	测量方法	原理	特点
整体声振检测	单点激振 单点测量	振动模态检测原理	依靠单点测量和随后的信号处理,方法简单且快速易行,对局部小缺陷不敏感
	多点激振 多点测量		简单易行,检测速度较快,对局部缺陷有较高的检测灵敏度,需要复杂的测量、信号处理设备和熟练的操作技术
局部声振检测	逐点激振 逐点测量	局部阻抗检测原理	简单易行,能检出局部脱黏、分层等缺陷,具有较高的检测能力;换能器需要对结构表面逐点扫查,费时
	单点激振 多次测量	振动引起缺陷部位的表面位移或热效应原理	对局部缺陷有较高的灵敏度,检测紧贴型脱黏缺陷,检测速度快;需要复杂的测量、信号处理设备和熟练的操作技术

1. 整体声振检测

为了检测火车轮子与板簧在运行中是否有裂缝的生长与扩展,中途停车时,可采用人工敲击法对其进行检测。凡是有裂缝的火车轮子与板簧以及钢构架,其声调与频率均发生变化,不同于完好的工件,这就是整体人工敲击检测的典型应用。

整体人工敲击检测适用于烧制的器皿与棒、梁、轴、板簧、火车轮子等形状简单的刚性工件以及大型刚性构架。其最大的缺点是检测受操作人员主观影响大,可靠性和灵敏度差。值得一提的是,整体敲击法两次检测的间隔时间(检测周期)不宜过长。为了防止工件或构件的裂缝在未被检测出来以前扩展到发生断裂,保证使用中的安全,检测程序安排的原则是:在能够检测出的最小裂缝扩展至工件或构件发生断裂破坏这一段运行时间以内,必须有不少于两次的检测。

为了提高整体敲击检测的可靠性,对敲击工具进行改进,以微处理器控制机械敲击工具敲击检测对象,并以传感器拾取声调的改变。这种改进的电子敲击消除了对检测结果判读的主观因素，显著地改进了检测的可靠性，并能采集、显示和储存检测数据。依据检测的实施方法，电子敲击又分为单点激振单点测量和多点激振多点测量。

(1)单点激振单点测量

构件弯曲刚度 EI(E 为材料的杨氏模量、I 为截面的二次矩)、单位长度质量 m、剪切刚度 K_s 和旋转惯量 ρI (ρ 为材料密度)的改变，均能引起构件固有频率 f_i 的变化，且 EI、m、K_s 和 ρI 的微小变化所引起的 f_i 的变化是近线性的，即

$$\Delta f_i \approx \delta EI \frac{\partial f_i}{\partial EI} + \delta m \frac{\partial f_i}{\partial m} + \delta K_s \frac{\partial f}{\partial K_s} + \delta \rho I \frac{\partial f_i}{\partial \rho I} \tag{5-1}$$

因此，构件局部存在缺陷，以及尺寸或材料的差异会引起 EI、m、K_s 和 ρI 等参数的变化，从而引起频率的改变。不仅如此，由于各个局部缺陷引起的频率变化的叠加，还可以做出对多重缺陷引起的综合频率变化的估计。

鉴于材料的固有频率对尺寸变化很敏感，单点激振单点测量方法是利用振动模态检测原理，通过测量工件的固有频率，判定工件的完整性。该方法通常被用于棒、梁、轴、板簧等形状简单工件的内部缺陷的检测。一些航空航天复合材料构件中的常见缺陷，如分层、脱黏、气孔等均可用这一方法检出。当然，固有频率测量也可用于校核构件尺寸是否符合技术要求。但若将这种方法用于制造阶段小裂缝的检测，则仅限于尺寸公差要求严格的构件。

检测的基本方法是在构件的一端轻敲，从安装在构件另一端的小型加速度计获取振动信息，并用快速傅立叶变换分析仪分析其频率响应。做频率测量时，为使构件所受的制约最小，被测构件的支点应在所选振动模态的两个节点(振动幅度最小)上。

最简单的情况为均匀棒的轴向振动，其固有频率为

$$f_i = \frac{ac}{l} \tag{5-2}$$

式中 a——频率因素；

l——长度，m；

c——声速，m/s。

研究表明，两端自由与一端固定、一端自由以及两端均固定的均匀棒的轴向振动位移、应变模式以及弯曲振动是完全不同的。航空发动机叶片所受的振动类似于固定-自由条件下悬臂梁的弯曲振动条件，通常可以按照此模式进行检测。

由于单点激振单点测量技术以正常(无损伤)的模态特性作为检测依据，如果整批检测对象的公差能够达到很小，则可以获得更好的检测效果。

(2)多点激振多点测量

多点激振多点测量方法适用于复合材料立体网格结构。其检测原理、方法、特点见表 5-1。

由于固有频率测量方法简单且能明显反映缺陷对立体网格结构的影响，通常选定一组含义明确的振动模态，测定其固有频率，并监视其模式的对称性。为了检测小缺陷引起的变化，进行模态特性测量时应尽可能减小试验条件变化带来的影响。

飞机上常用的复合材料和胶接结构平板构件，多采用半功率点带宽法或自由振动衰减法检测。在进行这两种方法检测之前必须先测定构件的振型，以便正确地激振和拾振。详细的检测程序可参见有关文献。为尽可能减少环境对测量结果的影响，通常对构件采用悬挂方法或在节点处支承的方法，以模拟自由-自由系统。

2. 局部声振检测

局部声振检测原理见表 5-1。

该方法是用于胶接结构和复合材料等非刚性材料结构的一种普遍和廉价的检测方法，它与上述整体人工敲击的主要不同是：检测者敲击被测结构，由于结构材料的非刚性，发出的声音不是整体结构的响应，而是敲击表面下局部结构的响应。检测者既可直接听声音，也可用特殊设计的接收器分析声音，并与来自完好结构的声音进行比较。依据振源的不同，局部声振检测分为硬币敲击法和电子敲击法。

(1)硬币(小锤)敲击检测

一元的硬币曾广泛用于敲击检测。虽然硬币是可以用作敲击的工具，但为了规范检测者完成检测，在航空、航天领域开发了标准的敲击锤。

硬币(小锤)敲击方法是保证蜂窝芯结构与面板之间可靠黏接的最简单方法，对复合材料叠层内表面分层的检测也有效，能对上面板与胶层间的气孔与脱黏进行检测，不能检测第二层、第三层或更深层胶黏体的气孔或脱黏。当用硬币或塑料棒敲击工件并与来自完好区域的声音相比较时，脱黏很容易以声调或声的频率的变化显示。

敲击检测限于检测直径大于 13 mm 的脱黏，也可检测板厚 1 mm 的玻璃纤维或碳纤维叠层下的不连续或厚度为 2 mm 的金属蒙皮下的不连续。

硬币敲击检测有如下几个缺点：在薄的面板上，硬币敲击将产生不希望有的、小的凹痕；对大的结构如飞机机翼，人工敲击很费时；另外，没有电子仪器，无法记录，对不连续缺陷(气孔与脱黏)辨认的可靠性存在问题。

(2)电子敲击检测

电子敲击检测采用微处理控制的敲击器敲击工件并传感其声调变化的技术。与硬币(小锤)敲击检测相比，利用电子敲击器消除了主观评定因素，显著地改进了可靠性，增进了扫查速度，并能采集、显示和储存数据。

对大的检测区域，操作者的疲劳会降低检测的可靠性，商品电子敲击器减少了操作者的主观因素，提供了定量和永久记录。此类仪器敲击工件表面，分析响应并为操作者的评定显示其结果，且能启动光或声报警。常用的电子敲击仪器有弹簧压紧加速度计的声冲击仪、齿形轮与刷形声发生器、螺旋线圈激发敲击器以及由冲击器组件、电源与便携式显示器组成的便携式敲击检测系统等。

(3)典型的局部声振检测方法

适用于复合材料黏结结构和胶接结构件的便携式检测仪器大都基于局部声振检测原理，通常所说的声振检测多指局部声振检测。根据国内目前已研制应用的仪器，常用的局部声振检测方法可归纳为声阻法、谐振法和涡流声法。

①声阻法

声阻法以点状探头或平面探头作为振源作用到检测对象上。当检测对象的内部结构改变时，产生不同的力阻抗，力阻抗反作用于换能器。在不同的力阻抗负载下，换能器的某些特性随之变化。用仪器测量出这些特性的变化量，就可以检测出检测对象内部结构变异的状况。根据换能器输出的测量参数，声阻法又可分为振幅法、频率法和相位法。

②谐振法

谐振法采取使检测对象在换能器的激励下，让等效力阻抗中的虚数部分 $X=0$，检测对象发生共振。检测对象的内部结构变异时，其共振频率发生变化，用仪器测出此时的共振频率，便可鉴别检测对象的内部质量。

③涡流声法

涡流声法以电磁线圈作为探头，通电后线圈产生的磁力线使检测对象感应产生涡流。因涡流是交变的，它激发检测对象形成振动。检测对象内部结构有变异时，它的振动特性也会改变。通过测量其振动特性的变化，实现鉴别检测对象内部质量的目的。

声阻法、谐振法和涡流声法只是测量的特性参数不同，它们都利用了局部声振动的物理现象，所以统称为声振检测。本章将对声阻法、谐振法和涡流声法做实用性的介绍。

局部声振检测技术与声学检测技术中应用甚广的超声脉冲回波技术的比较见表5-2。从表中可以看出它是超声脉冲回波检测技术的有力补充。

表 5-2　局部声振检测技术与超声检测技术

分类	原理	测量参数	使用频率	检查范围	应用
超声检测	换能器把超声波送入被测件，异常区域产生回波或降低底面回波	缺陷回波或底面回波的幅度	常用频率 1～10 MHz	检测深度较大，近表面缺陷检测有盲区	应用范围较广
声振检测	换能器引起被测件振动，异常区域引起振动阻抗、声速或谐振频率的改变	声阻抗、声速或谐振频率	声频或 1 MHz 以下的低频超声	深度较浅，无盲区	胶接结构或复合材料构件

5.2　声振检测技术基础

5.2.1　机电类比概述

声振检测技术以声学振动为基础，产生声学振动的结构系统体现了机械振动。不论是敲击还是压电而致的振动都和机械振动模式相同，可以用机械振动的数学公式来表达。根据近代声学理论，任何一个声学振动系统都可以用机械振动(如质量-弹簧系统)来等效地描述，而机械振动又可以等效成为电子学中电感电容振荡系统。19 世纪电学迅速发展，对各种组合形式的电路可以用数学公式来表示，人们发现机械振动和电振荡有很多规律是十分相似的。为此，人们提出采用机电类比方法将各种机械振动转化为对应的交变电流问题来求解。这种将复杂的机械振动结构用电感、电容、电阻组成的电学振荡系统来等效描述，以研究有关机械振动问题的方法称为机电类比。

声学振动时传声媒质质点产生的是机械振动，这种质点振动系统可以看作质量和弹性分别集中在某个元件上的集中参数振动系统，如图 5-1 所示的普通有阻尼弹簧振子系统就可以代表这种机械振动。图 5-1 中 m 为质点；R_m 为力阻；K 为体积弹性常数，表示弹簧产生单位长度变化所需作用力的大小；K 的倒数 C_m 称为柔顺系数，表示弹簧在单位力作用下能产生位移的大小。

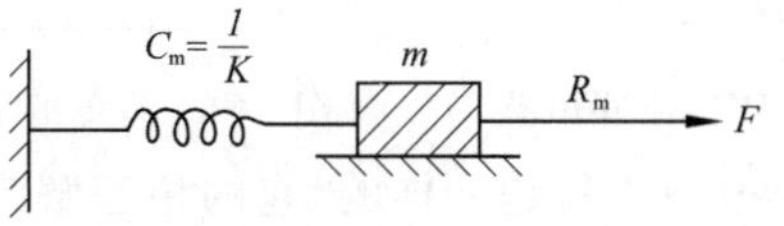

图 5-1　普通有阻尼弹簧振子系统

在一个普通的有阻尼的弹簧振子系统中，质点 m 在外力 F 的作用下产生了位移 x，则弹簧振子的受迫振动方程可表示为

$$F=m\mathrm{d}^2x/\mathrm{d}t^2+R_m\mathrm{d}x/\mathrm{d}t+x/C_m \tag{5-3}$$

发生简谐振动时，$F=F_m\cos(\bar{\omega}t)$，则

$$F_m\cos(\bar{\omega}t)=m\mathrm{d}^2x/\mathrm{d}t^2+R_m\mathrm{d}x/\mathrm{d}t+x/C_m \tag{5-4}$$

若采用振动速度 $\dot{\varepsilon}=\mathrm{d}x/\mathrm{d}t$ 表示，则式(5-4)可以改为

$$F_m\cos(\bar{\omega}t)=m\mathrm{d}\dot{\varepsilon}/\mathrm{d}t+R_m\dot{\varepsilon}+\int\dot{\varepsilon}\mathrm{d}t/C_m \tag{5-5}$$

得到的稳态解为

$$\dot{\varepsilon}=\dot{\varepsilon}_m\cos(\bar{\omega}t+\varphi')$$

$$\dot{\varepsilon}_m=F_m/\sqrt{[(m\bar{\omega}-1)/(\omega C_m)]^2+R_m^2}$$

$$\tan\varphi'=\tan\left(\varphi+\frac{\pi}{2}\right)=\frac{-1}{\tan\varphi}=-[(m\bar{\omega}-1)/(\omega C_m)]/R_m \tag{5-6}$$

如果把图 5-1 的弹簧振子系统改用电感 L、电容 C、电阻 R 的串联电路来表示时，可得如图 5-2 所示的简单的 L-R-C 串联电路。在串联电路中通过的电流为 i，电容 C 上积累的电荷为 q，可得到串联电路中的电压 $E=E_m\cos(\bar{\omega}t)$ 为电感、电容和电阻三部分电压之和，即

$$E_m\cos(\bar{\omega}t)=L\mathrm{d}^2q/\mathrm{d}t^2+R\mathrm{d}q/\mathrm{d}t+\frac{q}{C} \tag{5-7}$$

或

$$E_m\cos(\bar{\omega}t)=L\cdot\frac{\mathrm{d}i}{\mathrm{d}t}+Ri+\frac{1}{C}\int i\mathrm{d}t \tag{5-8}$$

在形式上，式(5-8)和弹簧振子的振动方程是一样的，其稳态解为

$$i=I\cos(\bar{\omega}t+\varphi')$$

$$I=E_m/\sqrt{[(L\bar{\omega}-1)/C\bar{\omega}]^2+R^2}$$

$$\tan\varphi'=-[(L\bar{\omega}-1)/C\bar{\omega}]/R \tag{5-9}$$

类似地，如果把图 5-1 的弹簧振子系统改用 L、C、R 的并联电路来表示，如图 5-3 所示。在此电路中通过的交变电流 $i=I\cos(\bar{\omega}t)$ 由三部分合成，即

$$I\cos(\bar{\omega}t)=C\cdot\frac{\mathrm{d}E}{\mathrm{d}t}+\frac{E}{R}+\frac{1}{L}\cdot\int E\mathrm{d}t \tag{5-10}$$

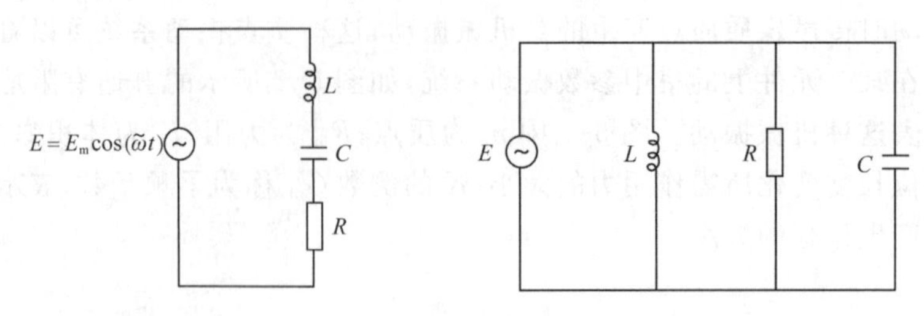

图 5-2　简单的 L-R-C 串联电路　　　图 5-3　简单的 L-R-C 并联电路

式(5-10)和弹簧振子的振动方程是一样的,它的稳态解为

$$E=E_{\mathrm{m}}\cos(\tilde{\omega}t+\varphi')$$
$$E_{\mathrm{m}}=I/\sqrt{[(C\tilde{\omega}-1)/L\tilde{\omega}]^2+(1/R)^2}$$
$$\tan\varphi'=-[(C\tilde{\omega}-1)/L\tilde{\omega}]/(1/R) \tag{5-11}$$

综上所述,弹簧振子的力学振动与串联电路、并联电路的电振荡是类似的。根据上述振动规律的相似性,还可以得到某些类似关系,如电振荡系统的角频率与力振动系统的角频率分别是$\omega_0=\dfrac{1}{\sqrt{LC}}$与$\omega_0=\dfrac{1}{\sqrt{mC_{\mathrm{M}}}}$。

对比之下,可以得到以下两种机电类比关系:

(1)串联电路的电阻抗对应于力阻抗,如 L-m、C-C_{M}、R-R_{M} 等,这种机电类比称为阻抗型机电类比。

(2)并联电路的电导纳对应于力阻抗,如 L-C_{M}、C-m、$1/R$-R_{M} 等,这种机电类比称为导纳型机电类比。

5.2.2　典型的机电类比

表 5-3 列出了将机械振动和电振荡类比时各个机械物理量和电学量的类比关系。下面介绍几个典型的类比关系。

表 5-3　机械振动和电振荡类比时各个机械物理量和电学量的类比关系

类型	机械物理量和电学量								
机械振动系统	力 F	力振幅 F_{m}	振速 ε	振速振幅 ε_{m}	质量 m	力容 C_{m}	力阻 R_{m}	力抗 $m\omega-1/(\omega C_{\mathrm{m}})$	力阻抗 $Z_{\mathrm{m}}=[(m\omega-1)/(\omega C_{\mathrm{m}})]^2+R_{\mathrm{m}}^2$
阻抗型类比	电压 E	电压振幅 E_{m}	电流 i	电流振幅 I	电感 L	电容 C	电阻 R	电抗 $L\omega-1/(C\omega)$	电阻抗 $Z=[(L\omega-1)/(C\omega)]^2+R^2$
导纳型类比	电抗 i	电流 I	电压 E	电压振幅 E_{m}	电容 C	电感 L	电导 $1/R$	电纳 $C\omega-1/(L\omega)$	电导纳 $X=[(C\omega-1)/(L\omega)]^2+(1/R)^2$

1. 质量类比关系

质量是一种物理量,它是物体具有惯性的量度。

在阻抗型机电类比中，质量类比于电感。在阻抗型机电等效线路中，如图 5-4(a)所示，质量符号改用电感符号，流过该电感的“电流”是速度 $\dot{\varepsilon}$，施加于线路两端的“电压”是力 F。阻抗型机电等效线路中，质量元件不“接地”。

在导纳型机电类比中，质量类比于电容。因而，在导纳型机电等效线路中，如图 5-4(b)所示，质量符号用电容符号表示，流过该电容的“电流”是力 F，施加于线路两端的“电压”是速度差 $\dot{\varepsilon}=\dot{\varepsilon}_1-\dot{\varepsilon}_0$。因为速度具有相对性，如果取参考坐标为不动的地面(在惯性系中，$\dot{\varepsilon}=0$)，则质量的速度都是相对于零的。因此，在导纳型机电类比线路中，质量元件是一端“接地”的。

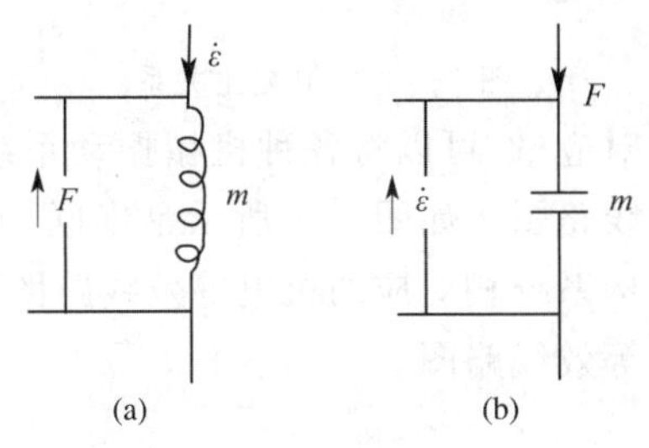

图 5-4　质量类比关系

2. 柔顺系数 C_m 类比关系

柔顺系数 C_m 又称柔顺性、力容或力顺，它是体积弹性常数 K 的倒数。柔顺系数描述了弹性物体在受力作用时单位力所产生的位移大小。作用力越大，产生的位移越大，遵从胡克定律。

在阻抗型机电类比中，柔顺系数类比于电容 C，它们都表示系统具有贮存能量的本领，在物理意义上是相似的。在阻抗型机电等效线路中，如图 5-5(a)所示，将柔顺系数改用电容符号表示，流过电容的是速度 $\dot{\varepsilon}$，线路两端的电压是力 F。在阻抗型机电类比中，柔顺系数元件不“接地”。

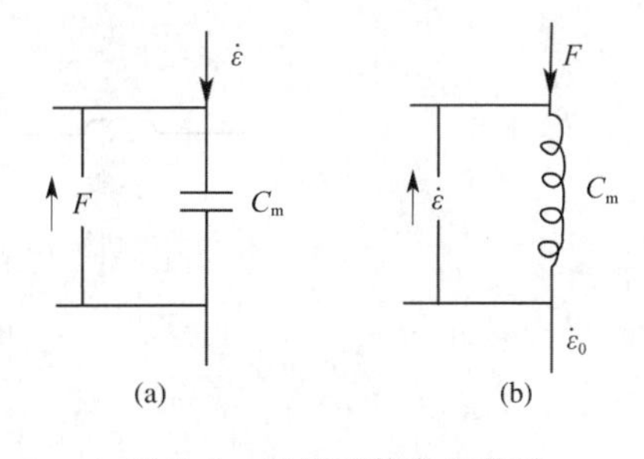

图 5-5　柔顺系数类比关系

在导纳型机电类比中，柔顺系数类比于电感 L。因而，在导纳型机电线路中，如图 5-5(b)所示，将柔顺系数改用电感符号表示，流过电感的是力 F，线路的两端电压是速度差 $\dot{\varepsilon}=\dot{\varepsilon}_1-\dot{\varepsilon}_0$，相对于地面的运动 $\dot{\varepsilon}_0=0$。因此，在导纳型机电类比线路中，柔顺系数元件一端是“接地”的。

3. 力阻 R_m 类比关系

力阻在机械运动结构中可体现为摩擦损耗。在结构受外力作用做相对运动时，速度与力的大小成正比。当运动速度较小时，遵循阻力定律，即阻力越大，运动速度降低越快，这是由于结构内摩擦和损耗大所导致的，故力阻又称摩擦阻或损耗阻。

在阻抗型机电类比中，力阻 R_m 与电阻 R 类同，它们在物理意义上类似，都表现为结构系统中的能量损耗，如图 5-6(a)所示。线路中“流过”的是速度 $\dot{\varepsilon}$，线路两端的量是力 F，线路是不“接地”的。

在导纳型机电类比中，力阻 R_m 与电导 $\frac{1}{R}$ 类同，“流过”线路的是力 F，线路两端的量

是速度差 $\dot{\varepsilon}=\dot{\varepsilon}_1-\dot{\varepsilon}_0$，相对于地面速度为 $\dot{\varepsilon}_0=0$，所以线路一端是"接地"的，如图 5-6(b)所示。

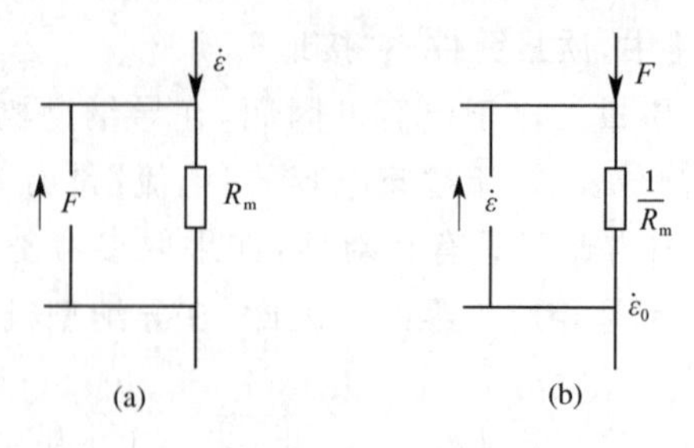

图 5-6　力阻类比关系

利用表 5-3 的机电类比对应量，可以将各种机械振动系统用上述类比的等效电路迭加起来组成系统的机电等效线路图。如图 5-7 所示是串联、并联和串并联复合的等效线路图。与复杂的机械振动结构系统相对应的机电等效线路图中可能会包含若干个简单的串联和并联电路组成的机电等效线路图。

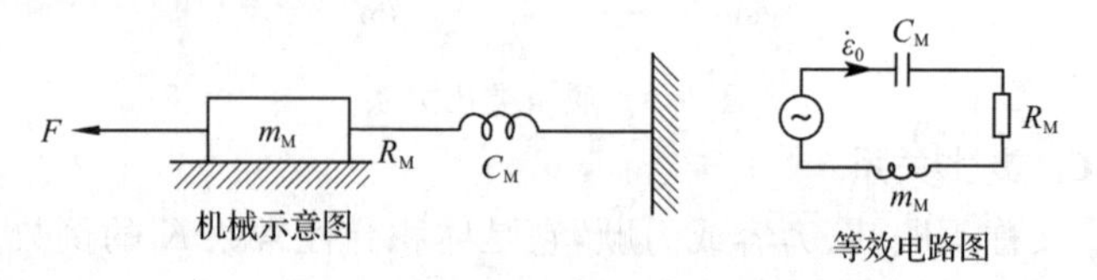

(a)串联机电等效线路图

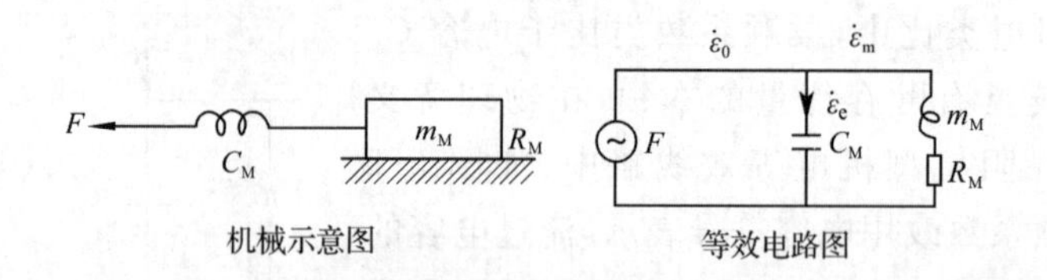

(b)并联机电等效线路图

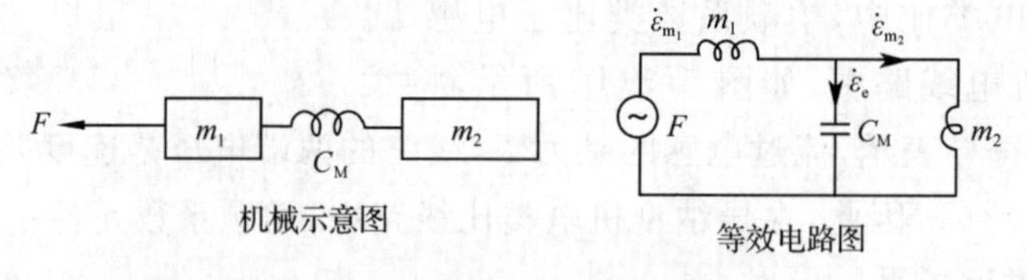

(c)串并联复合机电等效线路图

图 5-7　机电等效线路图

5.2.3　力阻抗

作为一个振动系统，当振动频率单一时，该振动结构系统的机械振动的基本方程可以表达为

$$F=Z_m\varepsilon \tag{5-12}$$

式中　F——机械振动的策动力，N；

ε——质点的振动速度，m/s；

Z_m——等效力阻抗。

等效力阻抗 Z_m 反映了结构件的振动状态，其标准表达式为

$$Z_m = \mathrm{j}\omega m + \frac{1}{\mathrm{j}\omega C_m} + R_m = \mathrm{j}X + R_m \tag{5-13}$$

式中　m——等效质量，kg；

C_m——等效柔顺系数，m^2/N；

R_m——等效力阻；

X——阻抗的虚数部分。

上述这些参数都直接由振动材料及其结构状态决定。同一种胶接结构件，若胶接状态不同，则 Z_m 会不同。在策动力 F 一定时，通过对 Z_m 或 ε 的测量，就可以对胶接结构件进行检测。例如，当处于胶接优质区时，F 着力点上的 ε 为最小，则等效力阻抗 Z_m 具有最大值；反之，当处于脱胶区时，F 着力点上 ε 为最大，则等效力阻抗 Z_m 值最小。

力阻抗不仅与胶接状态有关，还与振动方式有直接关系。声阻法通常采用点源激发产生弯曲振动，谐振法则采用面接触，利用换能器的径向振动和轴向振动(厚度振动)分别检测胶接件的脱黏区和测量抗剪、抗拉强度。近年来，声阻法也采用平薄保护层触头代替点状触头的换能器，检测多层胶接件的脱黏区。

5.2.4 衡量胶接质量的基本参数

衡量胶接件质量的主要参数是胶接强度(包括黏附强度和内聚强度)和胶接层缺陷。

胶接强度是指把胶接物体拉开时所需要的力的大小。按照被拉开的部位可分为黏附强度和内聚强度。

黏附强度是由于胶接剂分子对胶接面的吸附作用而产生的。胶接面表面经过适当处理排除污染之后，黏附强度就会大大提高，并远远超过胶接剂本身的内聚强度。黏附强度的测量尚无可靠的方法。因此，黏附质量完全由胶接工艺来决定。

内聚强度(结合强度)是由于胶接剂分子间的相互吸引作用而产生的。它取决于胶接剂本身的质量。内聚强度可以通过谐振法近似测出。所以在进行谐振法检测胶接剂的内聚强度时，必须满足这样的先决条件：黏附强度必须大于内聚强度，否则检测将失去意义。

胶接层的主要缺陷是脱胶。脱胶又可以分为两种情况，如图 5-8 所示。一种情况是在胶接界面或胶层中出现局部的空气层，主要是由胶液中的气泡、缺胶或扩散焊接时漏气等引起的，如图 5-8(a)所示；另一种情况是胶接材料的表面处理不好，致使胶接材料与胶结层(胶接材料间)只有贴合而未胶牢，以及扩散焊时晶粒未完全扩散，形成明显晶界等，如图 5-8(b)所示。

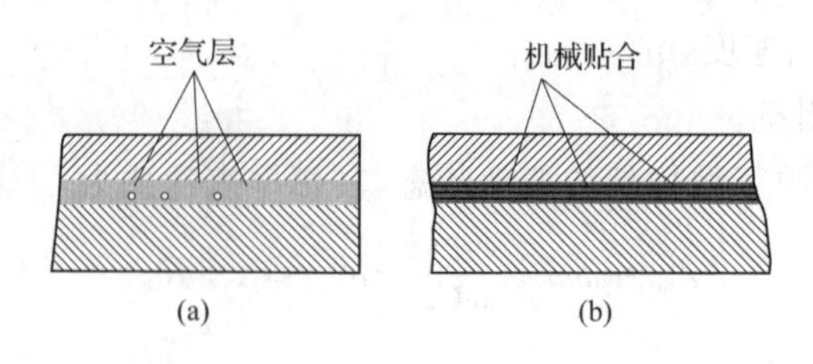

图 5-8　两种典型的脱胶

5.3　声振检测方法

5.3.1　声阻法检测

1. 声阻法检测概述

(1)声阻法检测原理

声阻法检测又称机械阻抗法检测，它是把工件检测阻抗或力阻抗的变化看作工件内部缺陷的表现形式，作为反映工件质量的标志。

在对胶接结构件实施检测时，保持策动力 F 恒定不变，只要胶接状态变化，等效力阻抗 Z_m 就会改变。根据不同的等效力阻抗 Z_m，测出振动速度 ε 的变化，这就是声阻法检测的基本原理。

实际测试时，换能器不接触工件时的状态称为空载；当与工件接触时，通过换能器激励工件，工件的等效力阻抗 Z_m 将反作用于换能器，即工件成为换能器的负载，Z_m 的变化反映出胶接质量的优劣。因此，可以通过测量结构件被测点振动力阻抗的变化来确定是否有异常的结构存在。

声阻法检测是在单一振动频率下进行的，常用频率为 1～10 kHz。

(2)声阻法检测板-板胶接结构模型

利用声阻法可检测出图 5-9 所示的板-板胶接结构或复合材料或蜂窝结构的单层或多层板中的分离(脱黏)区域。

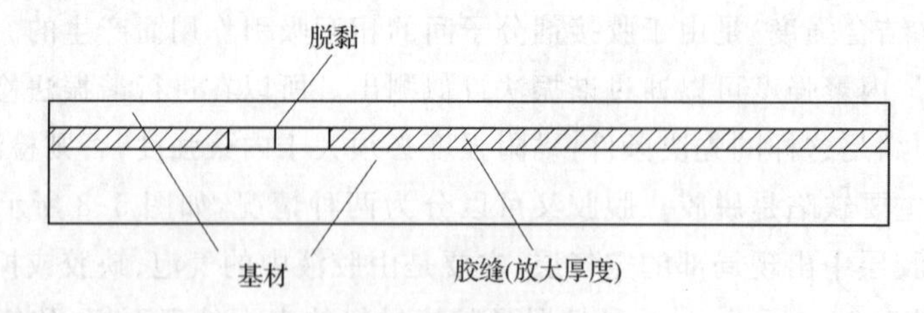

图 5-9　板-板胶接结构中缺陷(分离)示意图

考利(Cawley)应用一个弹簧模型描述板-板胶接结构中脱黏区域的声阻抗检测，如图5-10 所示。脱黏上方的弹簧刚度包括探头接触刚度与不连续部位刚度，良好胶接结构上的弹簧刚度只是接触刚度，不连续刚度依赖于脱胶的大小与埋深，以缺陷上面由缺陷周边支撑的面板的静刚度给定，边界条件介于简支与夹紧之间。当缺陷变小或埋深增加时，弹簧刚度增加，缺陷就难以检测。

在板-板胶接结构内，脱黏或分层上的材料层可以被视为其周边被钳制的板。如果此板被激励，它就能以膜片共振的第一模态谐振。共振频率为

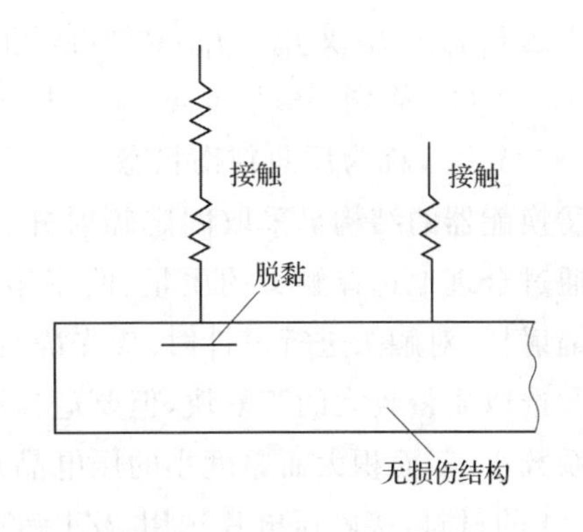

图 5-10　脱黏区域声阻法检测的弹簧模型

$$f_r=\frac{0.47h}{r^2}\sqrt{\frac{E}{\rho(1-\mu^2)}} \tag{5-14}$$

式中　h——不连续的埋深，mm；

r——不连续的直径，mm；

E——不连续以上材料的杨氏模量；

ρ——不连续以上材料的密度；

μ——不连续以上材料的泊松比。

正如电阻抗包含电容和电感，力阻抗也含有质量和柔顺性。力阻抗常常是振动频率的函数，随频率而变化，因此选择适当频率也是获得良好检测结果的关键。

2. 声阻检测方法

按照测量信号输出特征参数的不同，声阻检测法可分为振幅法、频率法和相位法。

(1)振幅法

振幅法是目前最常用的一种声阻检测方法，是通过测量接收信号电压幅值的变化来进行缺陷判断的一种方法。在相同的工作频率下，接收信号电压模数值$|V_{收}|$在黏好时和脱黏时测得的大小数值不一样。为便于区别，这种差值越大越好。

在不同工作频率下，测量的某一工件黏好和脱黏时的$|V_{收}|$，称为换能器的频率特性曲线，如图 5-11 所示。随着工作频率的改变，黏好和脱黏状态下都出现一个最高值和最低值。频率的最高值表示整个换能器在检测阻抗下的谐振频率，以 $f_{p\alpha}$ 和 $f_{p\beta}$ 表示；频率的最低值表示接收压电晶片在检测阻抗下检测一端的谐振频率，以 $f_{o\alpha}$ 和 $f_{o\beta}$ 表示。α、β 对应黏好和脱黏状态。

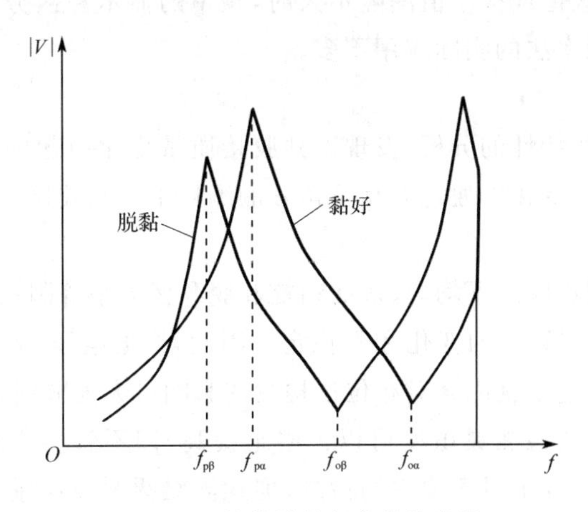

图 5-11　换能器的频率特性曲线

如前所述，设计换能器时，为了提高它的检测灵敏度，可从检测频率、换能器结构、背复块几个方面考虑。

①选取 $f_{p\alpha}=f_{o\beta}$ 或 $f_{o\alpha}=f_{p\beta}$，这样可以使黏好时和脱黏时的 $|V_{收}|$ 差值大，检测灵敏度提高。如果 $f_{p\alpha}=f_{o\beta}$，从图 5-11 可见 $|V_{收\alpha}|>|V_{收\beta}|$，称为正向判伤状态。如 $f_{o\alpha}=f_{p\beta}$，则 $|V_{收\alpha}|<|V_{收\beta}|$，称为反向判伤状态。

②换能器的结构可采取固定辐射杆、对触头进行设计或固定触头、对辐射杆进行设计。通过合理地选择触头的质量、曲率半径及辐射杆的形状提高换能器的检测灵敏度。固定辐射杆、对触头进行设计时，应先确定触头的曲率半径，再选择触头的质量。

③选取质量较大的背复块，但要适当注意背复块对静压力的影响。选择压电系数大、柔顺系数小、截面积大而厚度小的压电晶片用于发射和接收信号。一般发射压电片选用 PZT=4 的材料，接收压电片选用 PZT=5 的材料。

此外，使用振幅法检测胶接结构时，还要考虑胶接结构的蒙皮、底板的等效质量、等效柔顺系数和蜂窝结构的蒙皮厚度、蜂窝孔大小、胶层厚度及性质等对检测灵敏度的影响。

(2)频率法

从图 5-11 的换能器频率特性曲线上可以看到，当工件阻抗变化时，不论是黏好区或脱黏区，换能器的 $|V_{收}|$ 都有一个极大值和一个极小值，在曲线上形成峰和谷。在横坐标频率值上分别标记为 $f_{p\alpha}$，$f_{p\beta}$，$f_{o\alpha}$，$f_{o\beta}$；α 为黏好区，β 为脱黏区；P 为 $|V_{收}|$ 的极大值，即曲线的峰；O 为 $|V_{收}|$ 的极小值，即曲线的谷。

频率法是通过对频率 f_p 或 f_o 变化的测量来分析胶接质量的方法，故声阻频率法分为测量 f_p 的极大值频率法和测量 f_o 的极小值频率法两种。无论采用哪种方法都要先用公式计算出黏好区和脱黏区频率的具体数值，用计算值来判断实测值是属于黏好区还是脱黏区。计算极大值时要牵涉整个换能器各个元件的等效质量和等效柔顺系数，计算极小值时则要知道接收压电晶片和触头的质量以及它们的柔顺系数。

和振幅法相比，使用频率法进行测量时，每次都需要进行复杂的计算和仪器扫频。当黏好区和脱黏区的极大值或极小值间隔不大时，频率的显示和区分不及振幅显示那样明显和容易记录，所以频率法的实际应用不多。

(3)相位法

通过对换能器频率特性的分析，发现工件胶接质量变化引起的负载阻抗改变还将导致接收电压相位角 φ 的变化。通过对相位角 φ 的测量来检测胶接质量的方法就是声阻相位法。

振幅法检测时，蒙皮厚度不均匀、表面粗糙和脱黏区太小等因素对工件力阻抗的测量产生干扰引起接收电压 $|V_{收}|$ 的变化和不稳定。因此，根据电压 $|V_{收}|$ 来确定伤区的存在可能会误判。然而，上述干扰因素对相位法检测的影响可大大减弱，从而提高了判伤的清晰度。在理论上，相位法检测灵敏度可以无限地提高，即不管多么小的伤都可以检测出来。实验表明相位法适合于对薄蒙皮的检测，但检测结果易受换能器施加压于工件表面的作用力和工件表面粗糙度的影响。

实际工作中，相位法检测是用相位计直接测量。最灵敏的工作频率在 $V_{收}$ 极小值频率 f_o 的附近，即 f_{p_o} 处的脱黏伤。对薄蒙皮和底材重硬的工件，相位法能取得好的效果；

对蜂窝夹芯胶接结构，相位法克服了振幅法受力阻抗起伏引起输出电压较大摆动的缺点，可得到较好的检测结果。目前在国外使用的 HAⅡ-3 型双通道声阻仪就是振幅法和相位法的联合使用。

3. 影响声阻法检测的因素

声阻法已被广泛应用于检测胶接组件，包括金属和非金属蒙皮的蜂窝结构以及蒙皮与翼梁、翼肋之间的胶接，也可用于检验层压工件的脱胶。声阻法检测灵敏度取决于检测结构的特性，随着缺陷埋藏深度的减小以及工件内元件刚度的增强而提高。

(1)接触刚度

声阻法检测缺陷的可能性取决于换能器在完好区上等效接触刚度与不连续(缺陷)区上等效接触刚度的差。如前所述，等效接触刚度又是实际接触点的刚度与结构刚度的串联，如图 5-10 所示。因而，倘若换能器与待测结构之间接触力不稳定，必然引起等效刚度的变化，从而也会引起测量阻抗的改变。

为了使接触刚度尽可能保持恒定，新型的声阻仪多采用弹簧加载使压力保持不变。缺陷刚度的计算由缺陷以上层板的边界条件来确定。若缺陷以上为边界钳紧的板，则在频率明显低于板的第一共振(薄膜谐振)频率时，缺陷区板的中心刚度 K_d 的计算公式为

$$K_d=\frac{64D}{d^2} \tag{5-15}$$

式中　d——板缺陷部分的直径，mm；

$D=Eh^3/[12(1-\mu^2)]$，mm。

研究表明，铝胶接结构中，刚度随缺陷直径的增大而减小，随缺陷埋深的增大而增大，且埋深的影响更为显著。

(2)检测灵敏度

如果用 ΔdB 表示阻抗的变化量，则有

$$\Delta dB=-20\lg[1+K_d r^2/(N\cdot h^3)] \tag{5-16}$$

式中　r——缺陷半径，mm；

h——板厚；

$N=16\pi E/[12(1-\nu^2)]$。

式(5-16)为缺陷灵敏度计算提供了依据。从式(5-16)不难看出，检测灵敏度与缺陷半径的平方(面积)成正比，而与缺陷埋深的立方成反比。在实际检测应用中，通常利用换能器将这种阻抗变化转换成相应的电压信号。因此，只要给被测件一个有效的激励信号，根据接收电压信号的大小、相位和谐振频率的变化就可以确定胶层的质量状态。

检测灵敏度的确定与其阻抗的变化有关，能检测出最小缺陷的灵敏度与缺陷的埋深(胶接结构的上板厚度)有关。

图 5-12 描述了铝胶接结构中最小检测缺陷直径(d)与缺陷埋深(h)的关系。

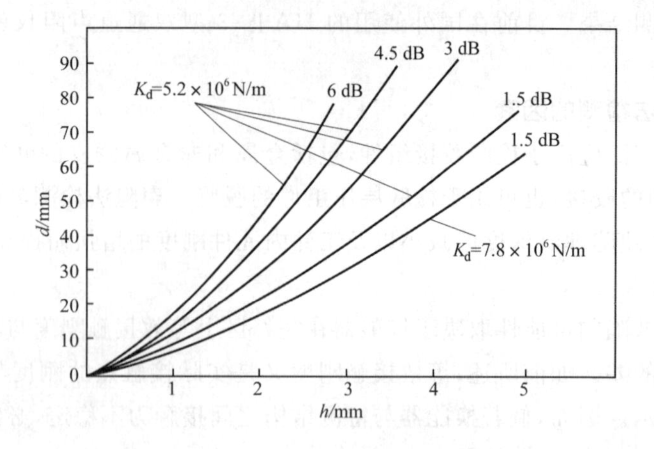

图 5-12　铝胶接结构中最小检测缺陷直径(d)与缺陷埋深(h)的关系

4. 多层胶接件的声阻检测

声阻法检测技术常用于航空航天产品胶接结构和复合材料结构黏接质量的检测。检测时，由于探头和被测工件表面之间不需要加液体耦合剂，尤其适用于难以维持超声检测耦合剂的现场检测，以及某些薄蒙皮蜂窝结构件(如人造卫星通信设备结构件)的检测。声阻法检测用的换能器的触头通常都是点状的，如图 5-13 所示。各种形状触头和工件接触的弧度有大小、触点数量不同之分，但它们和工件都是点接触的。这种触头适用于 2～3 层的胶接构件，但无法检出多层胶接件中不同层处的脱黏伤。

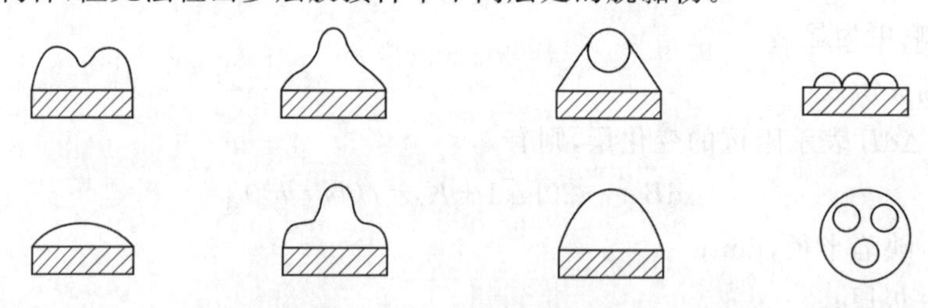

图 5-13　声阻法的触头形状

多层胶接件的声阻检测所用的换能器触头是平面形状的，在和工件接触处有一平薄的保护层，触头和工件是面接触，如图 5-14 所示。其中，1 是背复块，可用铜或钢制作；2 是发射-压电晶片 PZT-4；3 是辐射杆，可以用有机玻璃和硬铝制成；4 是接收压电晶片 PZT-5；5 是平薄保护层，可以用未极化的压电陶瓷片制成，厚度为 0.1～1.0 mm。

现以 5 层胶接件的振幅法检测为例进行简要的原理分析。图 5-15 为厚度各为 2 mm 的 5 层铝板胶结试件，在第一、二、三、四胶层内分别存在脱黏伤，位于图 1、2、3、4 标记处，5 为全黏好。

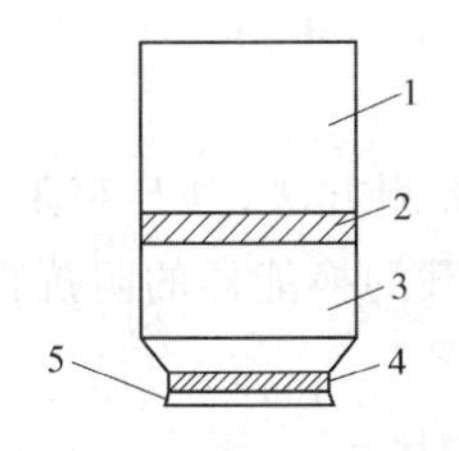

图 5-14　平触头声阻换能器

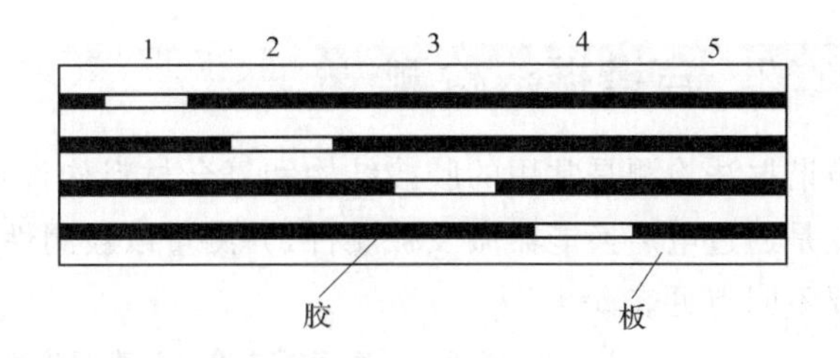

图 5-15　五层胶接试件

不同频率时 1、2、3、4、5 处的阻抗变化如图 5-16 所示。图 5-16 中 1、2、3、4 四条曲线对应图 5-15 中 1、2、3、4 四处大于换能器接触面的脱黏时阻抗特性曲线，5 为全黏好时的阻抗特性曲线。

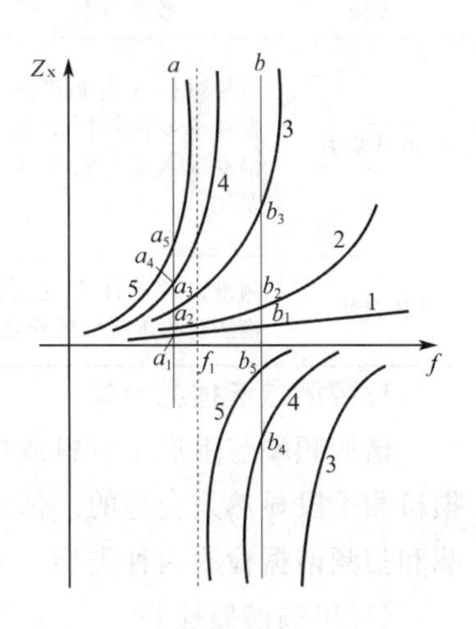

图 5-16　阻抗特性曲线

从图 5-16 可以看到五种黏接状态的阻抗随频率的变化具有以下规律：

(1)各种状态下都存在共振频率。

(2)由浅层到深层频率依次降低，全黏好时的共振频率 f_1 最低。

(3)检测频率低于 f_1 时，各层次的阻抗依次变化，高于 f_1 时，各层次的阻抗值出现交叉。

相应地，换能器的输出电压也具有同样的规律：

(1)检测频率低于 f_1 时(如线 a)，电压幅值变化按层次递变为 a_5、a_4、a_3、a_2、a_1。

(2)检测频率高于 f_1 时(如线 b)，各层次的电压幅值出现交叉变化为 b_3、b_2、b_1、b_5、b_4，从而无法判断出脱黏伤所在的层次。

把 f_1 确定为极限频率，层数不同的胶接件其极限频率 f_1 是不相同的。检测时，选取的检测频率应当低于 f_1。在低于 f_1 的前提下，越接近 f_1，各层的 Z_x 值差别越大，检测灵敏度就越高。

若选择适当的换能器参数(如辐射杆的长度和材料，压电晶片的材料、厚度和直径等)，使其空载共振频率接近于极限频率 f_1，则能得到较高的检测灵敏度。

图 5-17 是空载频率为 35 kHz 的换能器在 1、2、3、4、5 位置测得的电压幅值频率曲线。从图中可以看出，第一层脱黏时的换能器共振频率与全黏好时的换能器共振频率相差 11.5 kHz。

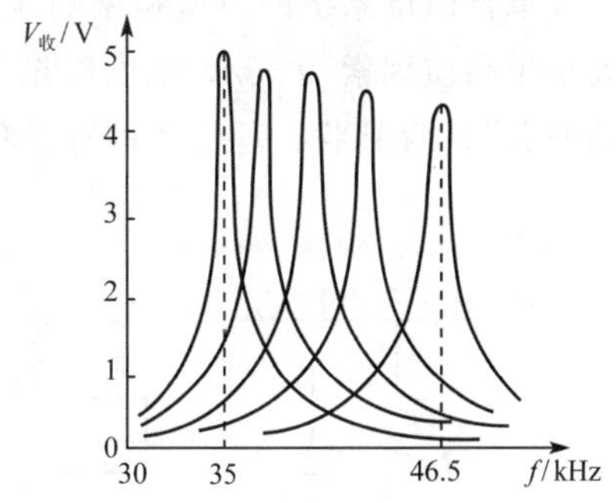

图 5-17　不同负载时的幅频曲线

5.3.2 声谐振法检测

声谐振法检测是常用的胶接结构和复合材料构件质量检测方法，其与声阻法检测的共同点是通过电声换能器激发被测件，并测量以被测件为负载的换能器的阻抗特性，它们的主要不同点见表 5-4。

表 5-4 声谐振法检测与声阻法检测的对比

方法	检测参数	检测内容	探头结构	耦合剂
声谐振法	测量试件或换能器的谐振频率或谐振时的信号幅度或者是它们的相对变化	板-板胶接件的剪切内聚强度(频率法)；蜂窝结构件的拉伸内聚强度(振幅法)；内聚强度为零的脱黏、气孔、分层等缺陷	发-收共用单晶片，与试件面接触	需要液体耦合剂
声阻法	测量以被测件为负载的换能器的声阻抗的变化	检测脱黏、气孔、分层等缺陷；检测胶层的严重疏松	发、收分离双晶片，与试件点接触	不需要耦合剂

1. 声谐振法检测分类

谐振频率与阻尼是材料或构件结构整体性的函数，测量构件固有频率和阻尼作为无损检测手段显然是合适的。依据入射波频率变化，声谐振法检测通常可分为单频谐振检测和扫频谐振检测两种类型。

(1)单频谐振检测

单频谐振检测以可调的单一频率波形式入射工件，将叠层复合材料结构或蒙皮与芯黏接结构模拟为具有阻尼的单自由度结构的弹簧质量系统模型，如图 5-18 所示。

当激励力为 $F_0\sin\omega t$ 时，该振动属于“强迫简谐振动”。若给该系统一脉冲激励，可以将其模拟为一个具有初始位移或初始速度的“自由振动”，这使得脉冲激励响应具有与自由振动相同的模型。强迫简谐振动和自由振动(带起始速度的)这两种类型的模式可分别采用稳态和瞬态测量方法。

单自由度系统的典型频率响应如图 5-19 所示。系统阻尼与谐振峰的形状相关，阻尼大小用品质因素 Q 表示，幅度降至 0.707 倍峰值(下降 3 dB)对应的点，即通常所称的“半功率点”。两个半功率点之间的频率增量称为系统的带宽。

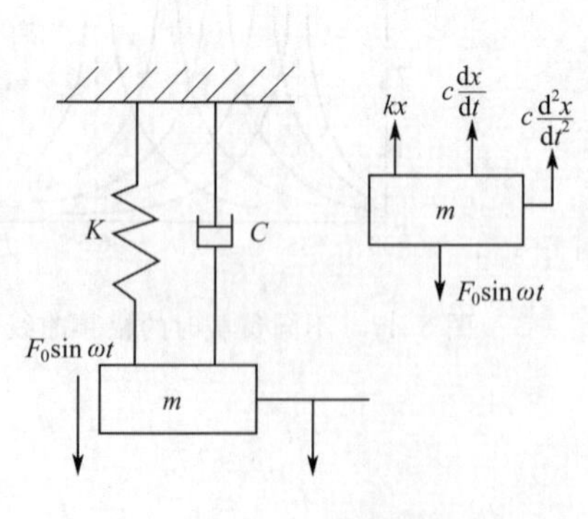

图 5-18 单自由度结构模型

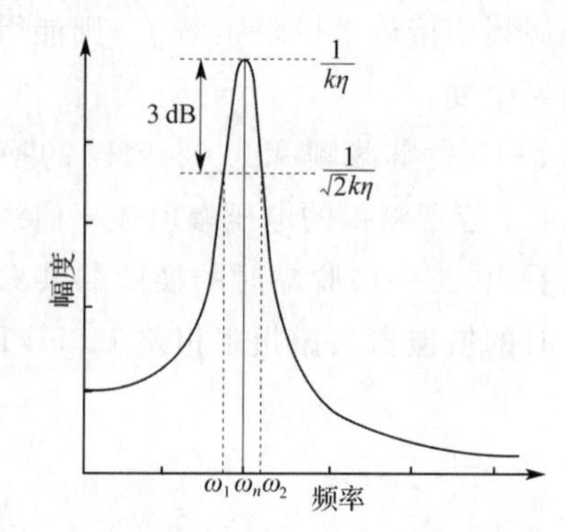

图 5-19 单自由度系统的典型频率响应

在输入频率作用下，检测对象作为换能器的负载，其声阻抗的变化必然会改变换能器电信号的某些输出特性，如振幅、相位、谐振频率等。检测对象的声阻抗又由决定黏结结构整体性的参量决定。因而，测量换能器的振幅或(与)相位就能评定结构是否存在缺陷。当仪器的检测频率调至被耦合待测结构件的谐振频率时，它的灵敏度最高，声谐振(共振)检测的名称即由此而来。

(2)扫频谐振检测

扫频谐振检测是以频率随时间变化的波入射工件，入射波信号是覆盖被耦合待测工件谐振频率的扫频连续波。当此连续波通过检测对象(与换能器耦合状态)的基频谐振和谐波谐振时，换能器承受的载荷比其他频率时大得多，载荷的增加会使易于检测到的激励交流电流(或电压)相应增加。

被检测板材的厚度可根据已知的材料和仪器读取的谐振频率确定。如果板材的基频谐振频率为 f_0，其相应波长为 λ_0，用 c 表示声速，则板材的厚度 t 可表示为

$$t=\frac{\lambda_0}{2}=\frac{c}{2f_0} \tag{5-17}$$

通常，为找到板材的基频谐振频率，需要确定两个相邻的谐振频率，如 f_n、f_{n+1}，于是可得 $f_{n+1}-f_n=\Delta f=f_0$。

利用这一检测原理能可靠地测出板材的厚度以及胶接结构与复合材料脱黏、分层、气孔等缺陷的位置和深度。

然而，在胶接结构和复合材料无损检测中，更重要的是胶接件黏接强度的确定。在良好胶黏和黏接之间，胶层强度的变化对振动特性有明显的影响。

利用扫频谐振检测原理设计的福克(Fokker)胶接检验仪可以检测出黏附强度大于内聚强度的板-板胶接结构的剪切强度和蜂窝结构的拉伸强度。

福克胶接检验仪是一种超声谐振阻抗型仪器，其检测机理简化模型如图5-20所示，仪器带有以压电晶体为敏感元件的换能器。换能器置于被测件的表面，并用耦合剂实现声耦合，利用仪器内部的扫频振荡器，将一个从低频端到高频端进行快速扫频的交流电压加于换能器，形成压电晶体的机械振动；同时，测量晶体的导纳。利用谐振频率点的电阻抗很低这一现象可以进行谐振频率的测量。在谐振频率点，检波后的包络信号出现下陷。

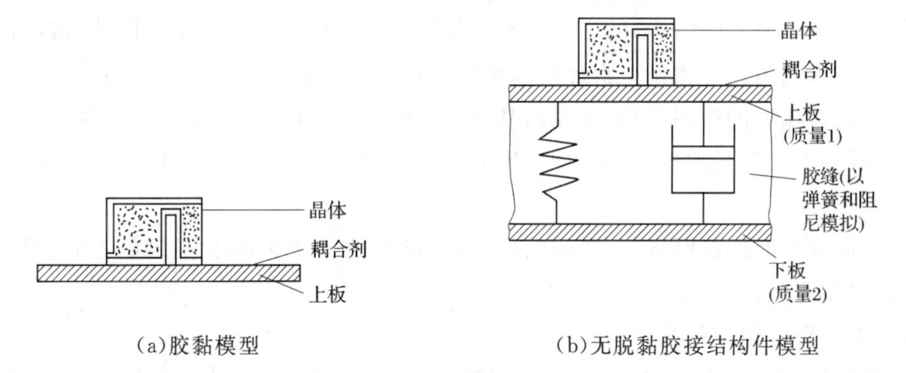

(a)胶黏模型　　(b)无脱黏胶接结构件模型

图5-20　福克胶接检验仪检测机理简化模型

当换能器置于被测工件(单金属板或胶接结构)上时,谐振频率和阻抗均将发生变化,而这些变化都与作为换能器负载的工件阻抗特性相关。可利用决定工件阻抗的胶层弹性和胶层的内聚强度之间存在着的近似线性的统计关系来进行胶接结构的检测,也可以通过胶层弹性(或柔性)所引起的电声换能器特性(谐振频率、幅度等)的影响,并借助破坏试验的统计关系曲线,来估算胶接结构的内聚强度。

2. 声谐振法检测特性

(1)换能器的特性分析

声谐振法检测用换能器实际上是一个短圆柱体,兼做收发。短圆柱压电晶体的振动比较复杂,需要考虑其轴向和径向振动的相互耦合。

耦合轴向共振频率为

$$\bar{\omega}_1^2=\frac{\pi^2 Y_0}{l^2\rho}\cdot\frac{p^2+1-\sqrt{(p^2+1)-4p^2(1-\mu^2)}}{2(1-\mu^2)}=\bar{\omega}_l^2 u_x \tag{5-18}$$

耦合径向共振频率为

$$\bar{\omega}_2^2=\frac{\pi^2 Y_0}{r_e^2\rho}\cdot\frac{p^2+1-\sqrt{(p^2+1)-4p^2(1-\mu^2)}}{2p^2(1-\mu)}=\bar{\omega}_r^2 u_x \tag{5-19}$$

式中　$p=\zeta/(\pi r\sqrt{1-\sigma^2})$——有效厚度半径比;

ω_1 与 ω_2——对应轴向和径向共振频率,Hz。

从以上几式可以看出,短圆柱压电体的耦合共振频率 ω_1、ω_2 与该压电体的材料性质 Y_0、μ、ρ 和 σ 有关,同时与它的有效厚度半径比 p 有关。实验证实,共振频率低的振动往往比共振频率高的振动强。

用高频扫描仪可以获得短圆柱压电体的共振频谱图。图 5-21 是直径为 19 mm、厚度为 6.35 mm 的短圆柱压电体的共振频谱。图中波峰 a 的频率取决于压电体的直径,在此频率下,压电体一般做径向振动;波峰 b 的频率取决于压电体的厚度,在此频率下,压电体一般做轴向振动。通常压电体的厚度越大,其共振频率越低,厚度越小,其共振频率越高。

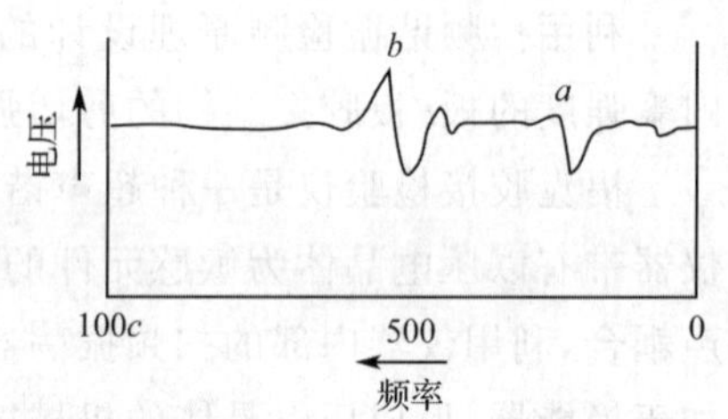

图 5-21　短圆柱压电体的共振频谱

压电体振动时,在其两端的平表面及圆柱面上各点的振幅是各不相同的,这可以用双轴拾振器进行测量。经测量可得径向和轴向共振时的振幅分布,结论如下:

①径向共振时的振幅分布:在径向基频振动时,短圆柱体平表面中心的径向分量振幅最小,而圆周上振幅最大;径向共振时,轴向也有分量,而且是中心振幅最大,圆周上振幅最小。

②轴向共振时的振幅分布:在轴向振动时,没有径向分量,轴向振动的方向、相位都相同,各点振幅不相同。

(2)工件负载阻抗的特性

对单胶层胶接件采用声谐振法检测时,工件振动状态的粗略简化模型如图 5-22

所示。

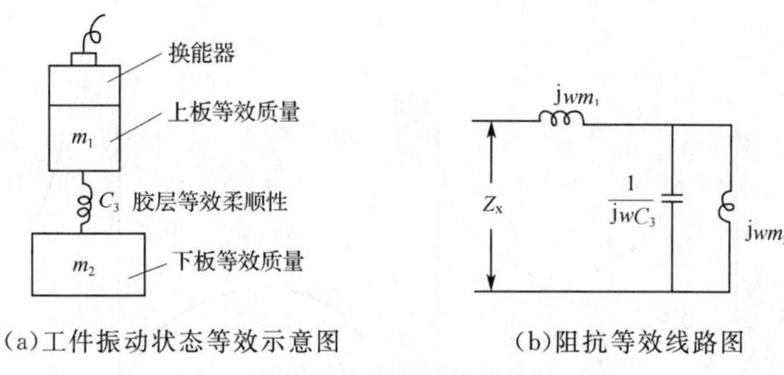

(a)工件振动状态等效示意图　　(b)阻抗等效线路图

图 5-22　振动阻抗等效图

在忽略胶层质量和损耗的情况下，可从图示状态得到负载阻抗 Z_x 的表达式为

$$Z_x = \mathrm{j}X_x = \frac{\mathrm{j}\bar{\omega}m_2 \cdot \frac{1}{\mathrm{j}\bar{\omega}C_3}}{\frac{1}{\mathrm{j}\bar{\omega}C_3} + \mathrm{j}\bar{\omega}m_2} = \mathrm{j}\bar{\omega}\left(m_1 + \frac{m_2}{1-\bar{\omega}^2 m_2 C_3}\right) \tag{5-20}$$

(3)工件负载阻抗对换能器特性的影响

工件胶接质量不同，负载阻抗 Z_x 则相应变化，并将引起换能器耦合共振频率 f 的改变。现以黏接强度(C_3)不同的各个试块在不同频率下的振动求出相应的负载阻抗 Z_x，在 Z_x-f 图上能画出一组曲线如图 5-23 所示。

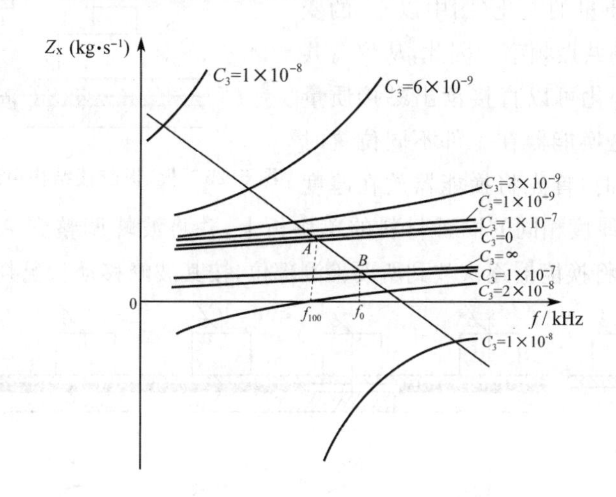

图 5-23　Z_x-f 曲线图

从图 5-23 可以看出，$C_3=0$ 时，$Z_{x0}=\mathrm{j}\omega(m_1+m_2)$；$C_3\to\infty$ 时，$Z_{x\infty}=\mathrm{j}\omega m_1$，所以 $C_3=0$ 和 $C_3\to\infty$ 是两条直线，$C_3=0$ 时表示黏接强度趋于无穷大，令这时换能器与负载的共振频率为 f_{100}；$C_3\to\infty$ 表示黏接强度为零(即脱黏)，令这时换能器与负载的共振频率为 f_0。在 $C_3=0$ 和 $C_3\to\infty$ 曲线上取两点 A 和 B，过 A、B 的直线与各 C_3 曲线的交点，就是各种黏接强度下的共振点。

因为胶接强度 $\tau\propto 1/C_3$，可以分别作出 C_3-f_1 曲线和 τ-f_1 曲线，如图 5-24 所示，图 5-24 中(a)和(b)的横坐标为共振频率 f_1，取值是左低右高。考虑到仪器示波管水平基线对应频率值却是左高右低，由左向右逐步降低，右端最低，故将图 5-24(b)翻转如图5-24(c)所示。

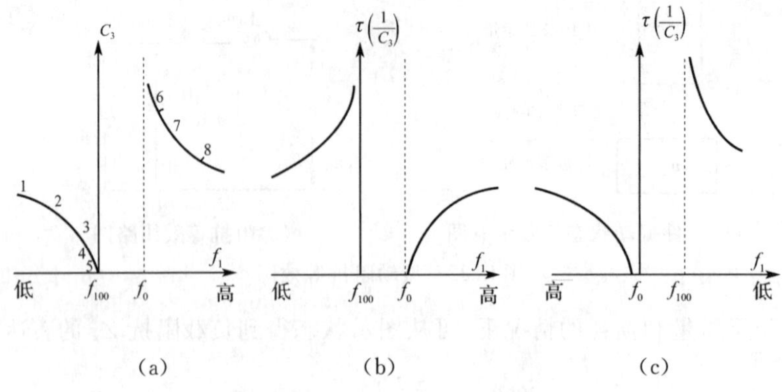

图 5-24　C_3-f_1 和 τ-f_1 曲线

3. 板-板胶接结构的声谐振法检测

图 5-25 是板-板胶接结构声谐振法检测示意图。由于要检测的是板-板胶接结构的抗剪强度，因此，必须利用压电体的径向振动。

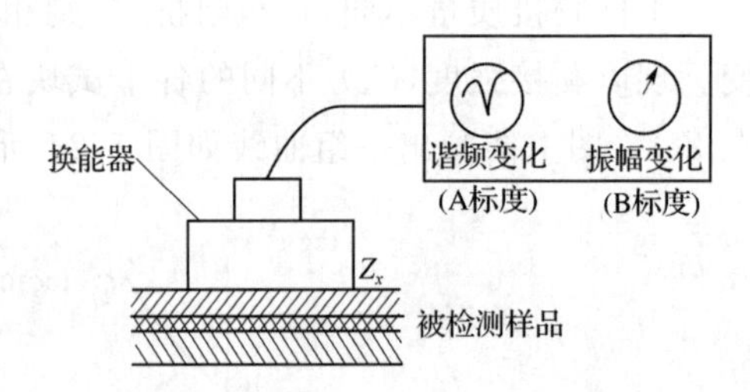

图 5-25　板-板胶接结构声谐振法检测示意图

当压电体与涂有耦合剂的工件接触时，共振频率将发生变化，即频率有所降低。由图 5-24可知，胶接质量的变化(图中以 C_3 的变化来体现)直接影响共振频率。因此，从仪器共振频率标度 A 的变化可以直接读出黏接质量的改变。图 5-26 是换能器在工件不同位置时的频率显示。检测时，首先将换能器放在厚度与检测对象的顶板厚度相同的同种材料的单块板上，并将波峰调整到 A 标度的中心位置[图 5-26(a)]，然后将换能器逐次放到所要检测部位，按其波峰移动状况判断胶层的质量。

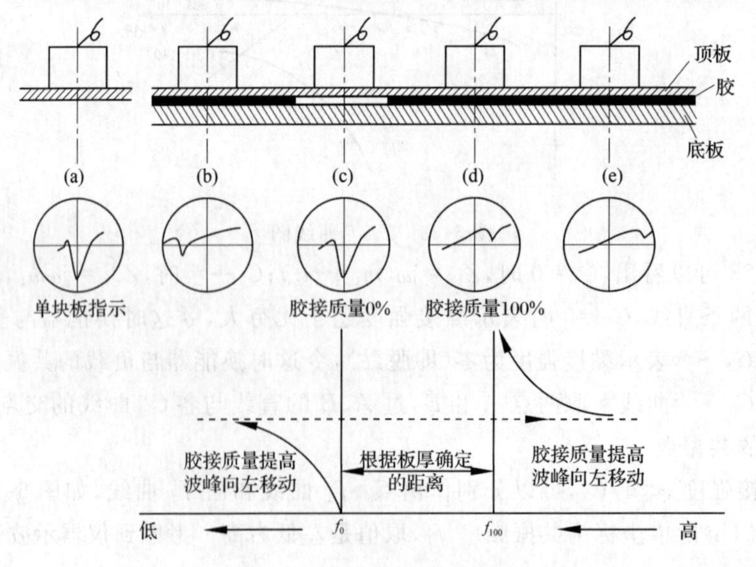

图 5-26　胶接质量的频率显示

(1)如果换能器放的位置是在严重脱胶区,例如在空穴部位,此时的胶接质量定为0%。由于空穴缺陷处顶板与底板完全没有黏住,换能器只能激起顶板振动[图5-26(c)],这和单块板的振动[图5-26(a)]情况相同,其波峰位置仍旧在A标度的中心,这时的共振频率标为f_0。

(2)如果换能器放的位置是在胶接优良区,此时的胶接质量为100%。由于顶板和底板通过胶层完全连接在一起,换能器的负载相当于一块厚度等于顶板与底板厚度之和的单块板,厚度大了,其共振频率将下降,在A标度上波峰的位置将向右侧移动[图5-26(d)],移动的距离根据底板厚度确定,这时的共振频率标为f_{100}。

以上标定的f_0和f_{100}位置,是胶接质量的极限位置,又称为频率窗口。

(3)如果换能器所放置的胶接质量处于0%和100%之间时,A标度上出现的波峰位置将处于f_0的左侧或f_{100}的右侧。当质量从0%开始提高时,A标度上的波峰从中心向左移动,但移动到一定距离后,波峰将在左侧消失,而在f_{100}的右侧出现一个新的波峰,随着质量的提高,该波峰继续再向左移动,直至到达f_{100}位置,如图5-26(b)和(e)所示。

由于共振波峰是用单块板件校准零位,以A标度的中心位置作为质量0%,由底板的厚度确定f_{100}的波峰位置。显然,底板越厚,f_{100}越远离f_0;底板越薄,f_{100}越靠近f_0。当底板薄到某一程度时,f_{100}将和f_0接近重合,两种质量情况下共振峰在同一位置不移动。在这种情况下,表明所使用的换能器不能适用,为此每一种编号的换能器一般都规定了底板的最小厚度。但是底板厚了对检测也有影响,当底板厚到某一程度时,f_{100}将不会在A标度的右侧出现。在这种情况下,应将零位调整到A标度的右侧,才能得到理想的胶接质量显示。

此外,顶板的厚度对波峰显示也有一定的影响。顶板越厚会使脱胶区的共振频率f_0越低。为此,检测仪通常规定了顶板的最大厚度。

用声谐振法除了能检测板-板胶接件的胶接缺陷外,还能用来测定胶接件的胶接强度。因为换能器触头接触工件时,具有使顶板弯曲的倾向,这个弯曲力受到胶层和底板的抵抗,其中胶层是决定弯曲度诸因素中唯一的变量。在胶接件弯曲中,顶板趋于收缩,底板趋于伸长,在胶层中就产生了剪切应力。因此声谐振法检测仪所显示的频率变化是与胶层的剪切形变或胶接强度有密切关系的。

为了用共振频率的变化来体现胶接件的胶层剪切强度的变化,必须预先绘制好仪器A标度显示值与胶接件剪切强度的关系曲线,然后按照实际测量的A标度显示的频率移动在此关系曲线上对照估算出胶接强度。图5-27就是利用胶接试片制作的关系曲线,a是A标度与胶接件剪切强度τ的关系曲线,b是A标度与质量百分比的关系曲线,图中各条曲线旁的数值是底板的厚度。从曲线排列可知,底板越厚,曲线越向右上方移动。

胶接强度检测最为重要的应用是板-板结构件的检测。通常不检测结构件黏接的定量强度值,而是将结合质量划分为四个等级,见表5-5。每一黏接接头的等级要求必须依据各种接头的重要性和所受载荷大小来确定。在图纸中应标明每一黏接接头的等级要求。黏接质量长度划分还可用图5-28的简图方式表示。

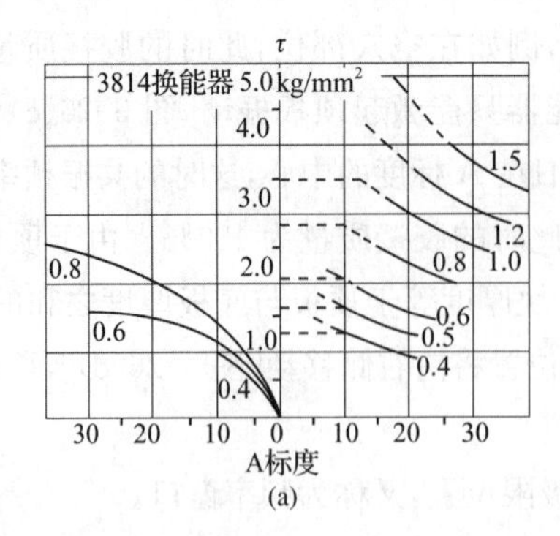

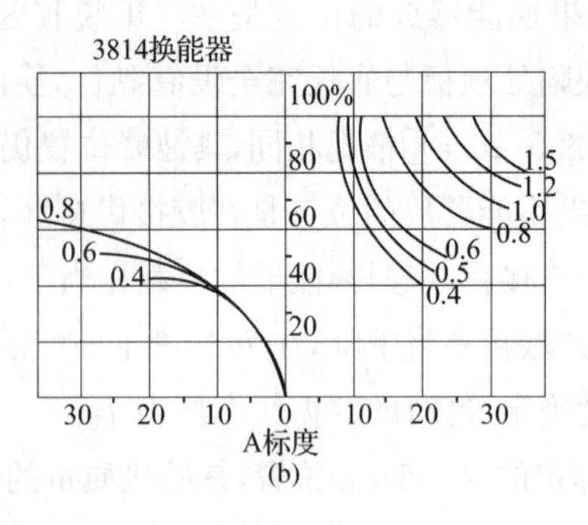

图 5-27　板-板胶接件的关系曲线

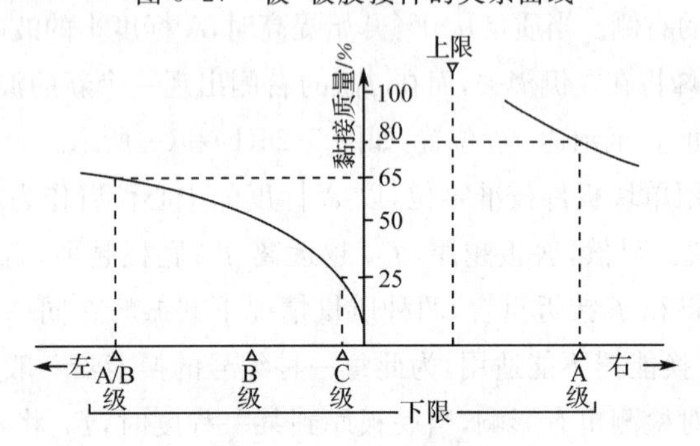

图 5-28　黏接质量等级划分

表 5-5　结合质量的分级

等级	结合质量	应用实例
A	＞80％	蒙皮与桁条连接的主要胶接结构
A/B	＞65％	加强筋的黏接，距离边缘 25.4 mm 以内的区域要求 A 级；其余可用 A/B 级或
B	＞50％	B 级
C	＞25％	在黏接以后还要完全用螺栓等进行连接的接头

4. 蜂窝夹芯胶接结构的声谐振法检测

蜂窝胶接件的纵向抗拉强度是最重要的性能。利用声谐振法检测蜂窝夹芯胶接结构时可以测出胶接件的纵向抗拉强度，如图 5-29 所示。它和板-板胶接结构的检测不同，后者是利用压电体的径向振动来测出胶层的剪切强度，前者则是利用压电体的轴向振动来测出蜂窝夹芯与面板之间的抗拉强度。

当换能器的触头与涂有耦合剂的一定厚度的面板接触时，谐振频率亦将有所变化。由于面板与蜂窝夹芯构成了胶接结构，而夹芯的质量相对来说比较小，因此胶层质量的变化不会使谐振频率有明显的改变，但却能使压电体的振动减弱。换句话说，质量的好坏主要依据振幅的变化，即 B 标度显示，振幅变化主要取决于胶层质量和蜂窝的密度。由于其共振频率几乎不产生移动，其振幅将减小，如图 5-30 所示。

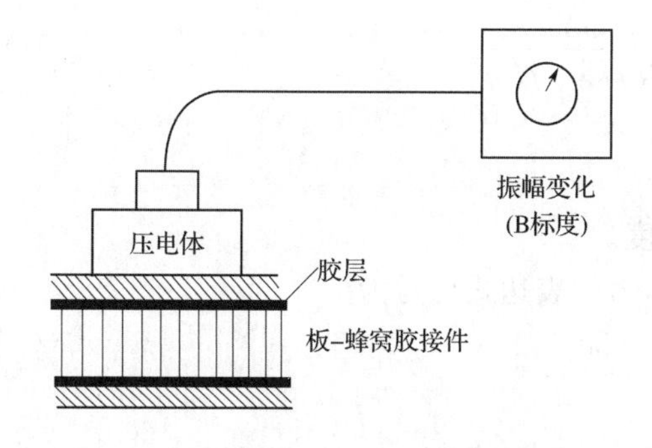

图 5-29 声谐振法对蜂窝结构的检测

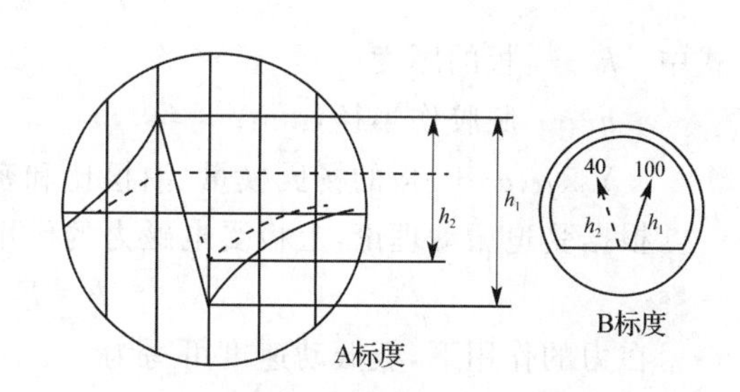

图 5-30 胶接质量的振幅显示

检测时，首先将换能器与厚度等于胶接件顶板厚度的单板块耦合，调整 A 标度的波峰处于中心位置，B 标度上的指针指向 100。当换能器逐次放在各个检测部位时，B 标度的数值将随着胶层质量的变化而变化。在脱胶处，B 标度指示为 100，与单块顶板耦合时的情形相同。胶接质量提高，B 值将下降；在胶接优良区，B 值下降到某一定值。对蜂窝胶接件来说，声谐振法能检测其抗拉强度，此时换能器做轴向振动，激发工件也做轴向振动。借助预先制订的 B 值与抗拉强度曲线，便可以估算出工件抗拉强度的大小。

综上所述，在检测板-板胶接结构时，A 标度所指示的数值一般足以评定其质量；在检测蜂窝夹层结构时，在大多数情况下，B 标度可提供充分的数据。如果将两种标度结合起来，便可以获得最正确的结论。而且，利用声谐振法检测板-板胶接结构的剪切强度和蜂窝夹芯结构的抗拉强度都必须先从试样的破坏试验得出对应的强度曲线，然后由 A 标度和 B 标度的读数对照这些曲线，估算出强度值。因此，所测得的数据是近似值，而且完全依赖于试样的破坏试验的精确程度，这就要求做强度破坏试验的试样与实际工件的工艺条件应完全相同，才能确保所得强度值与实际值相符。

5.3.3 涡流声检测

涡流声检测和涡流检测有相似之处，也有不相同的地方。

涡流检测是交流电在换能器的激励线圈内产生交变磁场，磁场在被测的金属板内产生涡流，涡流又产生感应磁场，它和激励磁场叠加后，由检测线圈作为接收器，传与指示器显示。涡流检测的本质是由于工件阻抗的变化改变了感应磁场，使检测信号改变。

虽然涡流声检测也是由换能器的激振线圈产生交变磁场，磁场在金属板内感应产生涡流，但涡流是在交变磁场作用下产生电磁力，而使工件激发振动。因为工件的振动会产生声波，工件胶接质量的变化会使所产生声波的振幅、振速和相位发生变化，由传声器接收振动信号并将其转变为电信号，将放大后的电信号进行分析，主要是鉴别信号的相位变化，从而判断胶接质量的优劣。

如果没有胶接好，脱胶伤的部位可以看成单块薄板，板下是空气腔。假设伤的面积为圆形，脱胶部位可近似地看作四周固定、中间悬空的板，在电磁力的作用下，板产生了对称振动。根据振动理论，板振动产生的共振基频为

$$f_0 = 0.467\frac{h}{a^2}\sqrt{\frac{Y_0}{\rho(1-\mu^2)}} \tag{5-21}$$

式中 h——板的厚度；

a——脱胶伤半径，mm；

Y_0、μ、ρ——板的杨氏模量、泊松比和密度。

根据受迫振动理论，上板受电磁力的作用，力的表达式可写为

$$F = F_{\mathrm{M}}\cos\omega t$$

在力的作用下，板振动速度可写为

$$\dot{\zeta} = \zeta_{\mathrm{m}}\cos(\omega t+\varphi') \tag{5-22}$$

其中，φ'是作用力与振动速度之间的相位差。

显然，式(5-22)可写为 $\tan\varphi' = f(\omega) = f'(f)$，即相位差是工件振动频率的函数，这是一条正切曲线，如图5-31所示，当 $\varphi'=0$ 时的 f_0 是板的固有共振频率。

从图5-31可看到，当激振频率小于此固有共振频率($f<f_0$)时，外力与振速的相位差在0°～90°变化；当激振频率远小于固有共振频率($f\ll f_0$)时，相位差 φ' 趋近于90°；当激振频率大于板固有共振频率($f>f_0$)时，外力与振速的相位差在−90°～0°变化；当激振频率远大于固有共振频率($f\gg f_0$)时，相位差 φ' 趋近于−90°。

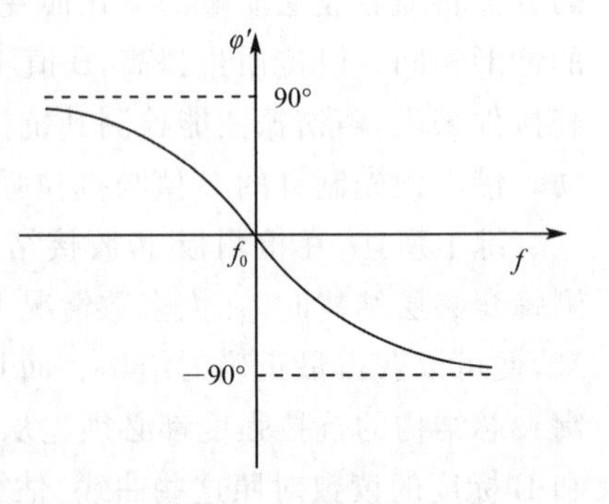

图5-31 相频曲线

良好的胶接结构可看成一块厚度较大的整体复合结构，在电磁外力作用下，它的共振频率 f_0' 大于脱胶时单板的共振频率 f_0。和脱胶时的单板一样，胶好的整体复合结构也有一条相似的相频曲线。将脱胶的和胶好的两条相频曲线画在一起如图5-32所示，由图可知，伤区和优区的相位差 $\Delta\varphi=\varphi'-\varphi''$。

检测时，在某一激振频率下，伤区和优区的相位差 $\Delta\varphi$ 和具体的单板和整体复合结构的共振频率 f_0'、f_0 都有关系。当 $f<f_0$ 时，$\Delta\varphi$ 在−90°～0°变化；当 $f_0<f<f_0'$ 时，$\Delta\varphi$ 在−180°～90°变化。

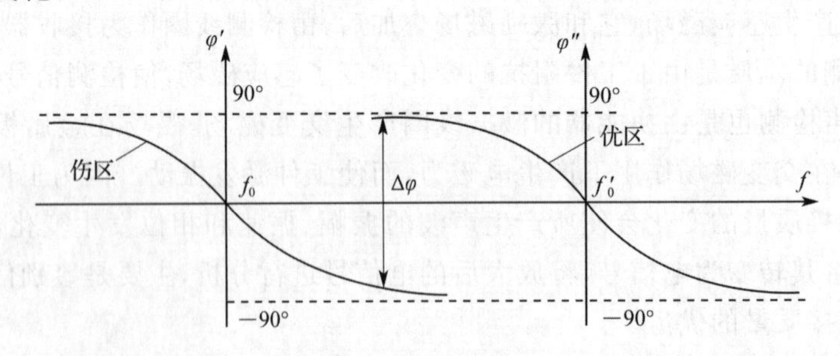

图5-32 伤区和优区的相频曲线

通常在选取激振频率时，总是考虑使 f_0 远离 f_0'，且小于 f_0'，这样可得到优区的 $\varphi''=90°$。

5.3.4　定距发送/接收检测

定距发送/接收检测是利用声波在复合材料或胶接结构件内的传播规律检测黏结不连续的技术。它所检测的结构件厚度、类型与不连续的深度介于声阻法检测与谐振法检测之间，有力地弥补了上述两种方法的不足。

1. 检测原理

定距发送/接收检测原理是板波检测技术，其探头是双晶片、双触点的不需耦合剂的低频超声探头。检测时，将探头的两传声触点置于扫查线的前后，以低频或射频电子信号激励发送换能器，产生的超声波经触头进入检测对象。接收换能器通过与发送传感器定距间隔的另一个触头拾取经工件传播的声波，如图 5-33 所示。超声波以板波模式横穿工件传播，检测经工件传播的返回信号以幅度和相位显示，表征工件声束路径上黏结的完好或脱黏。

假定发送换能器施加于工件表面的是一垂直脉冲力 $F_0(t)$，如图 5-34 所示，则在垂直方向距离源 z 处的质点速度可以表示为

$$\nu_2=\frac{1}{2\pi G\cdot z}\cdot\frac{c_t}{c_l}\cdot\frac{\mathrm{d}F_0(t-z/c_l)}{\mathrm{d}t}-\frac{4c_l}{2\pi Gz^2}\cdot\left(\frac{c_l}{c_t}\right)^2F_0\left(t-\frac{c}{c_l}\right)\tag{5-23}$$

式中　G——工件剪切模量；

c_l——工件纵波声速，m/s；

c_t——工件横波声速，m/s；

t——施加脉冲力后的时间；

z——质点在垂直方向距离源的距离。

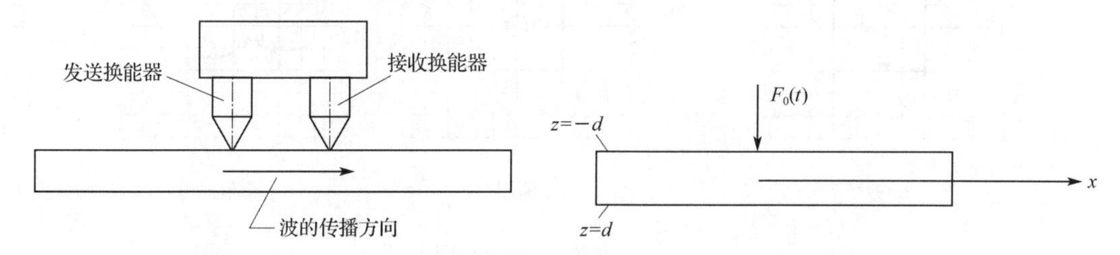

图 5-33　定距发送/接收检测原理　　　图 5-34　工件质点振动速度分析示意图

式(5-23)的第一项主要为纵波成分，它与力函数 $F_0(t)$ 的变化率有关，并与 z 的一次方成反比；第二项主要为横波成分，它与力函数本身有关，且与 z 的二次方成反比。可见，z 对纵波与横波的幅度和相位的影响是不同的，它对后者的影响远大于前者。因此，在使用幅度-相位显示技术时，通常总是利用以横波成分为主的板波模式。

当采用连续波稳定激励时，对板厚远小于波长的导波形状工件，依据激励方式，在板中主要传播的是最低对称波 S_0 或反对称波 A_0，前者主要成分是伸缩波(纵波)，后者主要成分是弯曲波。

伸缩波(S_0 模式)与弯曲波(A_0 模式)的主要区别在于：①传播速度不同，伸缩波传播速度轻快，弯曲波则较慢；②伸缩波没有频散效应，弯曲波频散效应明显，其中频率越高的成分，传播速度越快；③这两种波位移的相对幅度与激励方式有关，当激励力源作用方向

与板平面垂直时,在板中主要产生的是弯曲波。

2. 检测类型

依据激励方式,定距发送/接收检测分为扫频定距发送/接收、脉冲定距发送/接收与连续波定距发送/接收三种类型。

(1)扫频定距发送/接收检测

扫频定距发送/接收检测通常采用 20～40 kHz 的电子扫频激励发送换能器,经触头在检测对象中形成扫频超声波,接收换能器触头检取经过工件的超声波,检测并显示返回信号的幅度与相位,即可判别声波传播路径上完好黏接与不良黏接。

当板波被耦合进入完好黏接层时,被下面的叠层所衰减,因而完好黏接显示小的接收波图形,如图 5-35(a)所示;可在仪器中心设置报警方框,接收波形跨越方框实施声或光报警。

这一方法的设置十分简便,且不需耦合剂,仅需将探头置于良好与不良黏接的试件上。调节增益使来自脱黏的信号跨越设置的报警方框,良好黏接信号显示远小于报警方框。对工件的不良耦合,其结果将进一步减小幅度,使圆形的图形大小接近显示屏的中心,如图 5-35(b)所示,则又远小于完好黏接信号,极大地降低了仪器误报警。由于使用的是低频,这一检测模式适于检测脱黏与埋深较深的不连续。

用一定范围的频率扫频时,由于波形在上板内很少衰减,可以得到脱黏时带小谐振回线的较大的近似圆形显示,如图 5-35(c)所示。

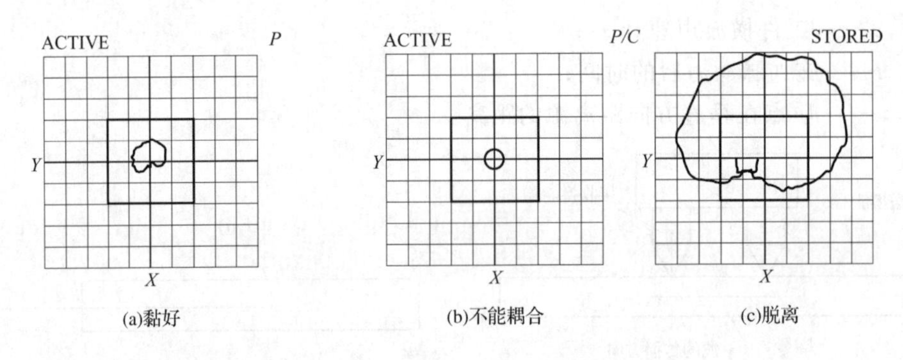

(a)黏好　　(b)不能耦合　　(c)脱离

图 5-35　扫频发/收信号图形

(2)脉冲定距发送/接收检测

脉冲定距发送/接收检测方法的实施类似于扫频定距发送/接收检测,激励所用的是单频短脉冲(2.5～70 kHz),频率的选择是使检测对象层厚材料内产生最大的弯曲运动。当探头由完好区向脱黏区扫查时,用一个时间可调的选通门选择幅度变化最大的接收脉冲。

将探头移动至脱黏区上面,接收到的信号幅度将大于其在黏接完好区上面的信号幅度。这是由于前者波的运动受脱黏区上面的板或层的限制,加强了导波作用,而后者波的能量通过黏接层损失在基层材料中的缘故。

通常,调节频率与增益可以在脱黏区得到最大信号,然后用完好区的信号与之比较,当选通门选至完好区信号阻尼时间内时,完好区的信号将显著减小。操作者置时间选通于最佳时间以监视接收信号的响应，可以用时间-幅度显示，并选择幅度设置报警；亦可用相位-幅度显示，并设置幅度报警或幅度与相位报警。该模式检测埋深较深的不连续区域的能力远较扫频定距发送/接收模式强，因而是对扫频定距发送/接收检测的有力补充，某些不能用扫频定距发送/接收方法的构件可用这一方法检测。

(3)连续波定距发送/接收检测

这是美国 Staveley NDT Technologies 公司在其综合声学黏接检测仪 Sonic Bond Master中新开发的一种检测模式。它采用的是连续波稳态激励，可以选择的激励(发送)和接收频率远较上述两种模式宽，尤其是提高了上限频率，频率为 2.5～150 kHz，可根据检测对象选择。它的高频端(75～150 kHz)对薄壁材料构件的黏接检测很适用，尤其适用于碳环氧蒙皮-芳纶纸芯蜂窝结构的检测。检测方法的设置与检测步骤与上述两种定距发送/接收模式类似。

5.3.5　综合声学检测技术

自复合材料与胶接结构成为制造工程的重要部件以来，它们的检测技术已成为无损检测分支。超声和声振检测技术曾经是颇为适用的。但是，由于针对不同检测对象和不同检测要求的设备品种规格过于繁杂，致使人为因素影响很大的传统的人工敲击方法仍然牢固地占据着很多胶接检测阵地。为了兼顾现场使用的便利与提高检测的可靠性，综合声学检测技术的发展成为时势所趋。

微处理器、储存芯片和软件的飞速发展为综合声学检测技术创造了物质条件，允许几种声振与超声检测方法结合起来制成小型便携式仪器，并能非常方便地从一种检测方法或检测模式转换成另一种检测方法(模式)，从而使很多不同材料和规格的复合材料与胶接结构构件可以用一台综合检测仪器实施评定。

美国 Staveley NDT Technologies 公司的 Sonic Bond Master 开创了综合声学检测技术的新途径。它一改其他声振检测仪器只有一种检测模式的传统做法，集上述的声阻法(机械阻抗分析)(频率：2.5～10 kHz)、共振(频率：10 kHz～1.5 MHz)、扫频发/收(频率：20～40 kHz)、脉冲发/收(频率：2.5～70 kHz)、射频发/收(频率：2.5～150 kHz)五种检测模式于一体。在实际应用中，针对不同检测对象与检测要求，能以五种检测模式互为补充，加以优选，使仪器检测功能大为增强，检测结构范围大为扩展，几乎包罗了现有复合材料的各类构件，已取代福克仪和其他声振检测设备，成为适用于复合材料与胶接结构的便携式检测仪。

该仪器操作简便，具有依照检测对象结构特征，从上述五种模式中优选出最佳测量模式的功能。仪器具双迹显示，能将实时测量所得与预存的完好区曲线比对，便于分析与判废。仪器对机械阻抗分析、脉冲发/收检测、射频连续波检测的使用频率，可用对完好区与脱黏区的扫频双迹显示，选择二者间有最大幅度与(或)相位差的频率为最佳测试频率(图 5-36)，而后用此频率实施检测。该仪器用作谐振检测模式时，通过其频率范围内的扫频，能自动选择换能器在空气中的共振频率并实施相位零位自动镇定。仪器具有可调压紧力的新型机械阻抗探头，消除了机械阻抗分析检测中。因探头压紧力变化对测量结果带来的影响，增强了缺陷检测的灵敏度、可重复性和可靠性，并为自动扫查创造了条件，仪器能对探头自动识别，自动测定探头参数，并自动设定仪器。对特殊应用，还可自动进行前面板校准。可广泛配用标准的或专用的探头，使仪器更具有灵活性。

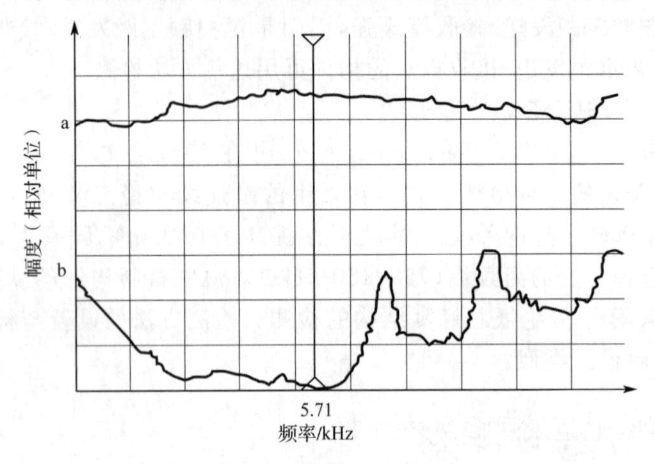

a—完好黏接　b—脱黏

图 5-36　机械阻抗分析扫频双迹显示

5.4　声振检测系统

5.4.1　声阻法检测系统

图 5-37 是声阻法检测系统框图，整个装置包括探测器、发射与接收仪器、自动检测装置。

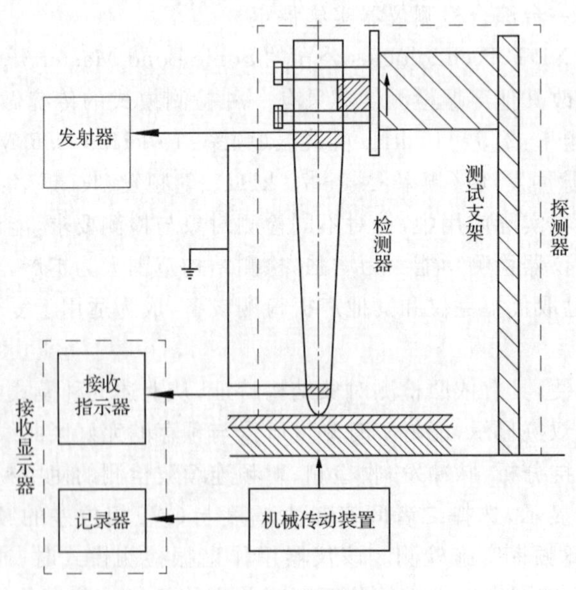

图 5-37　声阻法检测系统框图

1. 探测器

探测器由支架和换能器两部分构成。

(1)支架

支架用来固定换能器的位置以保证换能器与工件表面垂直接触，并通过调节换能器升降对工件产生一定静压力的机械装置。由于声阻法对实际检测条件要求较高，手动检测很难控制，所以支架对检测效果的影响很大。如果换能器固定得不好，会产生附加振动、引起检测信号损耗过大和变形；如果换能器与工件不能垂直接触，就会降低检测灵敏度。

(2)换能器

①结构

声阻法换能器结构示意图如图 5-38 所示。

a. 背复块 1 可以用黄铜材料制成，它的作用是使发射晶片两面都有负载，从而提高发射晶片发射声波的能力，同时使整个探头有一定的自重，利于激发弯曲振动。

b. 压电晶片 2 是发射晶片，利用压电陶瓷的逆压电效应，在该晶片的两极平面上加交变电压，使其产生相应频率的振动。发射晶片应具备以下条件：厚向机电耦合系数 K_t 大，机电转换效率高；压电陶瓷本身内耗小，即损耗角正切 $\tan\delta$ 小；机械品质因子 Q_m 大；厚向共振基频与工作频率($f_i \approx f_w$)接近，以提高激励效率等特点。目前常用的是锆钛酸铅发射型(PZT-4)压电陶瓷晶片。

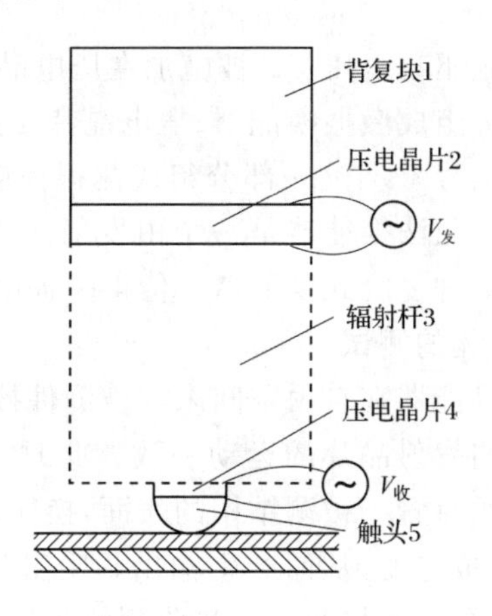

1—背复块(钢柱)；3—辐射杆(有机玻璃杆，等截面的直杆或变截面的圆锥形杆、指数形杆、抛物形杆或阶跃形杆)；5—检测触头(球形钢珠)；2 与 4—PZT-5 压电晶片

图 5-38　声阻法换能器结构示意图

c. 辐射杆 3 由有机玻璃制成，作用是将发射晶片产生的振动传递到工件，其形状决定了振动能的传递效率和聚能作用。常用的声阻法换能器辐射杆有四种，如图 5-39 所示。其中，圆锥形和阶跃形辐射杆能加大换能器对工件弯曲振动的激发强度，阶跃形的辐射杆虽然能提高品质因数值、增加变幅聚能作用，但稳定性差；复合形的辐射杆检测效果最好。当把圆锥形改为复合形之后，换能器的输入电压可以从 100 V 降为 25 V，而输出电压却从几十毫伏升高到一伏左右，检测灵敏度有较大的提高。

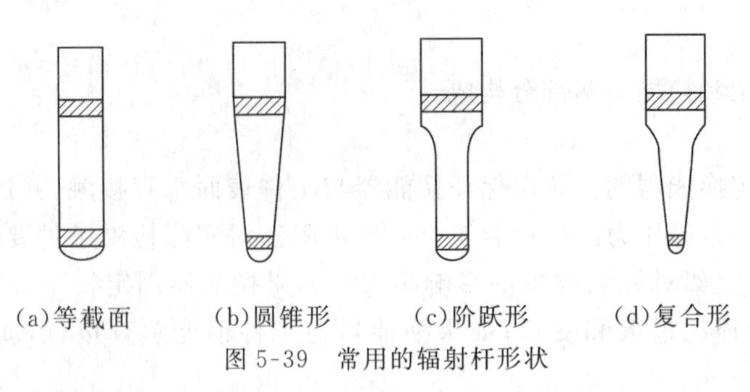

图 5-39　常用的辐射杆形状

d. 压电晶片 4 作为接收晶片，用来将工件的机械振动能转换为电能，并以电压信号的方式输出。由于接收晶片直接反映被测工件的阻抗变化，对检测灵敏度有很大的影响，故应满足以下条件：厚向机电耦合系数 K_t 大；频带宽，即要求 Q_m 小；共振频率远离工作频率，即 $f_i \gg f_w$ 等方面的要求。通常采用钛酸铅接收型(PZT-5)压电陶瓷。

e. 触头 5 加在接收晶片下端，直接与被测工件接触，其作用是：把由发射晶片产生的机械振动传给工件，激发工件做弯曲振动；把被测工件的机械阻抗转移为换能器晶片的负载阻抗；保护接收晶片。触头的选择应满足质量小，密度小，体积小，刚度和硬度大，耐磨等要求。

此外，在接收晶片和发射晶片之间还应有铜箔屏蔽层，以消除发射晶片和接收晶片之间的电磁干扰。

②工作原理

换能器在工作时，外加正弦驱动电压 $V_{发}$ 被施加在压电晶片 2 上，通过触头 5，使工件受激发发生弯曲振动，这一部分组成激振换能器；压电晶片 4 接收以触头 5 为阻抗转移器传来的工件力阻抗，并输出电信号 $V_{收}$，这一部分组成测振换能器。这两个换能器处在同一结构内且同时工作。所以，声阻法换能器是一个由发射压电晶片和接收压电晶片组成的复合式激振和测振装置，是一种复合式换能器。值得一提的是，声阻检测换能器使用前至少应进行频响特性和检测性能的测试。

采用声阻法进行检测，当换能器在自由空间未与被测件接触时，由于整个接收晶片与发射晶片刚性接触，接收晶片与发射晶片的运动一致。此时，接收晶片上无应变存在，因而没有输出。检测时，换能器垂直置于被测结构的表面，换能器触头与检测对象表面相接触，接收晶片的下表面受阻，形成应变，从而产生输出。受阻阻抗的大小由结构件被测点的局部刚度和质量决定。用仪器显示接收晶片接收到的信号幅度和发射信号与接收信号的相位差，即可测得该测量点是否有缺陷存在。

2. 发射仪器与接收仪器

发射仪器是输入正弦振荡电信号的电子设备，包括音频振荡器、自动扫频装置。

接收仪器是用来测量换能器的输出电信号并加以记录显示的装置。这部分经常组装成一台电子仪器，包括音频振荡器、测量放大器和指示仪表等。对声阻振幅法，它实际上是一个电压测量器和电压记录器；对声阻相位法，它实际上是一个相位测量器；对声阻频率法，它则是一个频率测量器。

3. 自动检测装置

自动检测装置包括机械传动装置和要求进行自动检测时用的自动记录仪。机械传动装置是根据检测对象的形状大小和检测要求进行设计的，用于驱使换能器对检测对象做相对运动，并与记录仪同步。记录仪在电热记录纸上以点状描绘出工件的胶接情况，从记录纸上可直观地看到胶接缺陷的情况。机械传动装置应根据被检测工件的形状大小和检测要求进行设计。

5.4.2 谐振法检测系统

谐振法检测装置包括换能器和检测仪器两部分。

1. 换能器

换能器是谐振法检测装置的主要部分，其结构如图5-40所示。这是一种电声换能器，可以通过单块压电体实现电声转换，该压电体兼管发射和接收两种功能。因此，压电体材料和尺寸的选择以及它在换能器内的放置都很重要。

压电体可选择钛酸钡或锆钛酸铅等压电材料制作，并在强烈的磁场中进行轴向极化。在极化后的压电体柱面上铣制三个悬置连接用的凹槽，然后在其上下表面上镀铬或镀镍作为电极，下表面的镀层还起着耐磨作用，当镀层有磨损迹象时要更换。压电体的厚度与直径可根据检测对象的不同进行选择，一定厚度与直径的压电体只适用于一定范围的被测工件。因此，欲检测各种不同工件必须配有多种厚度与直径不同的压电体换能器。可以用压电体的尺寸对换能器进行编号，编号的前两位数字表示压电体的直径，后两位数字表示厚度。例如3414换能器表示该换能器的压电体的直径为3/4，厚度为1/4。国产换能器则是以毫米为单位，表示方法相同。

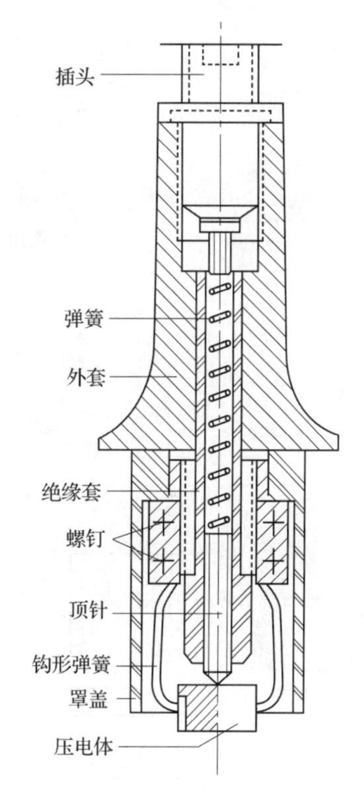

图5-40　谐振法检测换能器

将压电体安装在换能器内时，要特别注意除了受胶层质量变化外，不应有其他因素影响振动方式，如应当控制钩型弹簧对槽壁的压力和顶针对表面的压力。操作时换能器对工件的压力也应控制适宜。

胶接强度检验仪换能器简图如图5-41所示。电声换能器是以圆柱形的压电陶瓷晶体制成，材料为钛酸钡。用于板-板胶接结构剪切强度检测的压电晶体圆柱体高度与半径之比一般为1.0～2.0，用于板-蜂窝胶接结构拉伸强度检测的压电晶体高度与半径之比一般为0.5～1.0。

多层胶接检验仪的探头有两种：一种用于多层板脱黏伤的检验（通称A型），其结构如图5-42(a)所示；另一种探头用于夹芯胶接结构脱黏伤的检验（通称B型），其结构如图5-42(b)所示。两种探头结构的基本形式相同，只是在选材和尺寸设计上有所区别，见表 5-6。

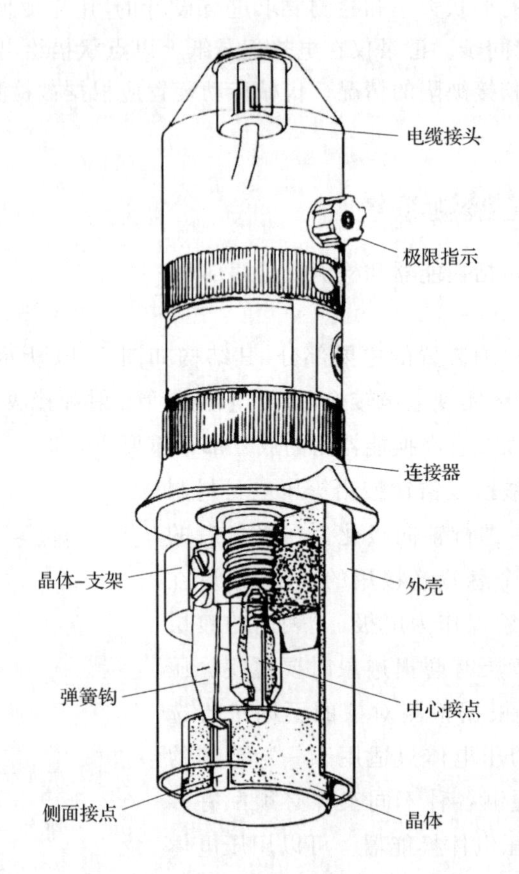

图 5-41 胶接强度检验仪换能器简图

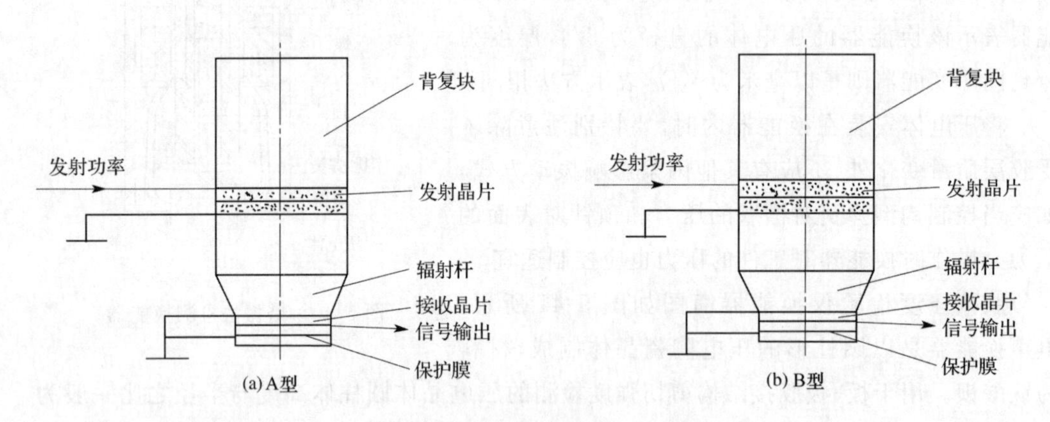

图 5-42 多层胶接检验仪探头示意图

表 5-6　多层胶接检验仪探头结构

名称	作用和特点	备注
背复块	使发射晶片两侧均有负载以提高发射能力；厚度一般选在相应工作频率波长的 1/4	A 型用 45 钢制作；B 型用黄铜制作
发射晶片	应用铌镁酸铅(PMN)压电陶瓷晶片；为了提高发射能力和仪器的等效输出阻抗采用两晶片串联	晶片选择主要考虑：大的厚向机电耦合系数 K_t，晶片本身内耗小
辐射杆	把发射晶片产生的声能传递到工件	A 型由铝材制成，B 型由有机玻璃制成
接收晶片	用锆钛酸铅接收型(PZT-5)压电陶瓷晶片，为了提高接收能力和减少等效输出阻抗采用两晶片并联方式	晶片选择主要考虑：大的机电耦合系数 K_t，宽频带，即小 Q 值
保护膜	用以保护接收晶片和传递声能，要选择声匹配性能良好的材料	常用未经极化的锆钛酸铅陶瓷片

2. 单频谐振检测仪

常用的声谐振仪多为单频谐振检测，如国产的多层胶接检验仪和国外的胶接显示仪等。仪器换能器向工件输入可控的单一特定频率声波。探头与被测结构为平面接触并需用声耦合剂，测量该频率下反映被测件声阻抗的换能器输出信号的幅度和相位。该类仪器通常仅用于脱胶、气孔和分层等缺陷的检测。由于输入声能较强，可用于埋深较深的缺陷检测。

20 世纪 90 年代美国 STAVELEY 仪器公司推出了新一代多功能声振综合检测仪，其中的谐振模式采用扫频选择完好工件的共振频率，以该共振频率实施检测提高了检测灵敏度。检测程序可按航空工业标准 HB 6108—1986《金属蜂窝胶接结构声谐振法检测》实施。多层胶接检验仪以毫伏表显示信号的幅度来指示缺陷，胶接显示仪则以示波管显示信号的幅度和相位。

3. 扫频谐振检测仪

扫频谐振检测以福克胶接检验仪为代表，同类的仪器还有国外的柯因达曼示仪(Coinda-Scope)、斯塔布仪(Stubmeter)以及国产的胶接强度检验仪等。无论何种仪器都有两个指示器，一个是阴极射线管频率指示器(A 刻度盘)，另一个是微安计幅值指示器(B 刻度盘)。利用一个在固有频率下振动的无阻尼压电晶体探头，并用液体耦合剂与被测结构的表面耦合以传递声能。检测结果分别显示在被称为 A 标度和 B 标度的示波管和毫伏表(福克 80 L 型已改用发光二极管和数字显示)上。谐振频率的偏移显示在 A 标度上，晶体的导纳(也是振动阻尼的指示)显示在 B 标度上。A 标度应用最广，可用于指示金属板一般连接(胶接、焊接等)的结合质量以及碳纤维复合材料叠层的分层和脱黏。

有时，A 标度指示具有两种不同含义。例如，胶接结构 A 标度的零指示，可能意味着脱黏，也可能是低质量的结合。利用 B 标度就可以区分这两种不同的缺陷。再如在板与蜂窝和板与发泡材料结合质量的检测中，利用 B 标度来解释实验结果往往比较方便。

不论是用A标度还是用B标度指示胶接接头的结合强度，检测前必须应用破坏试验的方法先做出破坏强度与标度指示间的关系曲线。关系曲线只适用于与制作曲线时所选用换能器晶体、胶黏剂型号、基体的板材和板厚相同的结构。进行胶接结构件的机械强度检测时通常以可达最高强度的百分比表示。在实际检测中，当晶体耦合于被测结构时，A标度的指示总是在其极限指示的稍右的位置，随着黏接质量的降低，指示更向右移，直至在右侧消失，而在左侧出现指示。当下板厚度较厚时，黏接质量指示只出现在左侧。

4. 谐振检测仪的应用

胶接强度检测仪与多层胶接检验仪并不仅限于金属与金属胶接结构件，其主要应用见表5-7、表5-8。

表5-7　胶接强度检测仪的应用

分类	结构类型	材料	检测内容
1	板-板(单胶缝) 层板-层板(单胶缝)	金属 塑料，CFRP	内聚黏接质量，腐蚀 黏合与脱黏
2	多层板-板(双或多胶缝) 层板-层板(多胶缝)	金属 CFRP	平均内聚黏接质量 气孔检测
3	单层板 单板	CFRP，GRP 金属，塑料	分层、气孔、疏松、 纤维含量、厚度 厚度
4	板-蜂窝	铝合金，CFRP-铝合金芯， CFRP-有机纸芯	黏合与脱黏，疏松
5	板或层板-发泡材料	铝合金，纤维增强塑料	黏合与脱黏
6	双重板-蜂窝 双重板-发泡材料	铝合金，发泡材料	板-板和双重板-蜂窝(发泡材料)的内聚黏结质量
7	钎焊或硬焊连接	金属	黏合与脱黏，疏松
8	轮胎(修复)	橡胶	分层
9	层压板	木材	分层
10	黏接的陶瓷或玻璃组件	陶瓷，玻璃	气孔检测，质量测量
11	火箭燃料舱壳体与固体燃料黏接	钢-保护层-固体燃料	各层界面的气孔
12	橡胶-金属	橡胶，钢	橡胶与钢间气孔
13	爱勒奥尔 Arall	纺纶铝叠层	气孔与分层

注：CFRP为碳纤维增强材料；GRP为玻璃纤维增强材料。

表 5-8 多层胶接检验仪的应用

分类	结构类型	材料	检测内容
1	板-板(单胶缝)	金属	脱黏,严重疏松
	层板-层板(单胶缝)	塑料,复合材料	分层,脱黏
2	多层板-板(双或多胶缝)	金属	脱黏
	层板-层板(多胶缝)	复合材料	分层,脱黏
3	板-蜂窝	金属、复合材料-金属芯	脱黏
		金属-玻璃钢芯	脱黏
4	板-泡沫填充	金属-泡沫塑料	脱黏
5	钎焊或硬焊	不锈钢蜂窝材料	脱黏
6	玻璃钢与绝缘材料胶接	玻璃钢-绝缘材料	脱黏
7	火箭燃料舱壳体与固体燃料黏接	钢-保护层-固体燃料	界面脱黏

使用多层胶接检验仪检测两层胶接结构件时,以第一层板厚调谐,脱黏的深度可根据毫伏表的示值来确定。示值大的(近100%)为第一胶缝脱黏,示值较小的(约50%)为第2层胶缝脱黏,3层胶缝以上的构件其脱黏深度检测可以每个脱黏缺陷本身调谐。然后,把探头移至标准试件的脱黏区,指示值相同的脱黏深度即为被测件的脱黏深度。该仪器可以检测9层薄铝板(8层胶缝)结构的脱黏,直径约40 mm脱黏缺陷的检测结果见表5-9,仪器的检测范围和灵敏度见表5-10。

表 5-9 9层薄铝板结构的检测结果

胶缝	指示值/%	脱黏缺陷直径/mm
1～4层	90～100	40～45
5～8层	80	35～45

表 5-10 多层胶接检验仪的检测范围和灵敏度

结构	检测范围	灵敏度
板-板	可检测多于两层胶缝结构,目前可检测8层胶缝结构,总厚度不大于20 mm	一般能检测的最小脱黏伤直径为25 mm;面板厚2 mm薄层结构可检测到20 mm或更小
蜂窝结构	可检测3层胶缝的带垫板的蜂窝夹芯结构	能检测近侧脱黏伤直径20 mm,远侧25 mm;蜂窝芯高15 mm,远侧可检测到20 mm

5.4.3 涡流声检测系统

涡流声检测的换能器包括两部分,如图5-43所示。一部分作用于工件,使工件激振的电磁铁芯;另一部分是从工件接收振动声波的传声器。

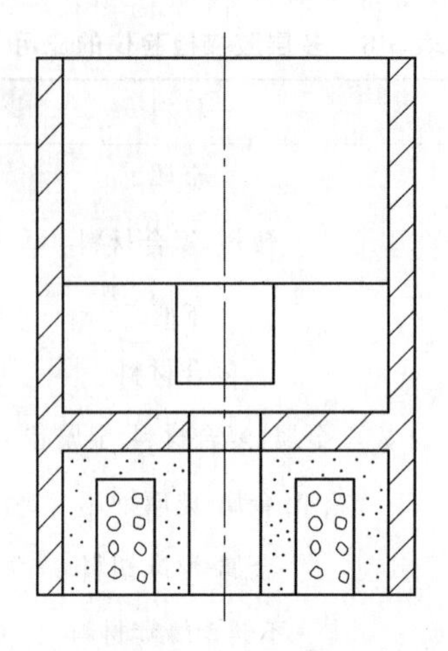

图 5-43　涡流声检测换能器结构

电磁铁芯是产生激励振动的电磁激振器的主要部分，当交变电流通过铁芯线圈时，铁芯便产生交变磁场。交变磁场在工件的面板上感应产生涡流、涡流，在垂直于面板的方向上产生电磁场，电磁场产生的电磁力作用于激发工件起振。由电磁学理论知道作用于面板上的电磁力的频率 f 是通入铁芯的激磁电流频率 f_0 的两倍，即 $f=2f_0$。

用于接收装置的传声器则将被测件振动信号转换成电信号送至仪器。由于使用频率较高，常常选用电容传声器。

主要符号说明

符号	单位	名称	符号	单位	名称
F	N	力	R_m	—	力阻
E	V	电压	R	Ω	电阻
F_m	m	力振幅	$1/R$	1/Ω	电导
E_m	m	电压振幅	$m\omega-1/(\omega C_m)$	—	力抗
ε	m/s	振动速度	$L\omega-1/(C\omega)$	Ω	电抗
ε_m	m/s	振速振幅	$C\omega-1/(L\omega)$	S	电纳
m	kg	质量	$Z_m=[(m\omega-1)/(\omega C_m)]^2+R_m^2$	N·s/m	力阻抗
L	H	电感	$Z=[(L\omega-1)/(C\omega)]^2+R^2$	—	电阻抗
C	F	电容	$X=[(C\omega-1)/(L\omega)]^2+(1/R)^2$	—	电导纳
C_m	m^2/N	力容			

参考文献

[1] 丁守宝,刘富军.无损检测新技术及应用[M]. 北京:高等教育出版社, 2012.

[2] 李国华,吴淼. 现代无损检测与评价[M]. 北京:化学工业出版社,2009.

[3] 宋天民.无损检测新技术[M]. 北京:中国石化出版社,2012.

[4] 姚培元.无损检测技术[M]. 北京:航天大学出版社,1983.

[5] 李家伟,陈积懋. 无损检测手册[M]. 北京:机械工业出版社,2006.

[6] 考尔菲尔德 H J.光学全息手册[M]. 郑庸,江铁良,郑基立,等译.于美文,校.北京:科学出版社,1988.

[7] 张维力.红外诊断技术[M]. 北京:水利电力出版社,1991.

[8] 袁振明,马羽宽,何泽元.声发射技术及其应用[M]. 北京:机械工业出版社,1985.

[9] 任吉林,林俊明.电磁无损检测[M]. 北京:科学出版社,2008.

[10] 程玉兰.红外诊断现场实用技术[M]. 北京:机械工业出版社,2002.

[11] 余拱信. 激光全息技术及其工业应用[M]. 北京:航空工业出版社,1992.

[12] 刘贵民,马丽丽.无损检测技术[M]. 2 版. 北京:国防工业出版社,2010.

[13] 张俊哲.无损检测技术及其工业应用[M]. 2 版.北京:科学出版社,2010.

[14] 王仲生.无损检测诊断现场实用技术[M]. 北京:机械工业出版社,2002.

[15] 王永保. 激光全息检测技术[M]. 西安:西北工业大学出版社,1989.

[16] HELLIER C J.无损检测与评价手册[M]. 戴光,徐彦廷,等译.北京:中国石化出版社,2005.

[17] 李晓刚,付冬梅. 红外热像检测与诊断技术[M]. 北京:中国电力出版社,2006.

参考文献